高等职业学校“十四五”规划土建类工学结合系列教材

BIM应用教程：MEP建模及碰撞优化

主　编　丁丽丽　高　华

副主编　叶剑梅　桂慧龙　李雨阳

華中科技大學出版社
http://press.hust.edu.cn
中国·武汉

内容提要

本书以“教工之家”项目为例，介绍了 Revit 机电建模的相关知识和技能。本书案例虽小，但内容齐全，项目要点基本涵盖，并且融入职业技能等级考试内容，做到课证融通。本书按照项目前期准备、各专业管线建模、管线碰撞检查、优化处理、工程量统计出图等顺序实施，由简到繁、层层递进，便于读者理解学习。

本书可作为中高职院校土木工程相关专业的教学用书、BIM 机电等级考试参考用书和 BIM 机电建模培训班的培训用书，也适合给排水设计专业、暖通设计专业、电气设计专业的从业人员阅读。

图书在版编目(CIP)数据

BIM 应用教程：MEP 建模及碰撞优化/丁丽丽，高华主编. —武汉：华中科技大学出版社，2023.3(2025.1 重印)
ISBN 978-7-5680-9088-9

Ⅰ. ①B… Ⅱ. ①丁… ②高… Ⅲ. ①建筑设计-计算机辅助设计-应用软件-教材 Ⅳ. ①TU201.4

中国国家版本馆 CIP 数据核字(2023)第 019368 号

BIM 应用教程：MEP 建模及碰撞优化
BIM Yingyong Jiaocheng：MEP Jianmo ji Pengzhuang Youhua　　丁丽丽　高　华　主编

策划编辑：金　紫
责任编辑：陈　骏
封面设计：原色设计
责任监印：朱　玢
出版发行：华中科技大学出版社(中国·武汉)　　电话：(027)81321913
武汉市东湖新技术开发区华工科技园　　邮编：430223
录　　排：华中科技大学惠友文印中心
印　　刷：武汉科源印刷设计有限公司
开　　本：787mm×1092mm　1/16
印　　张：12.75
字　　数：334 千字
版　　次：2025 年 1 月第 1 版第 2 次印刷
定　　价：42.80 元

前　言

BIM(build information modeling,建筑信息模型)自2002年面世之后,这一引领建筑行业信息技术变革的风潮便在全球范围内席卷开来。随着建筑技术、信息技术的提高以及人们对可持续性建筑的深入研究,业界已普遍开始接受BIM理念与技术。我国已明确将BIM技术列入建筑业信息化关键技术。当前,BIM技术已深入到工程建设行业的各个实施阶段。

BIM技术的实现需要借助计算机软件来实现,目前能够实现BIM技术的工具主要有Autodesk Revit系列、Gehry Technologies基于Dasault Catia的Digital Project(简称DP)、Bentley Architecture系列、Graphisoft的Archicad等。使用Revit做BIM技术的专家常言"无机电不BIM",表现出机电专业在BIM中的重要性。机电专业包含暖通系统(mechanical)、电气系统(electrical)、给排水系统(plumbing)三个专业,常用MEP表示机电专业。

本书基于Revit Architecture进行建模,完成"教工之家"项目机电专业建模,穿插"1+X"考证真题,巩固各知识点,力求精简扼要、通俗易懂、实用性强、课证融通,帮助读者快捷掌握Revit MEP建模要点和应用要点。

本书写作特点如下。

(1)以实际项目为导向,贯穿所有章节。

基于"教工之家"项目完成机电模型的建设。本书共有8章内容,主要涉及Revit MEP概述、链接模型与标高轴网创建、给排水系统创建、暖通系统创建、电气系统创建、碰撞检查与优化、统计出图、设备族创建。知识点由浅入深,帮助读者掌握重点和难点,并结合编者实际项目经验加入提示内容,有助于读者学习和理解。

(2)配套学习资源丰富。

本书附带学习资料,主要有学习需要的项目文件、样板文件和族文件等。

(3)教材图文并茂、逻辑严密。

为了使软件命令更加容易理解,软件操作过程更加轻松愉悦,本书为每个操作要点均配置了图片,使每个命令在操作过程中一目了然,大大减少了因文字描述带来的操作不明确的问题。

(4)课证融通。

针对项目特点,结合考试真题内容编入教材,针对性强。

本书由广州城建职业学院丁丽丽、高华担任主编,广州城建职业学院叶剑梅、广州城建职业学院桂慧龙、贵州水利水电职业技术学院李雨阳担任副主编。本书在编写过程中,参考了大量的文献资料,并结合了编者的项目经验。由于时间仓促,书中难免有不妥之处,恳请各位读者批评指正。

编者

2022年11月

目　　录

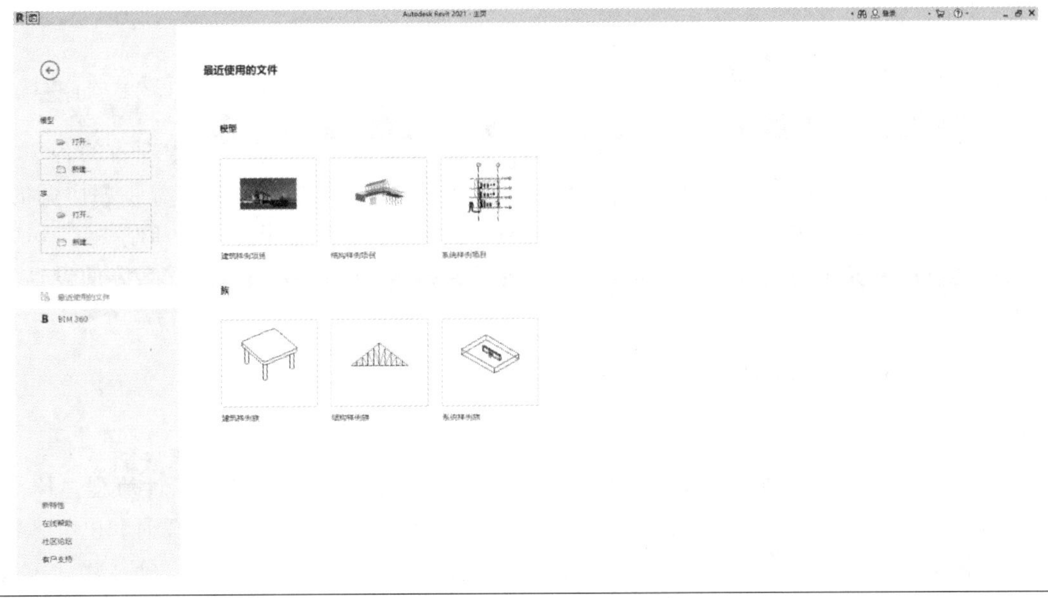

第一章 Revit MEP 概述

教学目标

通过本章的学习，了解 Revit MEP 软件，熟悉 Revit MEP 软件，掌握 Revit MEP 软件基本操作步骤和方法。

教学要求

能力目标	知识目标	权重
了解 Revit MEP 软件	(1)了解 Revit MEP 的概念； (2)了解相关术语	10%
熟悉 Revit MEP 软件	(1)熟悉 Revit MEP 软件界面； (2)熟悉 Revit MEP 文件类型； (3)能通过视图控制工具对给定的项目进行查阅； (4)能查看相关的快捷方式，并对相关的命令设置快捷方式	35%
掌握 Revit MEP 软件基本操作步骤和方法	(1)掌握 Revit MEP 软件启动方法； (2)掌握 Revit MEP 软件项目的新建、保存方法	55%

1.1 Revit MEP 基础

建筑信息模型(building information modeling,简称 BIM)是以建筑工程项目的各项相关信息数据作为模型的基础,进行建筑模型的建立,可以为设计、施工和运营提供相协调的、内部保持一致的并可进行运算的信息。Revit MEP 软件是一款智能的设计和制图工具,它是面向建筑设备及管道工程的建筑信息模型,用于给排水、消防、暖通和电气系统的设计和建模。

1.1.1 Revit MEP 软件的优势

1. 开展智能设计

Revit MEP 软件借助真实管线进行准确建模,可以实现智能、直观的设计流程。Revit MEP 软件采用整体设计理念,从整座建筑物的角度来处理信息,将给排水、暖通和电气系统与建筑模型关联起来,为工程师提供决策参考和建筑性能分析。借助 Revit MEP 软件工程师可以优化建筑设备及管道系统的设计,更好地进行建筑性能分析,充分发挥 BIM 的竞争优势。同时,利用 Revit MEP 软件与建筑师协同,可即时获得来自建筑信息模型的设计反馈,实现数据驱动设计带来的巨大优势,轻松跟踪项目的范围、进度和工程量统计、造价分析。

2. 协调一致

利用 Revit MEP 软件完成建筑信息模型,提高建筑工程设计和制图的效率。通过实时的可视化功能,改善与客户的沟通并更快地作出决策。Revit MEP 软件建立的管线综合模型可以与 Revit Architecture 软件或 Revit Structure 软件建立的建筑、结构模型开展无缝协作。在模型的任何一处进行变更,Revit MEP 软件可自动更新相关内容。

3. 提升效率

设计师可以通过创建逼真的建筑设备及管道系统示意图,及时与甲方沟通;通过使用建筑信息模型,自动交换工程设计数据,及早发现错误,避免返工;借助全面的建筑设备及管道工程解决方案可简化应用软件管理。

1.1.2 Revit MEP 软件术语

Revit MEP 软件是三维信息化建筑信息模型设计工具。Revit MEP 软件有自己的文件格式,并且对于不同用途的文件有特定的格式。在 Revit MEP 软件中,最常用的文件有项目文件、样板文件、族文件和族样板文件。

- 项目文件“.rvt”:所有的设计模型、视图及信息都被存于项目文件中。
- 样板文件“.rte”:样板文件功能相当于 AutoCAD 中的.dwt 文件。样板文件中含有一定的初始参数,如构建族类型、楼层数量的设置、层高信息等。用户可以自建样板文件并保存为新的.rte 文件。
- 族文件“.rfa”:基本的图形单元被称为图元,例如,在项目中建立的墙体高度、门窗宽度等都被定义为图元,所有这些图元都是使用族来创建的。族是 Revit MEP 软件的设计基础。
- 族样板文件“.rft”:族样板文件相当于样板文件,文件中包含一定的族参数及族类型等初始参数。

提示：在新建项目和利用放置构建工具时，可以采用系统的样板和族，也可以利用外部的样板文件和族。

1.1.3　Revit MEP 软件的参数化设置

参数化是 Revit MEP 软件的基本特性。参数化是指各种模型图元之间的相对关系，例如相对距离、共线等几何特征。参数化设置包括参数化图元设置和参数化引擎设置。

参数化图元设置是指通过编辑族文件，修改它的定义参数来完成编辑工作，例如墙体的高度、门的宽度。

参数化引擎设置是指通过改变平面图中的图元参数，从而影响到整体项目的参数设置。例如在平面图中修改了门的宽度，那在项目中对应的门的宽度也会随之改变。有了参数化引擎设置，设计师就可以更快地对项目进行修改，提高工作效率。

1.2　Revit MEP 软件的基本操作

BIM 技术的实现需要借助计算机软件来实现，本书用 Revit 2021 软件(以下简称 Revit)完成软件介绍及模型绘制。Revit 推荐安装在 64 位 Windows 10 或 Windows 11 操作系统中，以提高软件的运行速度和数据的处理能力。

在 Revit 中，Revit Architecture 面向建筑设计师，Revit MEP 面向机电工程师，Revit Structure 面向结构工程师。在该软件中，各专业软件可以互相读取各自的设计文件，形成完整、全面、协调的建筑信息模型。

1.2.1　Revit 的启动

点击桌面 Revit 快捷图标或点击 Windows 开始菜单-所有程序-Autodesk-Revit 2021 命令即可启动。该软件的启动方式同 Windows 应用程序一样。

启动完成后，显示“最近使用的文件”界面，如图 1-2-1 所示。

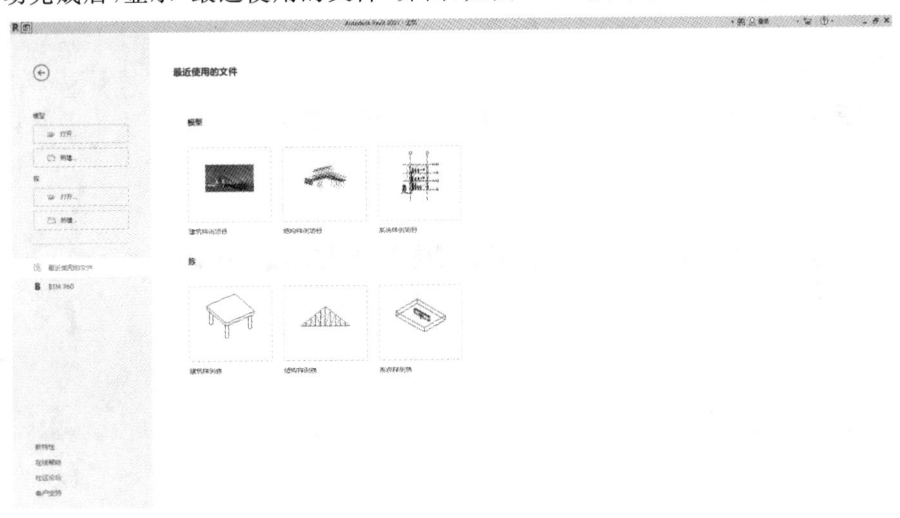

图 1-2-1

在该界面中，Revit 默认有两个模块，上部模块为项目相关内容，下部模块为族相关内容。上部模块从左至右依次为建筑样例项目、结构样例项目、系统样例项目的项目文件。下部模块从左至右依次为建筑样例族、结构样例族和系统样例族的族文件。Revit 的右侧有资源功能，有新特性、帮助、基本技能视频、其他资源、桌面分析社区等。在网络连接的状态，读者可进入帮助教程，在开始下载下拉列表教程下有对应部分的教程视频，如图 1-2-2 所示。

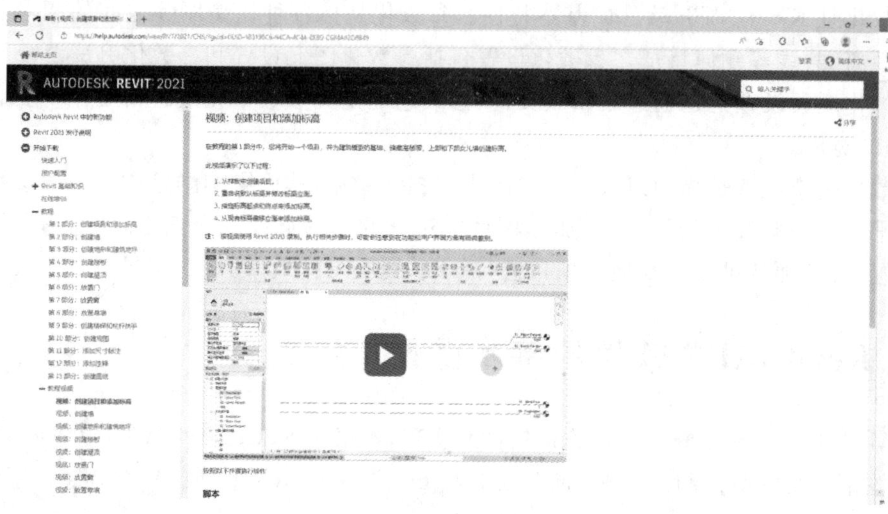

图 1-2-2

1.2.2 Revit 界面介绍

启动 Revit 后，在“最近使用的文件界面”的“项目”文件，打开系统样例项目进入操作界面，如图 1-2-3 所示。Revit 采用 Ribbon(功能区)工作界面，操作方便。下面将对界面中各功能区进行介绍。

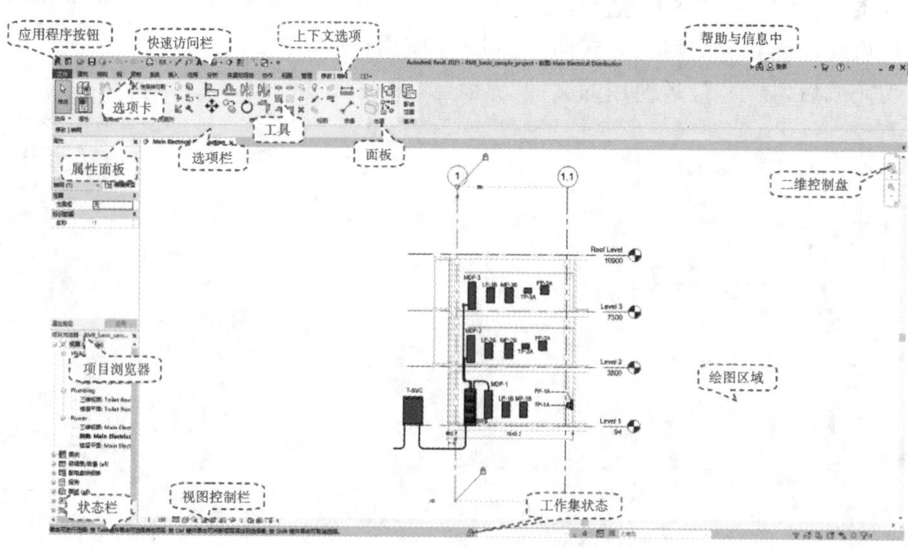

图 1-2-3

• 应用程序按钮：应用程序按钮包括还原、最小化和关闭等选项列表。

• 文件选项卡：文件选项卡包括新建、打开、保存、另存为、导出、打印、关闭及选项等内容(图 1-2-4)。在此按钮下可以新建项目、新建族、保存、导出项目和打印项目等。在“选项”对话框下包括常规、用户界面、图形、文件位置等选项，如图 1-2-5 所示。

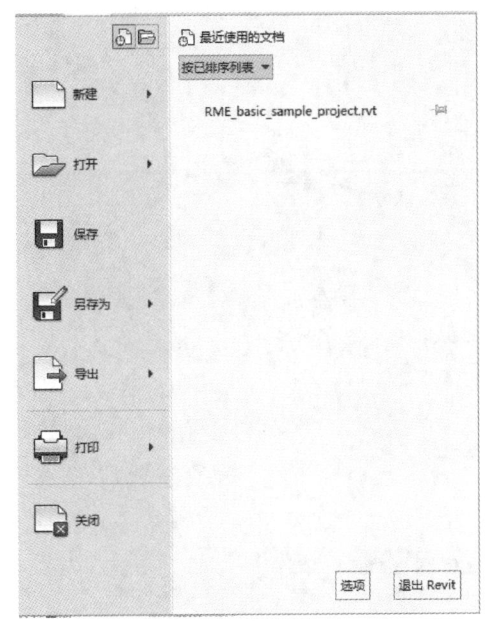

图 1-2-4

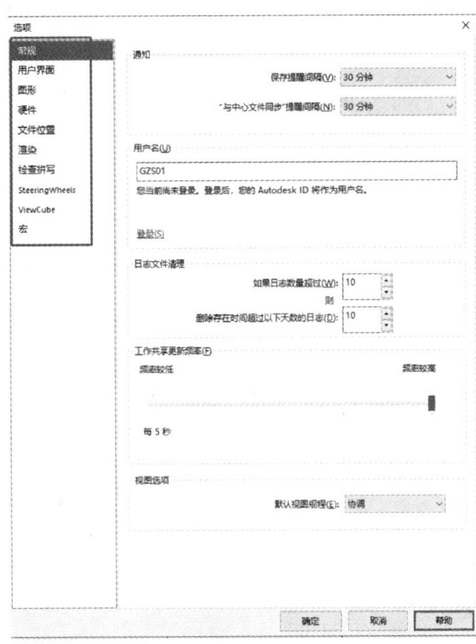

图 1-2-5

“常规”：该选项可以对保存提醒间隔、日志文件清理、工作共享更新频率、默认视图规程进行设置，如图 1-2-6 所示。

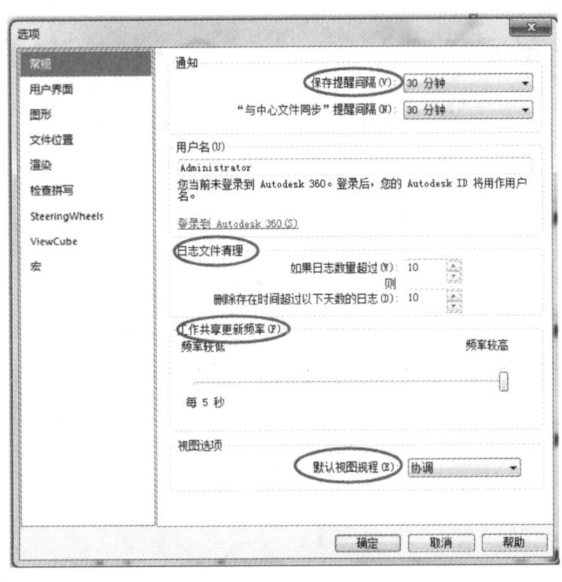

图 1-2-6

“用户界面”：该选项显示建筑、结构或系统部分，如图 1-2-7 所示。取消勾选“在家时启用最近使用的文件列表”，退出 Revit 后再次进入，仅显示空白界面；若要显示最近使用的文件，重新勾选即可。

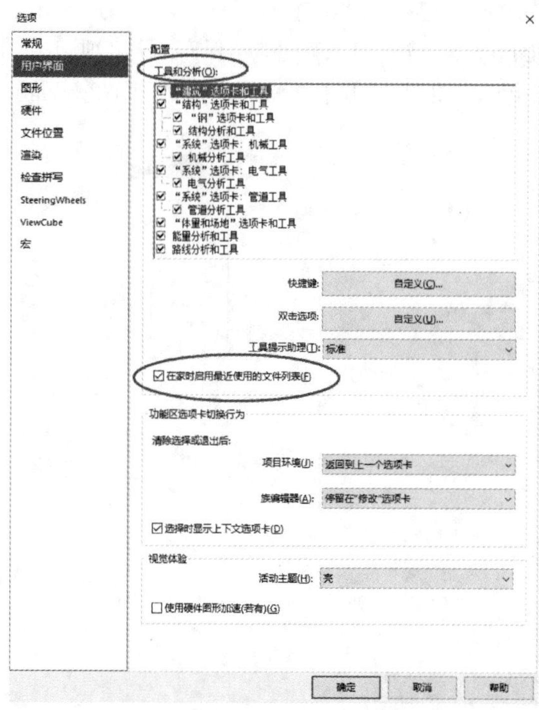

图 1-2-7

“图形”:该选项常用于修改背景颜色,可以根据实际条件调整背景颜色,绘图区域的颜色如图 1-2-8 所示。

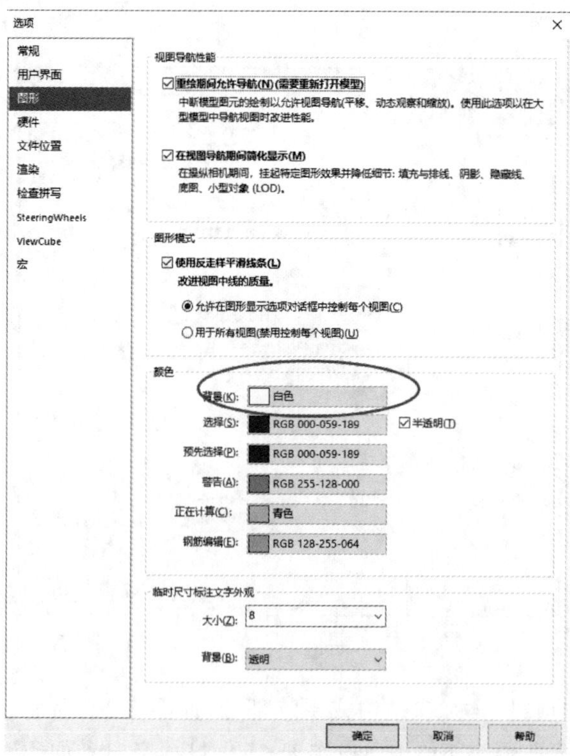

图 1-2-8

“文件位置”：该选项会在“最近使用过的文件”页面上以链接的形式显示项目样板，也可以点击➕按钮增加新的样板。同时，也可以设置默认的样板文件、用户文件默认路径及族样板文件默认路径，如图 1-2-9 所示。

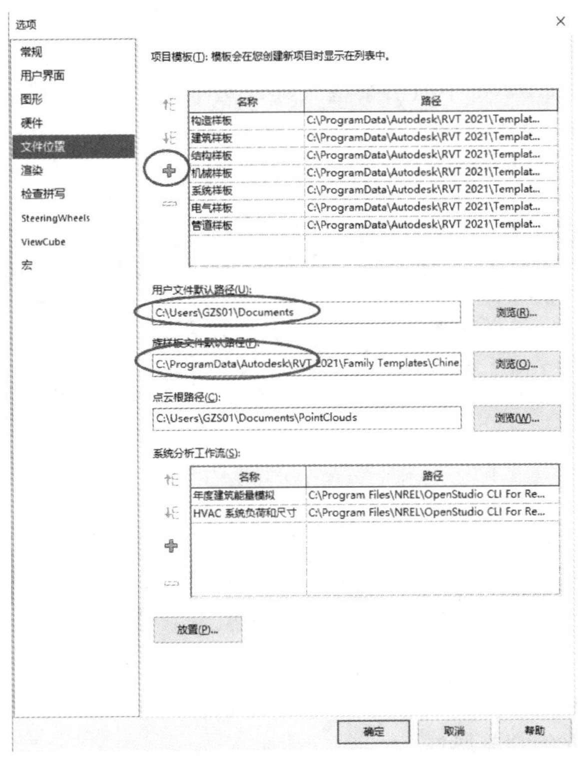

图 1-2-9

• 帮助与信息中心：Revit 提供了非常完整的帮助文件系统，方便用户使用和查阅。可以点击“帮助与信息中心”的“Help”按钮或按键盘的 F1 键打开帮助文件。

用户点击选项卡的名称，可以在各个选项卡中进行切换（如“建筑”“结构”“钢”“预制”“系统”等）。每个选项卡中都包括一个或多个由各种工具组成的面板，每个面板都会在下方显示该面板的名称，如图 1-2-10 所示。如“系统”选项卡由“HVAC”“卫浴和管道”“电气”等面板组成，“HVAC”面板由“风管”“风管管件”和“风管附件”等工具组成。读者可以在不同的选项卡中切换，熟悉各选项卡及面板工具内容。

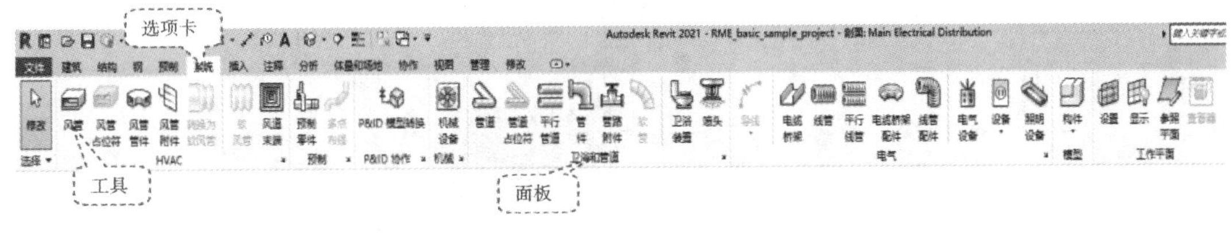

图 1-2-10

♡**提示**：鼠标光标停留在任意工具栏的图标上，Revit 会弹出该工具的名称及相关的操作说明，鼠标光标继续停留在该工具处，将以动画演示进行说明。

• 选项栏:提示所选中或编辑的对象,并对当前选中的对象提供选项进行编辑,如图1-2-11所示。

图 1-2-11

• 上下文选项卡:在Revit中激活某些工具或选中图元的时候,将显示进行编辑、修改的工具。如选择轴网时,软件将会自动切换至"修改|轴网",如图1-2-12所示,表示此时可以对轴网进行进一步编辑和修改。

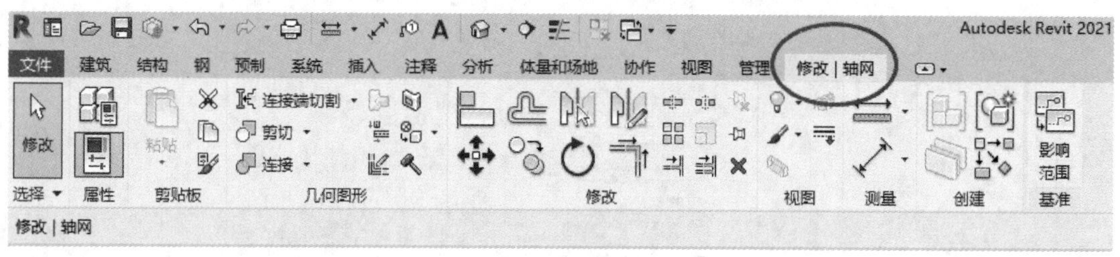

图 1-2-12

• 属性面板:属性主要有实例属性、类型属性两类。实例属性指的是单个图元的属性,如图1-2-13所示,选择某条已绘制的墙体,在属性面板中就会显示该条墙体的限制条件、结构尺寸标注等信息,若修改"底部偏移"为－600,则该条墙体的底标高会向下移动600 mm。类型属性指的是一类图元的属性值,如图1-2-14所示,点击"编辑类型"在弹出界面中修改任意信息,则该类型的墙体的信息均被修改。属性面板是常用工具,绘图要保持开启状态,以方便随时查看绘制构建的相关属性。

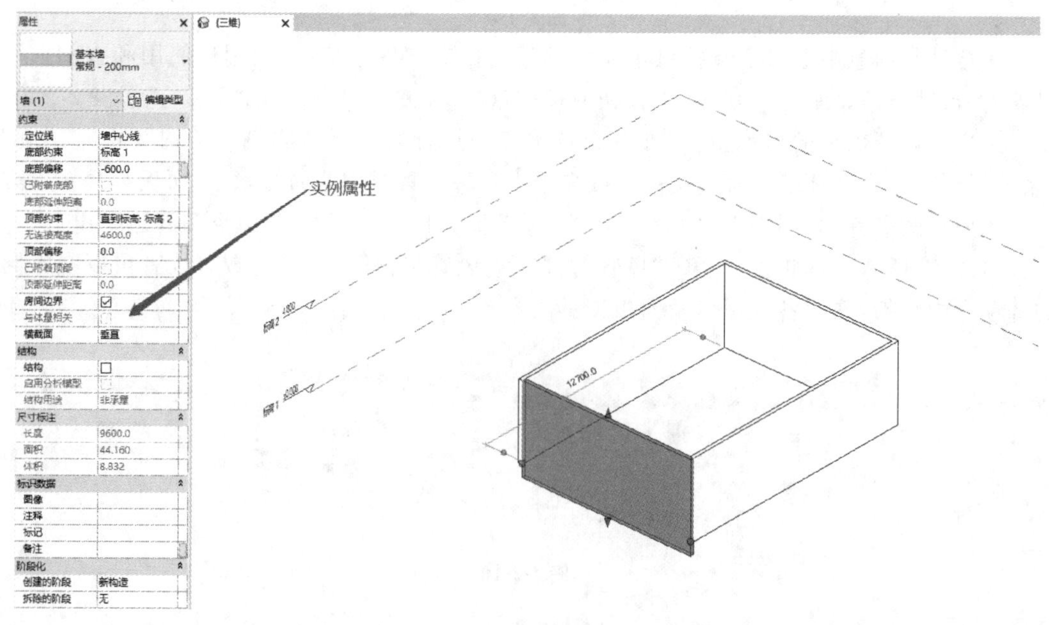

图 1-2-13

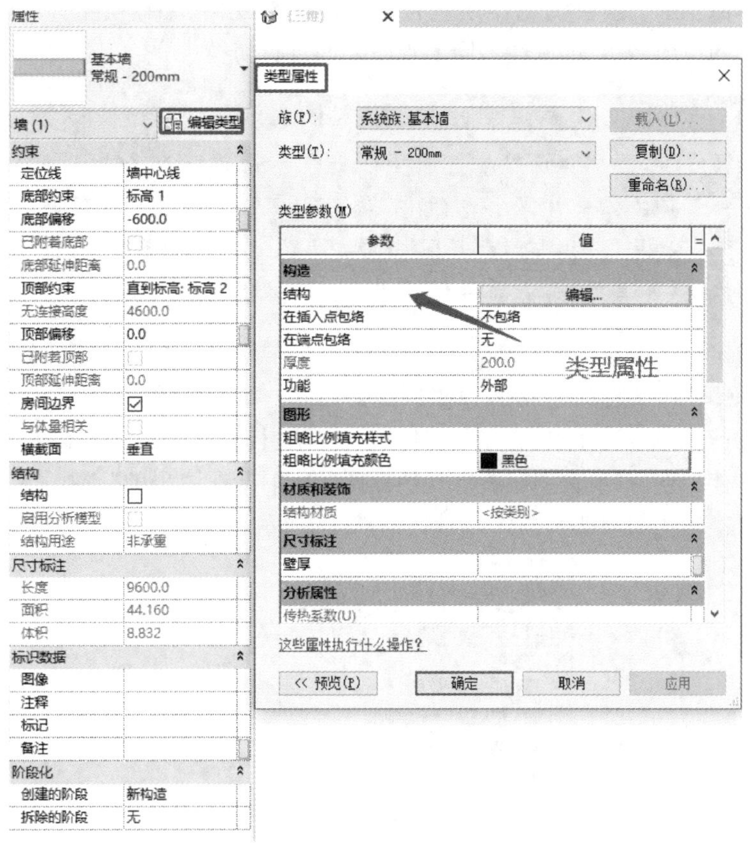

图 1-2-14

• 项目浏览器：项目浏览器是 Revit 常用的工具之一，绘图时处于开启状态。项目浏览器包括当前项目中所有信息，如视图、明细表、图纸、族、组、链接的 Revit 模型等项目资源。项目浏览器呈树状结构，各层级可以展开和折叠，如图 1-2-15 所示。

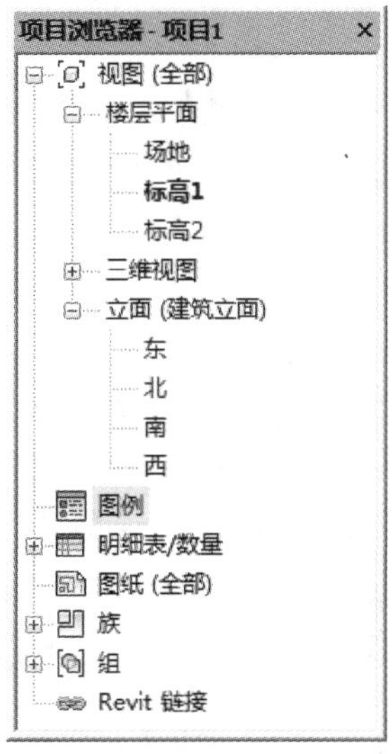

图 1-2-15

(1)切换不同视图。项目浏览器中包含项目的全部视图(如楼层平面、三维视图、立面等)。选中不同的视图名称,可以在不同的视图之间进行切换。

提示:在Revit中,每次切换不同视图,都会在绘图区域顶部打开新的窗口。如果打开的窗口数量很多,已打开窗口会按顺序往右边生成窗口,部分窗口将会在左侧被隐藏。过多的视图窗口会占用计算机内存,在操作时应及时关闭不需要的窗口。采用"视图"选项卡-"窗口"面板-"关闭非活动视图"工具,可以一次性关闭所有视图仅保留当前活动视图,也可以直接点击 按钮进行设置。

(2)可以自定义视图或图纸明细表的显示方式。"视图"选项卡-"窗口"面板-"用户界面"工具-"浏览器组织"列表选项,读者可以根据需要建立一个新的项目浏览器。同时可以右键点击显示"视图(全部)",选择列表"浏览器组织"选项进行新的视图浏览器样式设置。

(3)搜索功能。点击"项目浏览器"中的"视图(全部)",在弹出的"查找"对话框中输入要搜索的内容,可准确找到要搜索的内容,如图1-2-16所示。

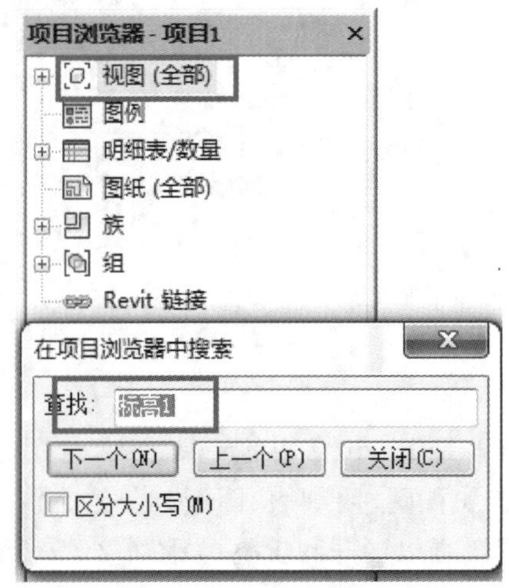

图 1-2-16

(4)新建和删除。使用者可以根据项目需要新建明细表或图纸。点击"项目浏览器"中的"明细表/数量"可新建明细表。删除新建的族类型,可在"项目浏览器"-"族"-"墙"-"基本墙"下选中它即可删除。

提示:关闭"属性面板"和"项目浏览器"后,可以在绘图区域点击属性或项目浏览器,或用"视图"-"窗口"-"用户界面"工具调用。

• 绘图区域:工作界面显示项目浏览器中所涉及的视图、图纸、明细表等相关具体内容。

• 视图控制栏:主要功能为控制当前视图显示样式,包括视图比例、详细程度、视觉样式、目光路径、阴影控制等工具,如图1-2-17所示。Revit提供了线框、隐藏线、着色、一致的颜色、真实和光线追踪六种视觉样式,其显示效果逐渐增强,但占用计算机内存,读者可以根据实际需要选择。

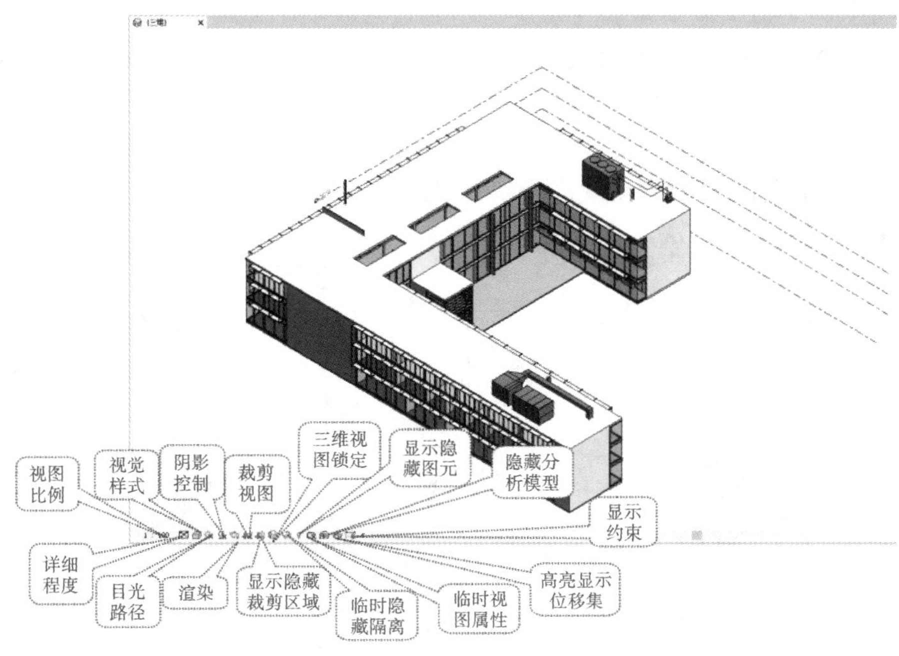

图 1-2-17

※状态栏：状态栏用于显示和修改当前命令操作或功能所处状态。状态栏主要包括当前操作状态、工作集状态栏、设计选项栏状态、选择基线图元等。

※View Cube：该工具默认在三维视图中的右上角，如图 1-2-18 所示，该工具可将三维视图定位至各轴测、顶部视图、前视图等常用的三维视点。ViewCube 立方体的各顶点、边、面（上、下、前、后、左、右）和指南针（东、南、西、北）的指示方向，代表三维视图中的不同视点方向，点击立方体的各个部位，可使项目的三维视图在各方向视图中切换。读者可以打开 Revit“系统样例项目”文件，切换视图学习使用 ViewCube 工具。

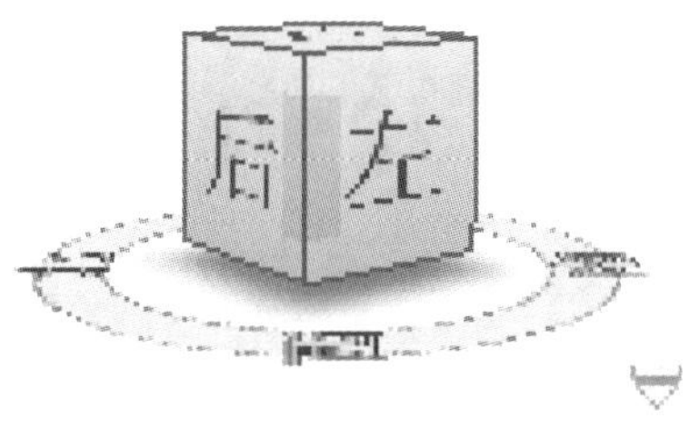

图 1-2-18

小技巧：在三维视图下，同时用 Shift 键和鼠标滚轮可以在不同方向切换视图。

在 Revit 中，Ribbon 功能区域有 3 种显示模式，即最小化显示选项卡、最小化面板标题和最小化为面板按钮。点击“选项卡”后的选项板状态切换按钮 ，可以在各种状态中进行切换。

Revit 属性栏和项目浏览器显示在 Revit 界面的左侧,如图 1-2-19 所示。一般绘图时可以将属性栏和项目浏览器分别置于软件界面的左、右侧,操作方法如下:选中“项目浏览器”,拖曳“项目浏览器”面板靠近屏幕边界时,面板会自动吸附在边界位置,如图 1-2-20 所示。读者可根据绘图习惯移动项目浏览器和属性栏的位置。

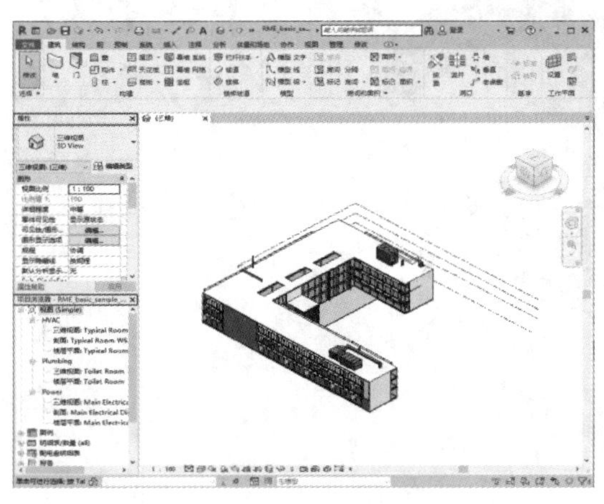

图 1-2-19

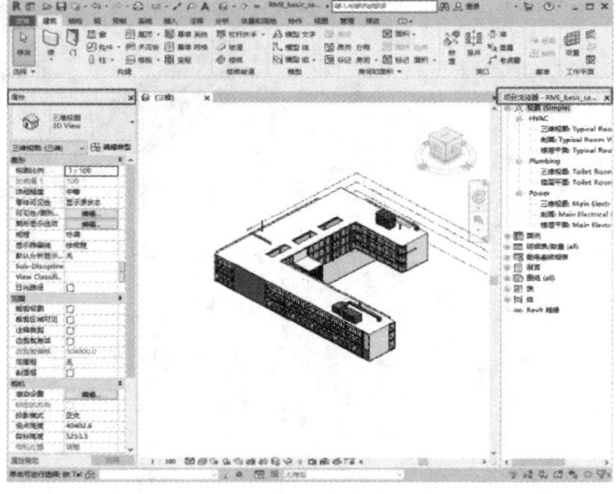

图 1-2-20

1.2.3 Revit 创建及保存新项目

Revit 的设计流程是选择项目样板,创建空白项目,确定标高轴网,创建墙体、门窗、楼板、屋顶,为项目创建场地、地坪等。下面介绍如何创建一个新的项目。

• 新建项目:点击“应用程序按钮”在弹出对话框中选择新建项目,根据项目所需选择适合的样板,如图 1-2-21 所示。

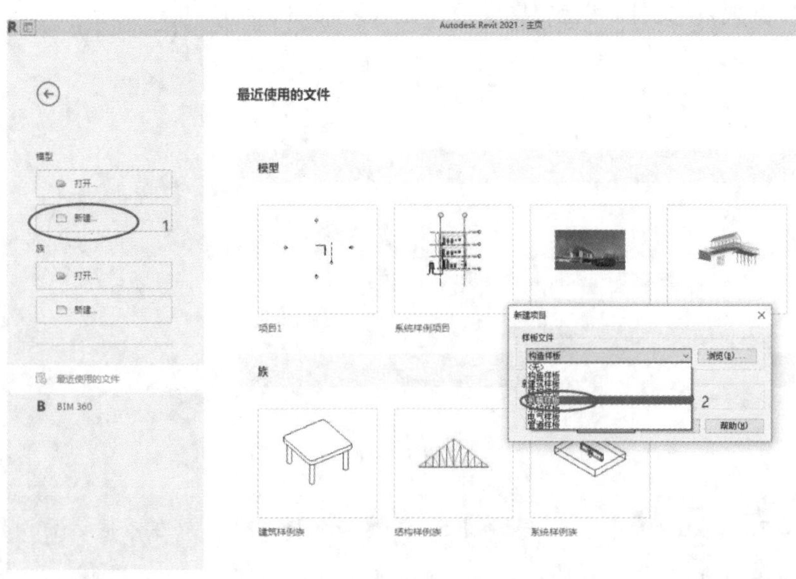

图 1-2-21

如机电设计可以选择机械样板，完成新项目的创建。

本书中的项目是“教工之家”模型，提供了“教工之家-项目样板”，学习创建“教工之家”项目文件。结合上述步骤，在选择样板文件时点击“浏览”按钮，选择“教工之家-项目样板”。确认是新建项目，点击“确定”按钮完成“教工之家”项目的创建，如图 1-2-22 所示。

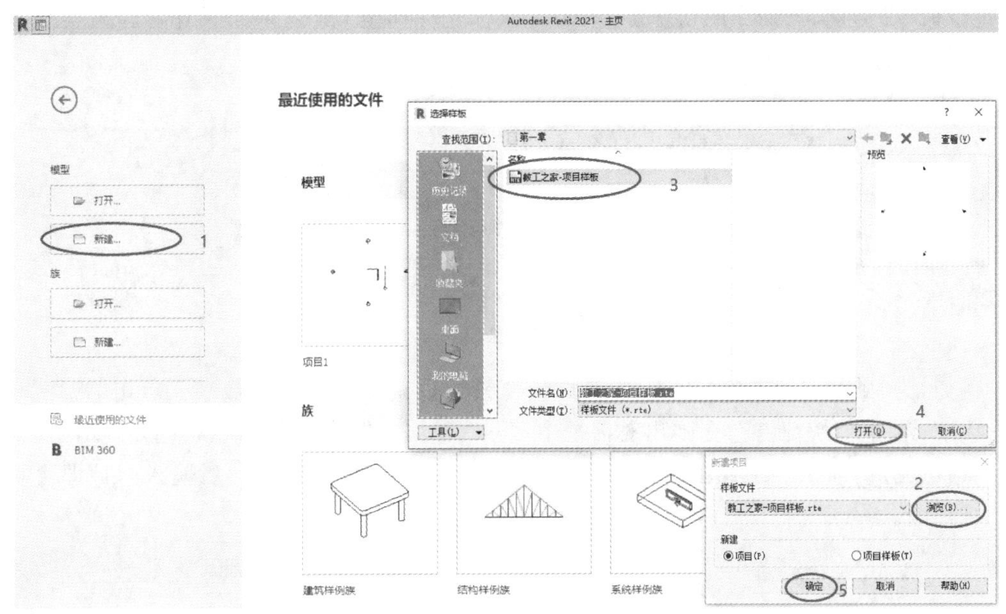

图 1-2-22

• 保存项目：完成项目创建后点击“快速访问栏”中的“保存”按钮，选择保存路径“学习资料-第一章”，文件名称为“教工之家-机电模型”，文件类型为. rvt，如图 1-2-23 所示。

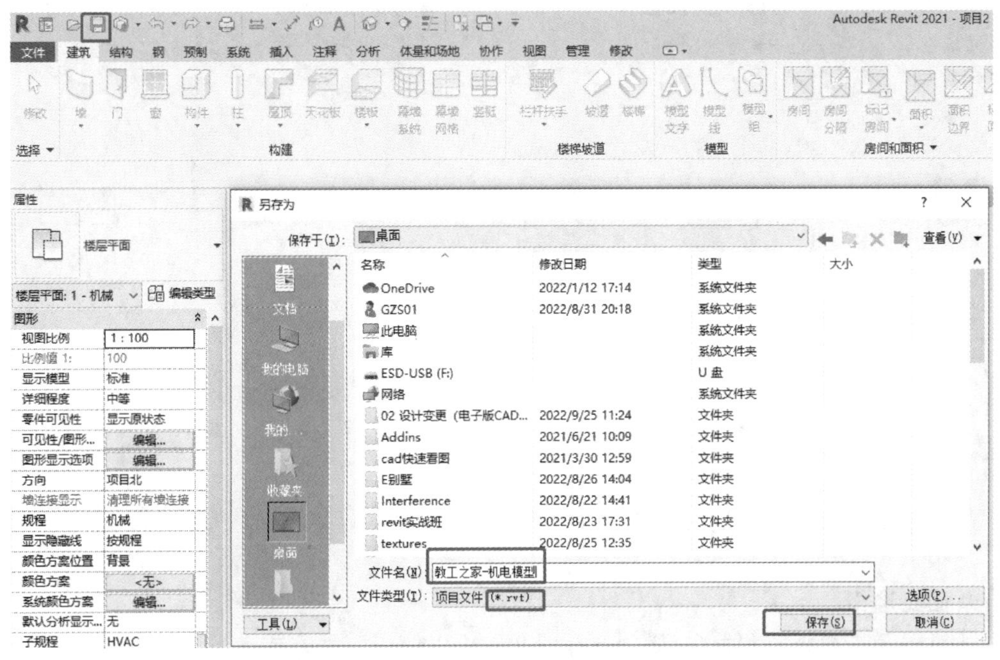

图 1-2-23

1.2.4 快捷键的使用

在 Revit 的操作中,绘图或编辑图元时除可以点击工具执行外,还可以通过快捷键的方式执行相应命令。Revit 的快捷键由两个字母组成,读者也可以根据需要自行定义快捷键。以“镜像命令”为例,该命令的快捷键是 MM,鼠标光标移至某个工具上稍作停留就会显示出该工具的快捷键,如图 1-2-24 所示。

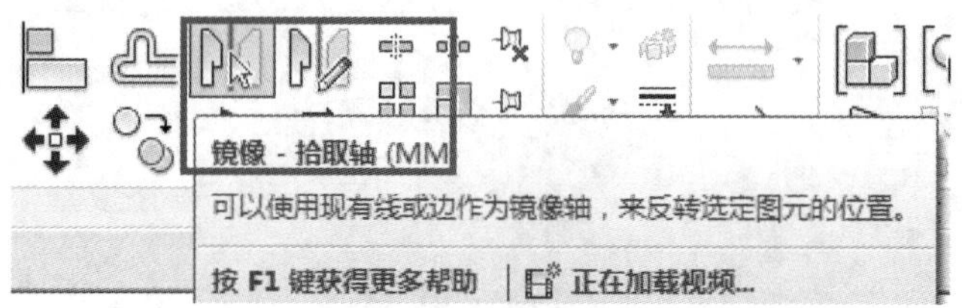

图 1-2-24

例如,为“默认三维视图”设置快捷键,快捷键可以是英文字母或数字。点击“视图”-“窗口”-“用户界面”-“快捷键”,在弹出对话框中搜索“默认三维视图”输入“11”指定,如图 1-2-25 所示,即可完成“默认三维视图”快捷键的设置。这时回到平面视图,然后输入“11”即可切换至三维视图。

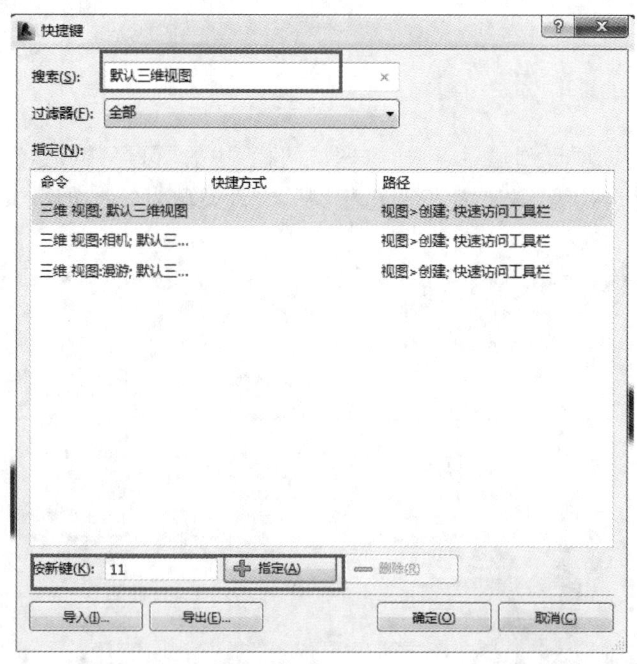

图 1-2-25

1.2.5 图元的基本操作

1. 图元选择

要对图元进行修改和编辑,必须选择图元。可以使用 3 种方式进行图元的选择,即点击选择、框选和特性选择。

(1)点击选择。

移动鼠标光标至任意图元上,将高亮显示该图元,并在状态栏中显示有关该图元的信息,点击选中被高亮显示的图元。在选择时如果多个图元彼此重叠,可以移动鼠标光标至图元位置,按 Tab 键,Revit 将循环高亮预览显示各图元。

提示:按“Shift+Tab”键可以按相反的顺序循环切换图元。

如图 1-2-26 所示。要选择多个图元,可以按住 Ctrl 键后,点击要添加到选择集中的图元。如果按住 Shift 键并点击已选择的图元,将从选择集中取消该图元的选择。

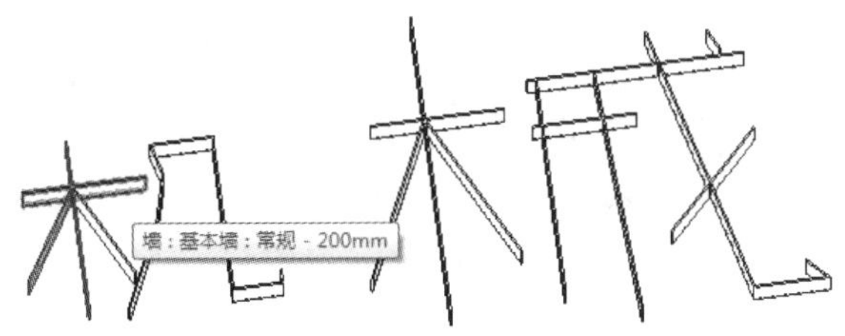

图 1-2-26

在 Revit 中,可以将当前选择的多个图元进行保存,保存后的选择集可以随时被调用。如图 1-2-27 所示,选择多个图元后,点击“选择”面板-保存按钮,弹出“保存选择”对话框,输入选择集名称,即可保存该选择集。要调用已保存的选择集,点击“管理”选项卡-“选择”面板-“载入”工具,弹出“回复过滤器”对话框,在列表中选择已保存的选择集名称即可。

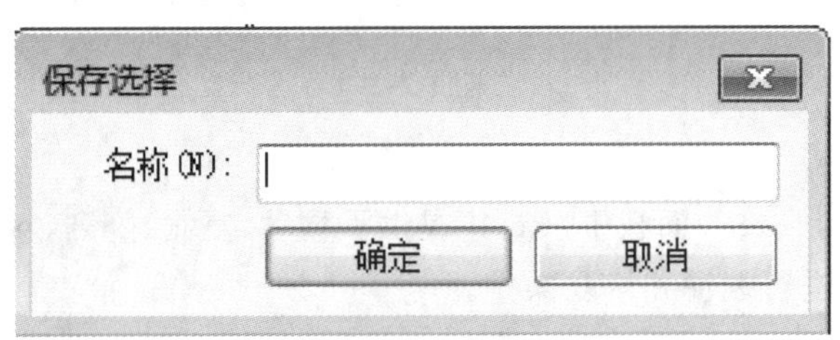

图 1-2-27

(2)框选。

将鼠标光标放在要选择的图元的一侧,并拖曳鼠标光标形成矩形边界,可以绘制选择范围框。当从左至右拖曳鼠标光标绘制范围框时,将生成实线范围框。被实线范围框全部包围的图元才能选中。当从右至左拖曳鼠标光标绘制范围框时,将生成虚线范围框,被包围的图元以及与范围框边界相交的图元均被选中,如图 1-2-28 所示。

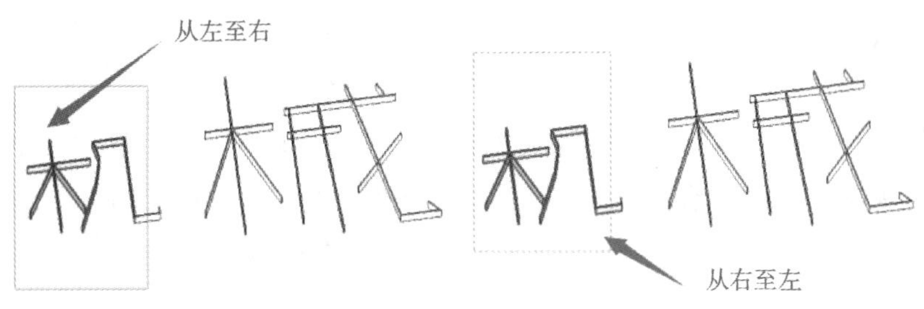

图 1-2-28

在状态栏过滤器 中能查看图元种类。在状态栏过滤器中也可取消部分图元的选择。

(3)特性选择。

点击图元,选中后高亮显示;再用“选择全部实例”工具在项目中选择某一图元或族类型的所有实例。点击“选择连接的图元”可将有公共端点的图元一起选中,如图 1-2-29 所示。

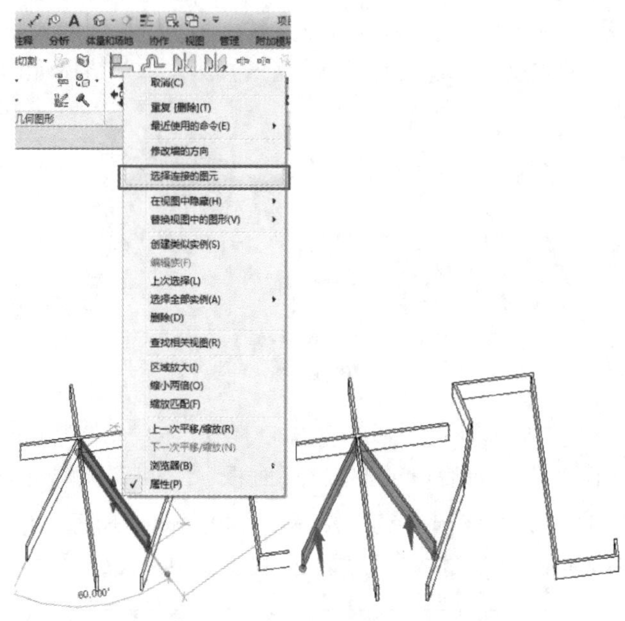

图 1-2-29

2. 图元编辑

如图 1-2-30 所示,在修改面板中,Revit 提供了移动、复制、阵列、对齐、旋转等命令,利用这些命令可以对图元进行编辑和修改操作。

图 1-2-30

(1)移动 :“移动 | MV”命令能将一个或多个图元从一个位置移动到另一个位置。可以选择图元上某点或某线来移动,也可以在空白处随意移动。

(2)复制 :“复制 | CO”命令可复制一个或多个选定图元,并生成副本。点击图元,复制时,选项栏如图 1-2-31 所示。可以通过勾选“多个”选项实现连续复制图元。

图 1-2-31

(3)阵列：“阵列丨 AR”命令用于创建一个或多个相同图元的线性阵列或半径阵列。在族中使用“阵列”命令，可以方便地控制阵列图元的数量和间距。阵列后的图元会自动成组，如果要修改阵列后的图元，需进入编辑命令，然后才能对成组图元进行修改。

(4)对齐：“对齐丨 AL”命令将一个图元或多个图元与选定位置对齐，如图 1-2-32 所示。对齐工具时，要求先选择对齐的目标位置，再选择要移动的对象图元，选择的对象将自动对齐至目标位置。对齐工具可以以任意的图元或参照平面为目标。在选择墙对象图元时可以在选项栏中指定首选的参照墙的位置。要将多个对象对齐至目标位置，勾选在选项栏中“多重对齐”选项即可。

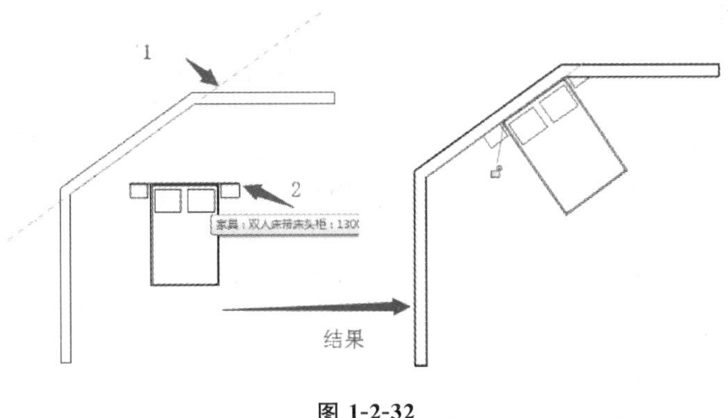

图 1-2-32

(5)旋转：“旋转丨 RO”命令可使图元绕指定轴旋转。默认旋转中心位于图元中心，如图 1-2-33 所示，移动鼠标光标至旋转中心标记位置，按住鼠标左键将鼠标光标拖曳至新的位置，随即松开鼠标左键可设置旋转中心的位置。然后确定起点和终点，就能确定图元旋转后的位置。在执行旋转命令时，可以勾选选项栏中“复制”选项可在旋转时创建所选图元的副本，而在原来位置上保留原始对象。

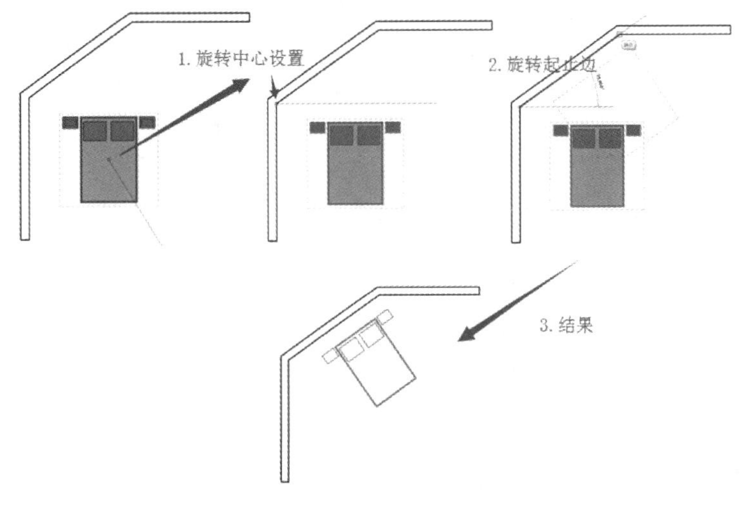

图 1-2-33

(6)偏移：“偏移丨 OF”命令可以将模型线、详图线、墙或梁等图元进行复制或在与其长度垂直的方向移动指定的距离。当选项栏不勾选复制时，生成偏移后的图元时将删除原图元(相当于移动图元)。

(7)镜像：“镜像丨 DM/MM”命令使用一条线作为镜像轴，对所选模型图元执行镜像(翻转其位置)。确定镜像轴时，即可以拾取已有图元作为镜像轴，也可以绘制临时轴。镜像操作时可以选择是否需要复制原对象。

(8)修剪和延伸：“修剪延伸丨 TR”命令共有3个工具，从左至右分别为修剪/延伸、单个图元修剪和多个图元修剪工具。使用“修剪和延伸”工具时必须先选择修剪或延伸的目标位置，再选择要修剪或延伸的对象。对于多个图元的修剪工具，可以在选择目标后，多次选择要修改的图元，这些图元都将延伸至所选择的目标位置。这些工具可用于墙、线、梁或支撑等图元的编辑。

提示:“修剪/延伸”编辑的地方将保存，即“哪里需要点哪里”。

(9)拆分图元：“拆分图元丨 SL”命令有两种使用方法，即拆分图元和用间隙拆分。此命令可将图元分割为两个单独的部分，并可删除两个点之间的线段，还可在两面墙之间创建定义的间隙。

(10)删除图元：“删除图元丨 DE”命令可将选定图元从绘图中删除，也可利用Delete命令直接删除。

3. 图元限制及临时尺寸

(1)尺寸标注的限制条件。

在放置永久性尺寸标注时，可以锁定这些尺寸标注。锁定尺寸标注时，即创建了限制条件。选择限制条件的参照时，会显示该限制条件，如图1-2-34所示。

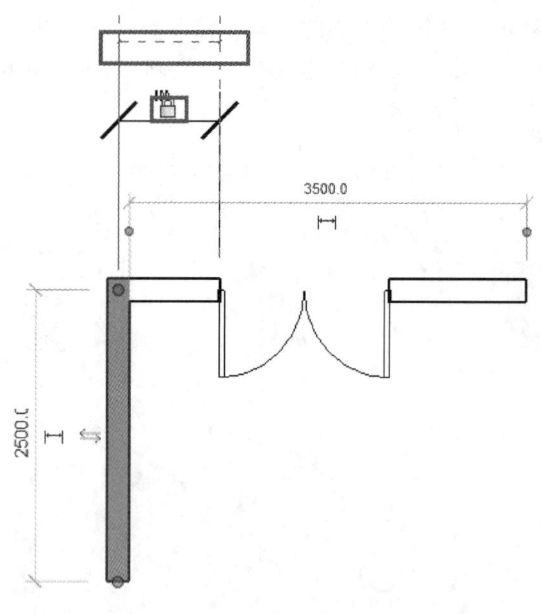

图1-2-34

(2)相等限制条件。

选择一个多段尺寸标注时，相等限制条件会在尺寸标注线附近显示“EQ”符号。如果选择尺寸标注线的一个参照物(如墙)，则会出现“EQ”符号，在参照物(以图形表示的墙)附近会出现一条虚线，如图1-2-35所示。

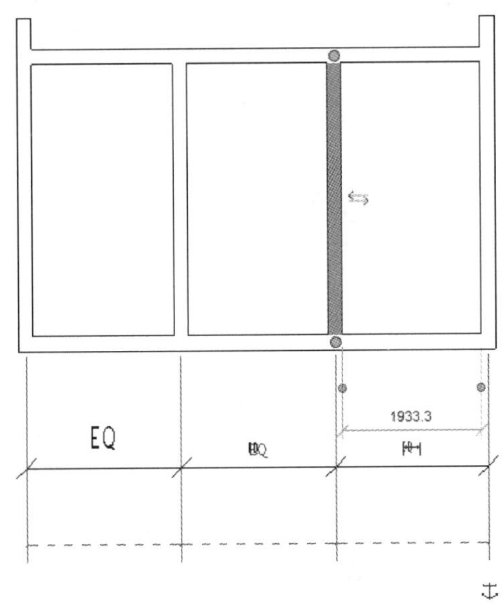

图 1-2-35

“EQ”符号表示应用于尺寸标注参照的相等限制条件图元。当此限制条件处于活动状态时，参照物之间会保持相等的距离。如果选择其中一面墙并移动它，则所有墙都将随之移动。

(3)临时尺寸标注。

临时尺寸标注是对距离最近的垂直构件进行创建，并按照设置值进行递增。选中项目中的图元，图元周围就会出现临时尺寸，修改尺寸上的数值，就可以修改图元位置。可以通过移动尺寸线来修改临时尺寸标注，如图 1-2-36 所示。

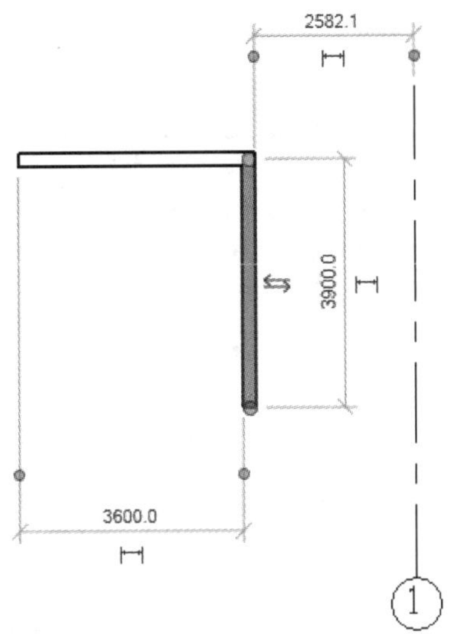

图 1-2-36

点击在临时尺寸标注附近出现的尺寸标注符号├─┤，即可修改尺寸标注的属性和类型。

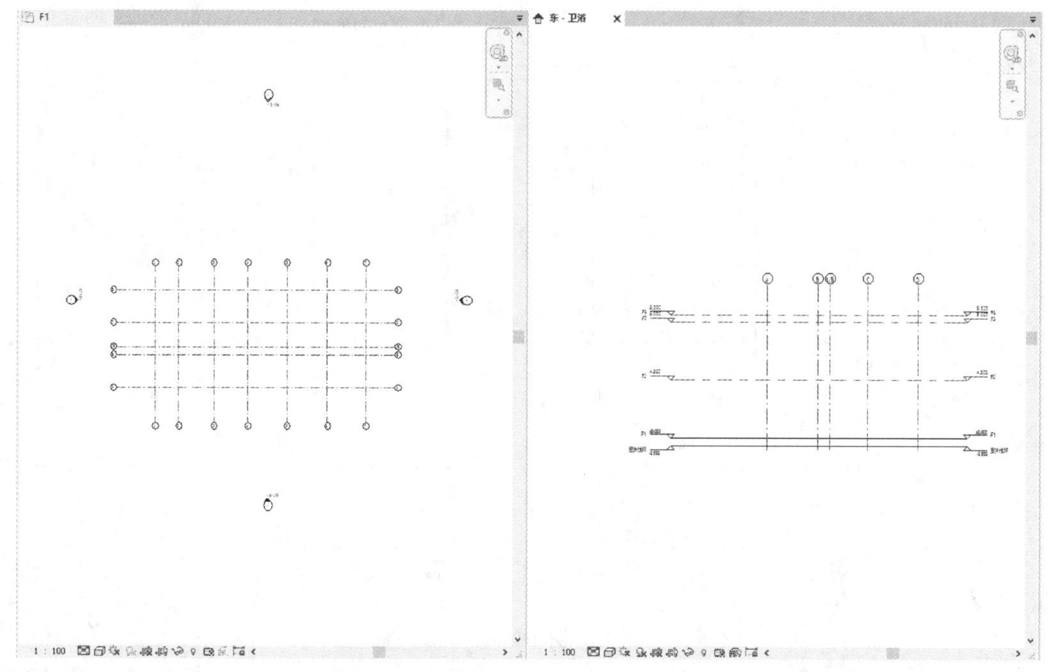

第二章　链接模型与标高轴网创建

教学目标

通过本章的学习，了解链接的作用，熟悉管理链接模型要点和视图规程的设置，掌握复制监视和手动创建轴网与标高。

教学要求

能力目标	知识目标	权　重
了解链接的作用	了解链接的作用	10%
熟悉管理链接模型要点和视图规程的设置	(1)链接建筑模型； (2)链接结构模型； (3)管理链接建筑模型； (4)视图规程的设置	35%
掌握复制监视和手动创建轴网和标高	(1)复制标高； (2)复制轴网； (3)手动创建标高和轴网	55%

在进行机电设计时，设计师必须参考建筑专业提供的标高和轴网等信息以及给排水和暖通专业提供的设备位置和设计参数等。

标高和轴网是水暖电设计中重要的定位信息。Revit 通过标高和轴网定义建筑模型中各构件的空间定位关系。进行机电项目设计时，设计师必须先确定项目的标高和轴网定位信息，再根据标高和轴网信息建立风管、机械设备、管道、电气设备、照明设备等模型构件。设计师可以利用标高和轴网工具手动为项目创建标高和轴网，也可以通过链接的方式链接已有的建筑专业项目文件。

2.1　链接建筑模型

2.1.1　链接的作用

在进行机电专业设计时，设计师一般都会参考土建工程师提供的设计数据。Revit 提供了“链接模型”功能，可以帮助设计团队进行高效的协同工作。链接模型是指工作组成员可以链接由其他专业创建的模型数据文件，从而实现在不同专业间共享设计信息。这种设计方法的特点是各专业主体文件相对独立，文件较小，运行速度快，主体文件可以实时读取链接文件信息以获取链接文件的有关修改通知。注意，被链接的文件无法在主体文件中直接编辑和修改。主体文件与链接文件的关系如图 2-1-1 所示。

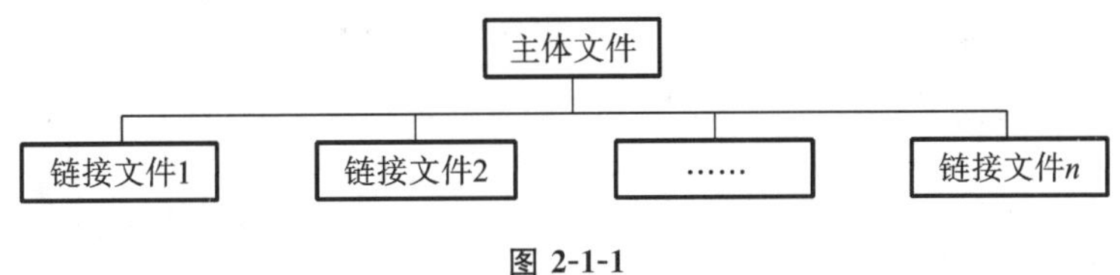

图 2-1-1

由于被链接的模型属于链接文件，只有将链接模型中的模型转换为当前主体文件中的模型图元，才可以在当前主体文件中使用。Revit 提供了“复制/监视”功能，用于在当前主体文件中复制链接文件中的图元，且复制后的图元自动与链接文件中的原图元进行一致性监视，当链接文件中的图元发生变更时，Revit 会自动提示和更新当前主体文件中的图元副本。设备工程师可将土建专业已有的文件链接到当前机电项目文件中，并复制土建项目中的标高轴网等信息作为机电设计的基础。建筑模型的更改在系统项目文件中会同步更新，对于链接模型中某些影响协同工作的关键图元，如标高、轴网、墙、卫生器具等，可应用“复制/监视”进行监视，建造师一旦移动、修改或删除了受监视的图元，设备工程师就会收到通知，以便调整和协同设计。建筑项目文件也可以链接系统项目文件，实现三个专业文件相互链接。这种专业项目文件的相互链接同样适用于其他项目(如给排水、暖通和电气)。

2.1.2　链接建筑信息模型

在 Revit 中，可以链接的文件格式有 Revit 文件(RVT)、IFC 文件、CAD 文件和 DWF 标记文件。本节将重点介绍如何链接 Revit 文件。

下面以“教工之家”项目为例，说明链接 Revit 模型的操作方法。为确保被链接的文件正确，建议读者将“学习资料\第二章\教工之家建筑模型. rvt”项目拷贝至本地硬盘。

(1)启动 Revit。在“最近使用的文件”界面中点击“项目”列表中的“新建”按钮,弹出“新建项目”对话框。如图 2-1-2 所示,在“样板文件”列表中选择“机械样板”,确认创建类型为“项目”,点击“确定”按钮创建空白项目文件,默认将打开“1-机械”楼层平面视图。

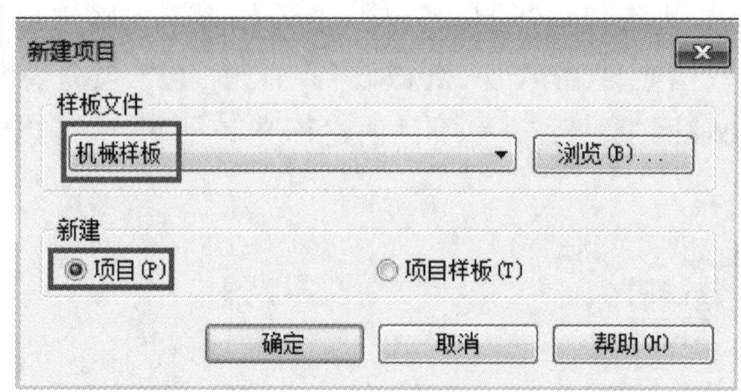

图 2-1-2

提示:点击“应用程序菜单”按钮,再点击右下角“选项”按钮打开“选项”对话框。如图 2-1-3 所示,在“文件位置”选项中可以设置项目样板文件名称。

图 2-1-3

(2)点击“插入”选项卡-“链接”面板-“链接 Revit”工具,打开“导入/链接 RVT”对话框,如图 2-1-4 所示。在“导入/链接 RVT”对话框中,浏览至“学习资料\第二章\教工之家建筑模型. rvt”项目文件。设置底部“定位”方式为“自动-原点到原点”,点击“打开”按钮,该建筑模型文件将链接到当前项目文件中,且链接模型文件的项目原点自动与当前项目文件的项目原点对齐。链接后,当前的项目被称为“主体文件”。

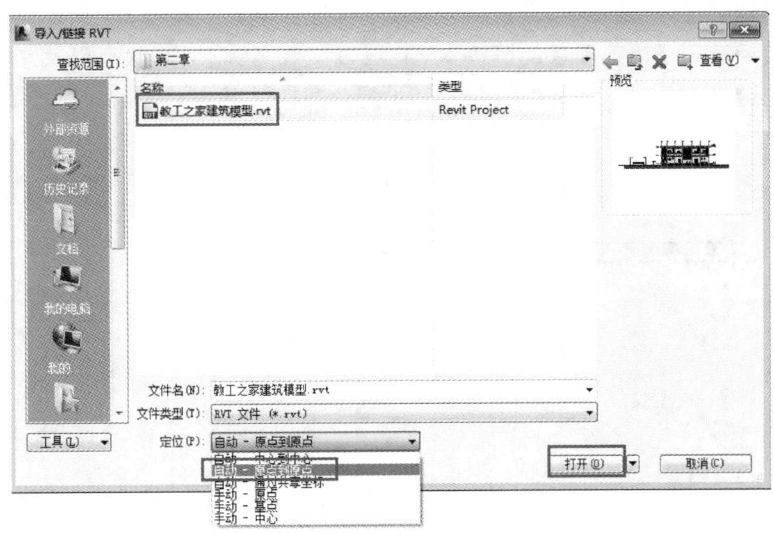

图 2-1-4

提示：如果被链接的目标文件中启用了工作集，可以点击"打开"按钮旁的下拉菜单，在弹出列表中选择需要打开的工作集。工作集属于 Revit 协同工作的高级应用，此处不做详细说明。

模型链接到项目文件中后，在视图中选择链接模型，可以像其他图元一样对链接模型执行拖曳、复制、粘贴、移动和旋转操作。在本操作中，由于链接模型将作为定位信息，因此必须将链接模型锁定。

(3)选中链接模型，自动切换至"修改 | RVT 链接"上下文选项卡。如图 2-1-5 所示，点击"修改"面板-"锁定"工具，在链接模型位置出现锁定符号，表示该链接模型已被锁定。

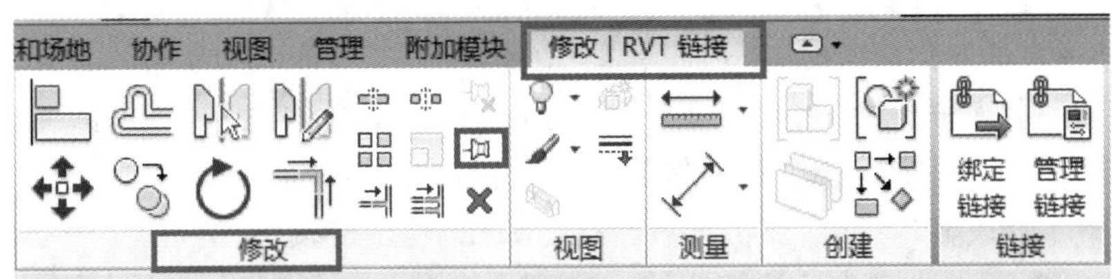

图 2-1-5

提示：Revit 允许复制被锁定的对象，但是不允许移动、旋转、删除被锁定的对象。

(4)点击"插入"选项卡-"链接"面板-"管理链接"工具，如图 2-1-6 所示，打开"管理链接"对话框。

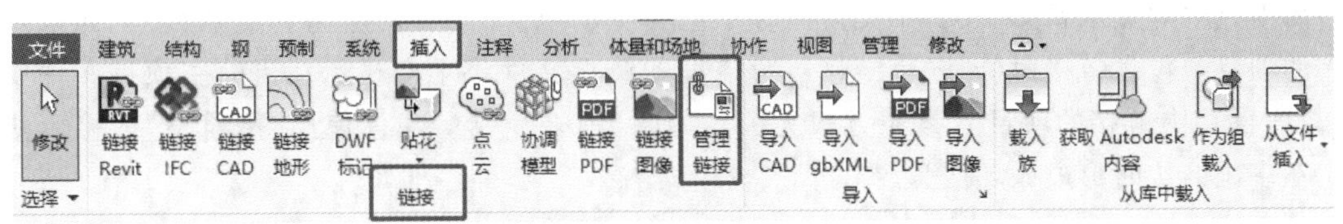

图 2-1-6

(5)在"管理链接"对话框中,默认将打开Revit选项卡。如图2-1-7所示,并在该选项卡中列出所有已经链接至当前项目的链接RVT项目文件名称、当前状态以及文件路径位置。注意:Revit在链接文件时默认将"参照类型"设置为"覆盖"状态。

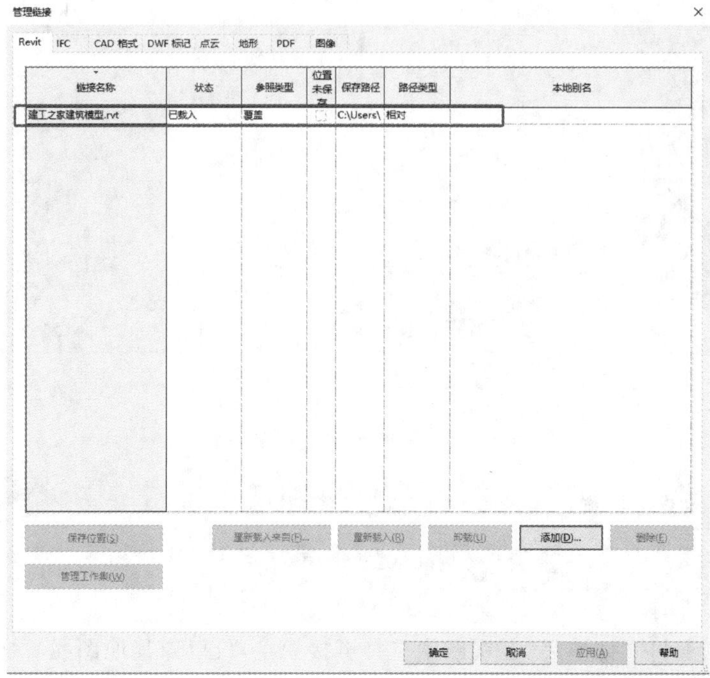

图 2-1-7

提示:如果被链接的目标文件中启用了工作集,还可以点击"管理工作集"按钮进行操作。工作集属于Revit协同工作的高级应用,在此不做详细说明。

(6)当链接文件发生修改时,点击底部"重新载入"按钮,可以重新载入最新状态的链接文件;点击"重新载入来自"按钮可以重新指定所选择链接文件的存储位置;通过"卸载"按钮,可以将已载入的链接文件卸载;如果需要从当前项目中删除链接文件,则点击"删除"按钮。本操作中不修改任何内容,点击"取消"按钮关闭"管理链接"对话框。

(7)保存该项目文件至"学习资料-第二章"文件夹,命名为"2.1链接建筑模型.rvt"文件。

提示:卸载链接仅将所选链接文件中取消加载和显示。它将保留链接文件与主体文件的链接关系,而删除链接文件将链接关系一并删除。

在"管理链接"对话框中,可以进一步设置链接文件的各项目属性以及控制链接文件在当前项目中的显示状态。Revit支持两种不同类型的参照方式(附着型和覆盖型)。如果导入的项目中包含链接时(即嵌套链接),覆盖型的链接文件将不会显示在当前主项目文件中(与项目C中链接的项目B参照方式无关),如图2-1-8所示。建议使用"覆盖型"链接以防止在多次链接时形成循环嵌套。

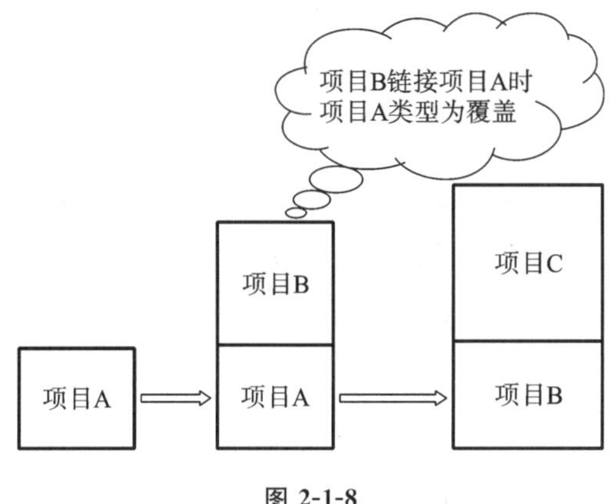

图 2-1-8

Revit 可以记录链接文件的路径类型为相对路径或绝对路径。如果使用相对路径，当项目和链接文件一起移至新目录中时，链接关系保持不变，Revit 尝试按照链接模型相对于工作目录的位置来查找链接模型。如果使用绝对路径，将项目和链接文件一起移至新目录时链接将被破坏，Revit 尝试在指定目录查找链接模型。

在“管理链接”对话框中选择参照文件，此时“管理链接”对话框底部各操作按钮变为可用。使用“重新载入”按钮可以重新指定参照文件的位置和文件名称。当参照的外部文件发生变更修改时，点击“重新载入”按钮重新载入参照项目，以保证当前项目显示的参照文件为最新状态。使用“卸载”按钮可以在当前项目中隐藏所选参照文件内容模型。如果希望从当前项目中删除链接文件，点击“删除”按钮即可。

在主体项目中链接 Revit 文件后，链接的 Revit 文件存在于项目浏览器的“Revit 链接”分支中，如图 2-1-9 所示。每次重新打开主体项目时，Revit 都会重新加载链接的模型文件，以保证载入最新的链接项目状态。

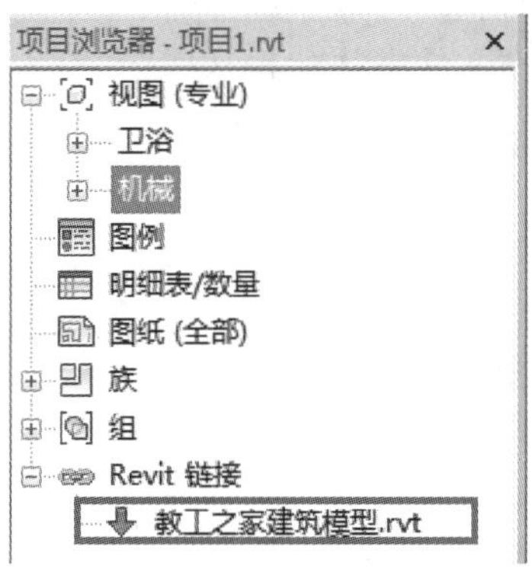

图 2-1-9

在“导入/链接 RVT”对话框中，Revit 共提供了 6 种定位方式。

• 自动-中心到中心：将导入的链接文件的模型中心放置在主体文件的模型中心，Revit 系统模型的中心是通过查找模型周围的边界框中心来计算的。

• 自动-原点到原点：将导入的链接文件的项目原点放置在主体文件的项目原点。用户进行文件导入时，一般都使用这种定位方式。

• 自动通过共享坐标：根据导入的模型相对于两个文件之间共享坐标的位置，放置此导入的链接文件的模型。如果文件之间当前没有共享的坐标系，这个选项将不起作用，系统会自动选择“中心到中心”的方式。该选项仅适用于 Revit 文件。

• 手动原点:手动将链接文件的原点放置在主体文件的自定义位置。

• 手动基点:手动将链接文件的基点放置在主体文件的自定义位置。该选项适用于带有已定义基点的 AutoCAD 文件。

• 手动中心:手动将链接文件的模型中心放置到主体文件的自定义位置。

为确保在多专业中实现各模型的准确定位,建议在链接 Revit 文件时使用“自动-原点到原点”的方式进行链接定位。

2.2 复制监视创建标高与轴网

链接后的模型和信息仅可在主体项目中显示。链接模型中的标高、轴网等信息不能作为当前项目的定位信息使用,必须基于链接模型生成当前项目中的标高与轴网图元。Revit 提供了“复制/监视”工具用于当前项目中复制创建链接模型的图元。

2.2.1 复制标高

链接 Revit 项目文件后,当前主体项目中存在两类标高:一类是链接的建筑模型中包含的标高;另一类是当前项目中自带的标高。在“教工之家”机电项目中,由于采用“机械样板”创建了空白项目,则当前项目中的标高为该样板文件中预设的标高图元。为确保机电项目中标高设置与已链接的“教工之家建筑模型”文件中标高一致,可以采用“复制/监视”功能在当前项目中复制创建“教工之家建筑模型”中的标高图元。在复制链接文件的标高之前,需要删除当前项目中已有的标高。

(1)打开“2.1 链接建筑模型”项目文件,点击“文件”选项卡将文件另存至“学习资料-第二章”文件夹,文件命名为“2.2 复制监视创建标高与轴网”,将视图切换至“南-卫浴”视图,该视图位于项目浏览器中(视图-卫浴-立面-南-卫浴),如图 2-2-1 所示,该视图显示样板文件中自带的标高 1、标高 2 和链接模型文件中的标高。

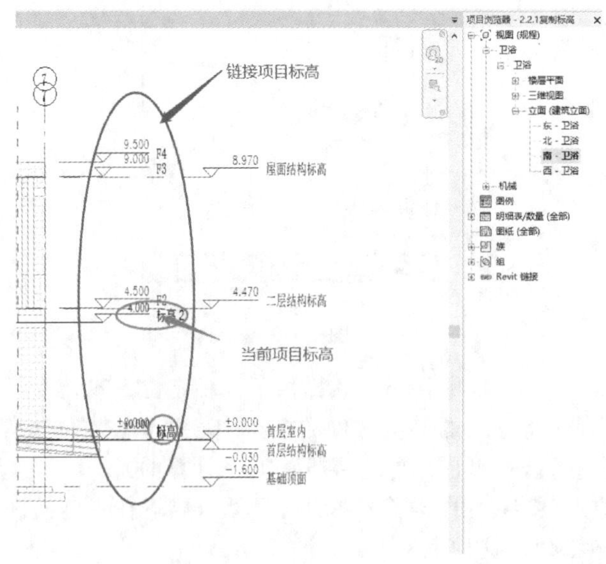

图 2-2-1

(2)按 Ctrl 键选中当前项目的标高 1、2,按 Delete 键将其删除。由于当前项目中标高包含相应的平面视图,因此在删除标高时,会弹出如图 2-2-2 所示的警告对话框,提示相关视图将被删除,点击“确定”按钮确定此信息。

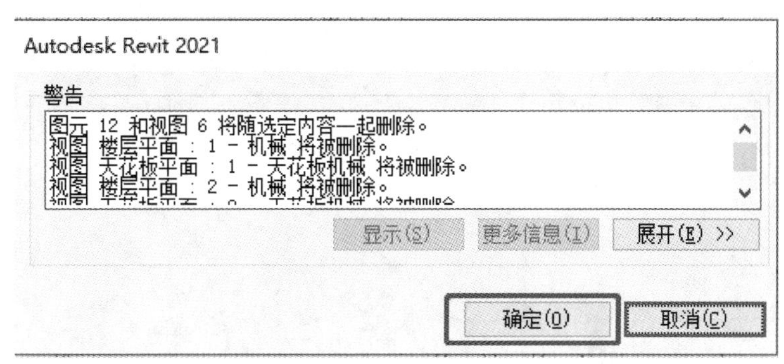

图 2-2-2

(3)点击“协作”选项卡-“坐标”面板-“复制/监视”工具下拉列表,在下拉列表中选择“选择链接”选项,如图 2-2-3 所示。移动鼠标光标至建筑链接项目任意标高位置,选择该链接项目文件,进入“复制/监视”状态,自动切换至“复制/监视”上下文选项卡。如图 2-2-4 所示。

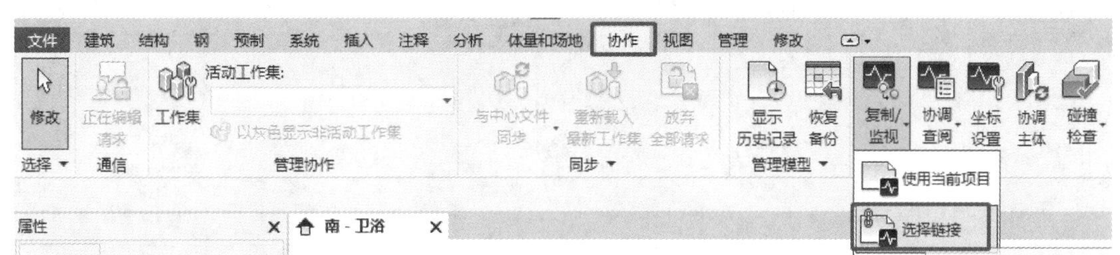

图 2-2-3

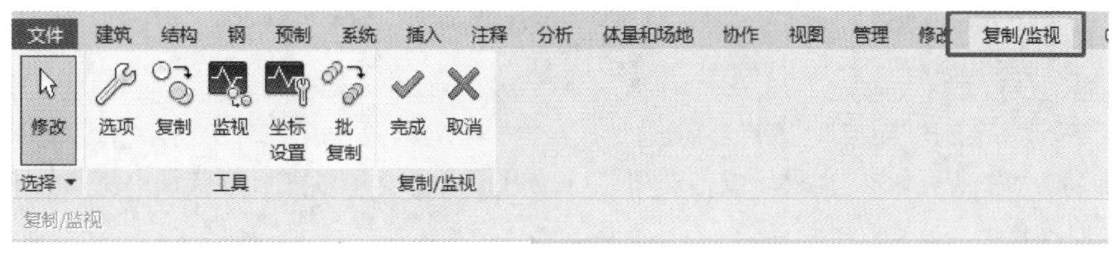

图 2-2-4

(4)点击“复制/监视”上下文选项卡-“工具”面板-“选项”工具,打开“复制/监视选项”对话框,如图 2-2-5 所示。在该对话框中,包含了被链接的项目中可以复制到当前项目的构件类别。切换至“标高”选项卡,在“要复制的类别和类型”中,列举了被链接项目中包含的标高族类型;在“新建类型”中设置复制生成当前项目中的标高时使用的标高类型。如图2-2-6所示,设置新建类型分别为“上标头”、“下标头”和“零三角形”,其他参数默认,点击“确定”按钮,退出当前对话框。

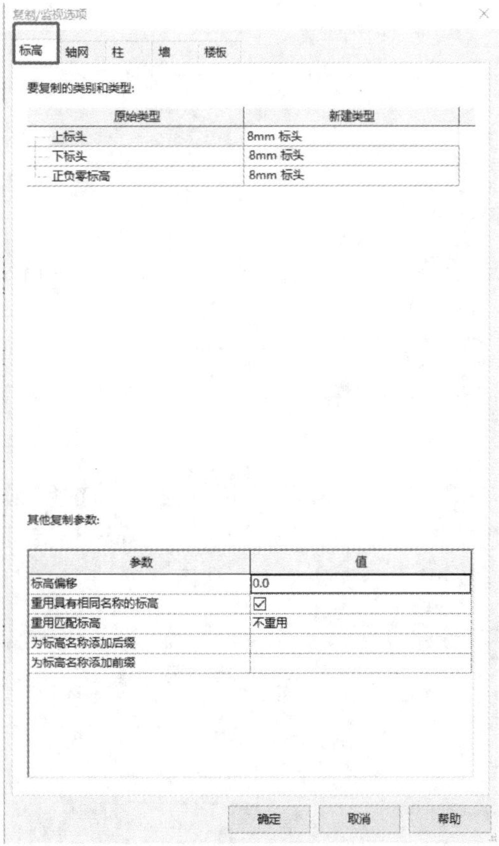

复制/监视选项

标高　轴网　柱　墙　楼板

要复制的类别和类型：

原始类型	新建类型
上标头	8mm 标头
下标头	8mm 标头
正负零标高	8mm 标头

其他复制参数：

参数	值
标高偏移	0.0
重用具有相同名称的标高	☑
重用匹配标高	不重用
为标高名称添加后缀	
为标高名称添加前缀	

确定　取消　帮助

图 2-2-5

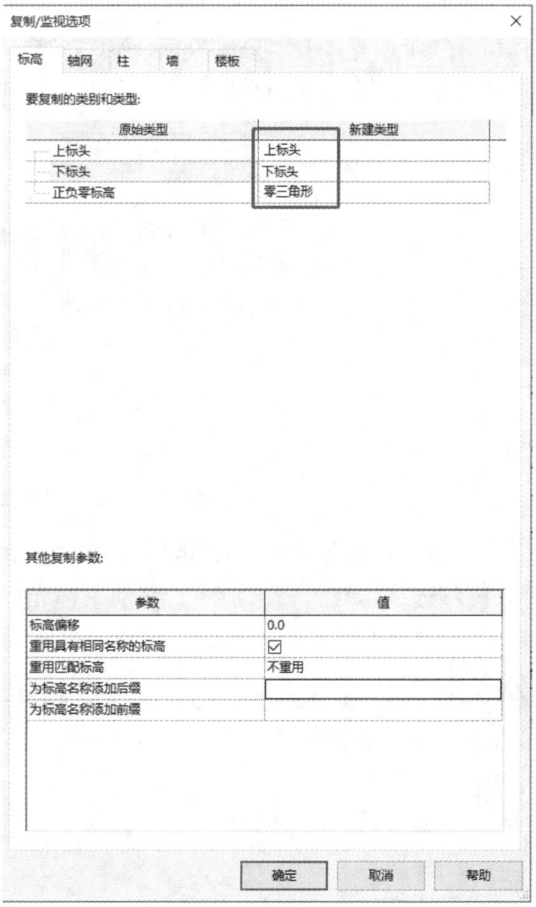

复制/监视选项

标高　轴网　柱　墙　楼板

要复制的类别和类型：

原始类型	新建类型
上标头	上标头
下标头	下标头
正负零标高	零三角形

其他复制参数：

参数	值
标高偏移	0.0
重用具有相同名称的标高	☑
重用匹配标高	不重用
为标高名称添加后缀	
为标高名称添加前缀	

确定　取消　帮助

图 2-2-6

提示：“复制/监视选项”对话框中，用于设置链接项目中的族类型与复制后当前项目的族类型的映射关系。

(5)点击“工具”面板-“复制”工具，勾选选项栏“多个”选项，如图 2-2-7 所示，依次选择链接建筑模型中所有标高，完成后点击选项栏“完成”按钮，Revit 将在当前项目中复制生成所选择的标高图元。

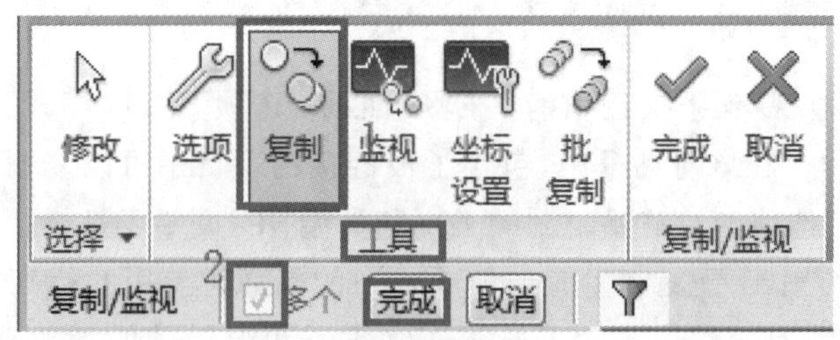

图 2-2-7

(6)所有生成的标高与链接模型中的标高值和名称均一致。Revit 会在每个标高位置显示监视符号，表示该图元已被监视。

(7)点击“复制/监视”面板-“完成”工具，完成复制监视操作，当前项目中，已经生成与链接项目完全一致的轴网。可将“Revit 链接”选项下的“教工之家”建筑模型清除勾选，项目取消可见，查阅已生成的标高，如图 2-2-8 所示，并保存该项目文件。

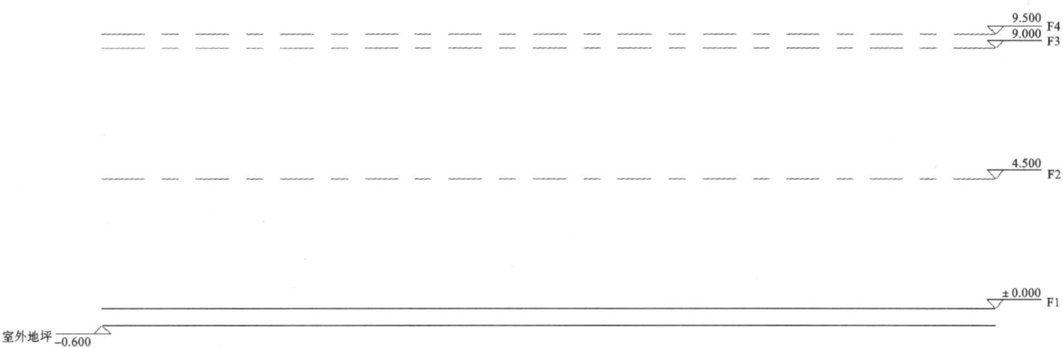

图 2-2-8

2.2.2 创建视图

(1)点击“视图”选项卡-“创建”面板-“平面视图”工具下拉列表，在列表中选择“楼层平面”选项，如图 2-2-9 所示，进入“新建楼层平面”对话框。

图 2-2-9

(2)在“新建楼层平面”对话框中，确认当前视图类型为“楼层平面”，点击“编辑类型”按钮，打开“类型属性”对话框，如图 2-2-10 所示，点击类型参数中“查看应用到新视图的样板”后“机械平面”按钮，弹出“应用视图样板”对话框。确认“视图类型过滤器”设置为“楼层、结构、面积平面”，在视图样板名称列表中选择“卫浴平面”，点击“确定”按钮返回“类型属性”对话框；再次点击“确定”按钮返回“新建楼层平面”对话框。

(3)如图 2-2-11 所示，在标高列表中显示了当前项目中所有可用标高名称。配合 Ctrl 键，依次点击选择 F1、F2、F3 标高，点击“确定”按钮，退出“新建楼层平面”对话框。Revit 将为所选择的视图创建楼层平面视图，并自动切换至 F3 楼层平面视图中。在项目浏览器“卫浴”-“卫浴”视图列表中，将再次出现“楼层平面”视图类别。

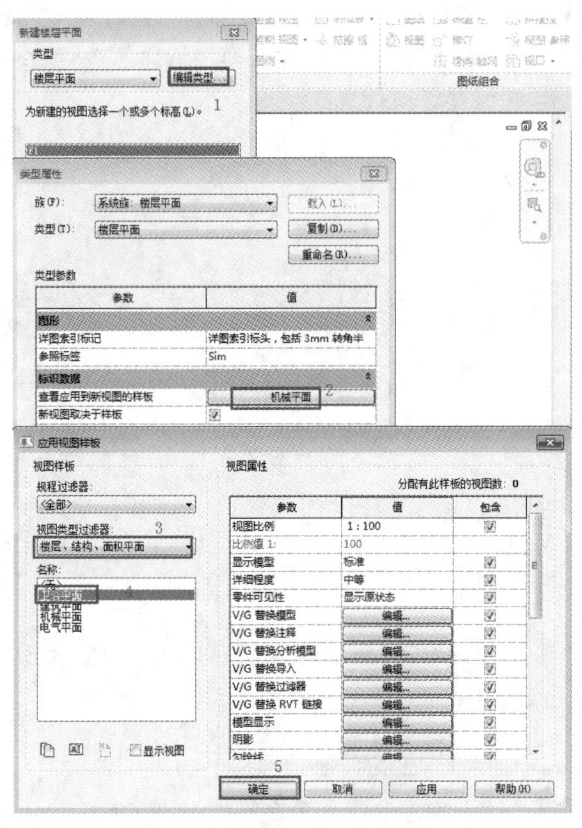

图 2-2-10

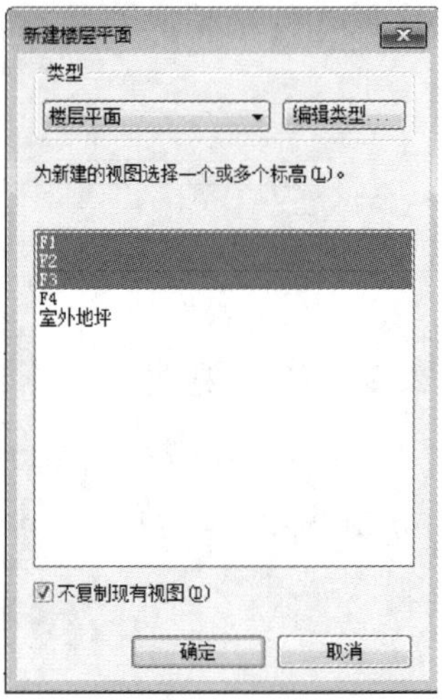

新建楼层平面
类型
楼层平面
编辑类型...
为新建的视图选择一个或多个标高(L)。
F1
F2
F3
F4
室外地坪
不复制现有视图(D)
确定
取消

图 2-2-11

提示:在“新建楼层平面”对话框中勾选底部“不复制现有视图”选项时,已生成楼层平面视图的标高将不会显示在列表中。

(4)切换至 F1 楼层平面视图,注意当前视图中以淡显的方式显示已链接的项目图元。保存该项目文件至指定目录。

使用“复制/监视”功能,可以快速将链接项目中的图元复制到当前项目中。Revit 会自动保持与原项目图元一致性检测。当原项目中的图元被修改且当在主体项目中更新链接文件时,Revit 会提示用户是否修改当前主体项目中的对应图元,如图 2-2-12 所示。

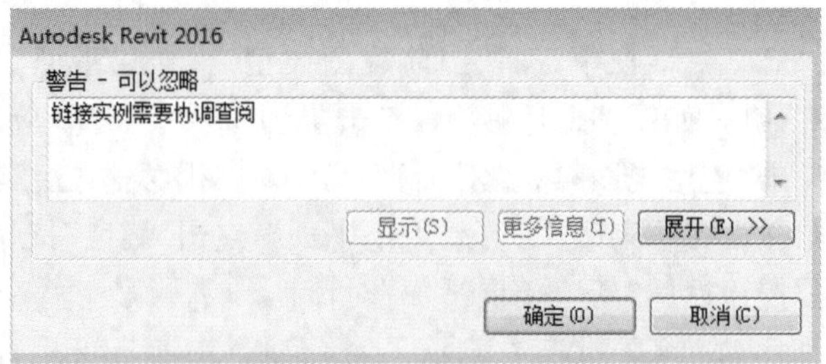

图 2-2-12

要查阅链接模型中修改的图元,可以点击“协作”选项卡-“坐标”面板-“协调查阅”工具下拉列表,在列表中选择“选择链接”选项,点击选择链接模型,弹出“协调查阅”对话框,如图

2-2-13所示。在该对话框中，可以对发生的变更进行处理。

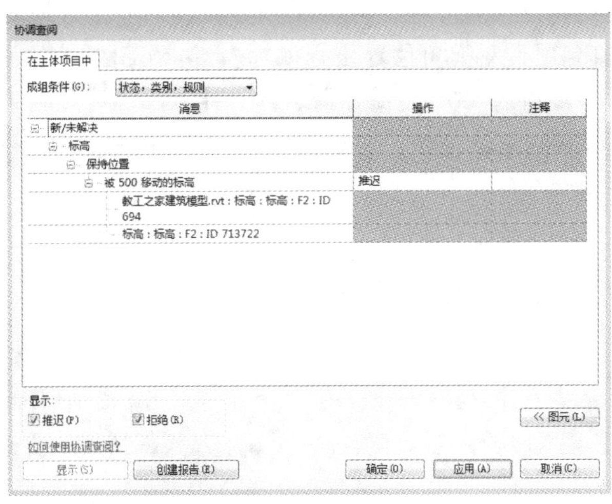

图 2-2-13

2.2.3　复制轴网

(1)切换至卫浴视图列表中 F1 楼层平面视图，在视图中显示了链接项目中已有的轴网和模型图元。

(2)点击“协作”选项卡-“坐标”面板-“复制/监视”工具下拉列表，在列表中选择“选择链接”选项。点击视图中已链接的建筑模型任意图元选择该链接项目，进入“复制/监视”编辑状态。自动切换至“复制/监视”上下文选项卡。

(3)点击“工具”面板-“选项”工具，打开“复制/监视选项”对话框。如图 2-2-14 所示，切换至“轴网”选项卡，设置轴网“新建类型”均为“6.5 mm 编号”轴网类型，其他参数默认。点击“确定”按钮退出“复制/监视选项”对话框。

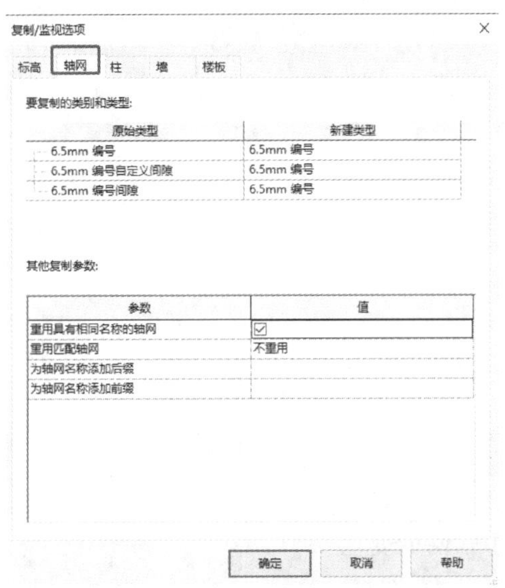

图 2-2-14

(4)点击“工具”面板-“复制”按钮,确认勾选选项栏中“多个”选项。如图 2-2-15 所示,移动鼠标光标至项目右下角位置点击并按住鼠标左键不放,向左上方拖动鼠标光标,将绘制虚线矩形选择范围框;直到项目左上角位置松开鼠标左键,Revit 将框选所有与选择范围框相交及完全包围的图元。点击选项栏“过滤器”按钮,打开“过滤器”对话框。

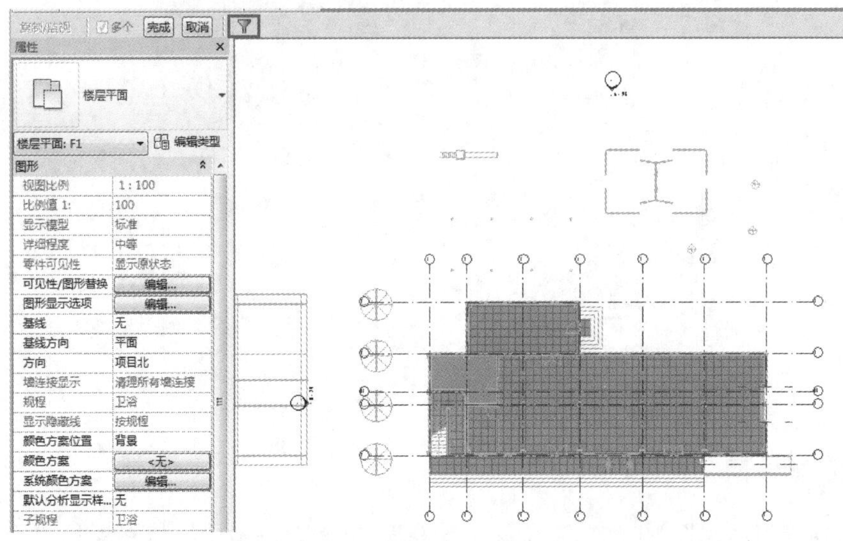

图 2-2-15

(5)在“过滤器”对话框中,按构件类别的方式列举当前选择集中所有对象类别以及该类别图元的总数量。确认仅选择“轴网”类别,如图 2-2-16 所示,点击“确定”按钮,Revit 将仅保持轴网类别图元处于选择状态。

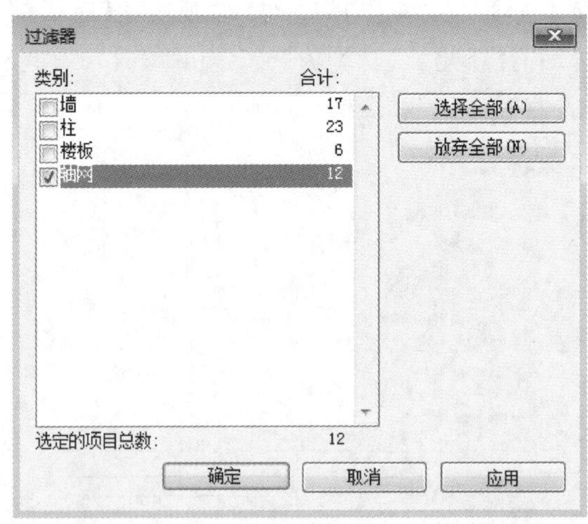

图 2-2-16

(6)点击选项栏“完成”按钮,完成轴网的复制。再次点击“复制/监视”面板-“完成”按钮,完成复制/监视编辑。Revit 将以“6.5 mm 编号”类型生成与链接文件中完全一致的轴网,并自动监视链接文件中轴网的变化。

提示:在当前项目中生成轴网方向取决于链接文件中轴网的绘制方向。

(7)打开“管理链接”对话框。切换至“Revit”选项卡,选择“教工之家建筑模型”链接文件,如图 2-2-17 所示。点击“卸载”按钮,Revit 给出警告,提示用户所载链接时无法通过撤销操作的方式撤销链接卸载操作;点击“确定”按钮卸载该链接文件,再次点击“确定”按钮退出“管理链接”对话框。

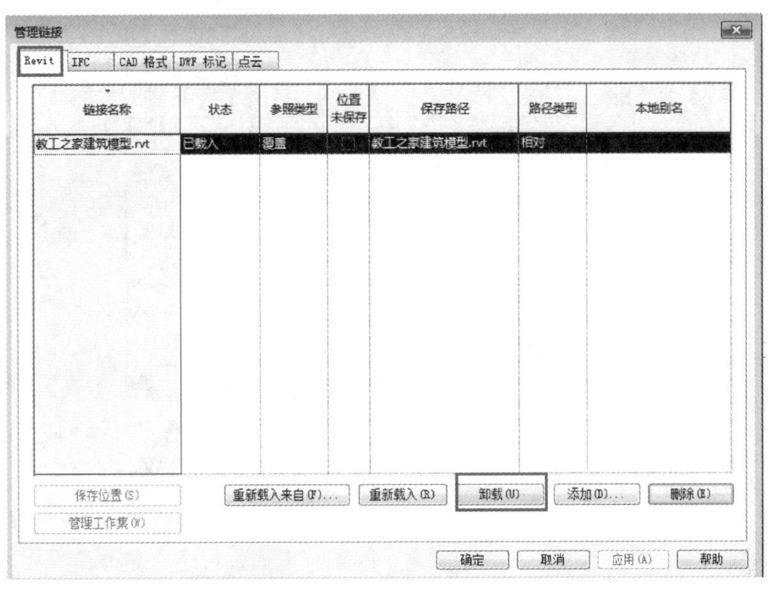

图 2-2-17

(8)当前项目中链接的“教工之家”项目已卸载,仅显示当前项目中复制创建的轴网。切换至 F2 楼层平面视图,Revit 已经在该视图中生成了同样的轴网图元。

(9)点击选择任意轴网图元,如图 2-2-18 所示,“属性”面板“类型选择器”中显示了当前轴网的族名称及族类型,并在参数值中显示了当前所选择轴网的名称值。点击“编辑类型”按钮,打开“类型属性”对话框。

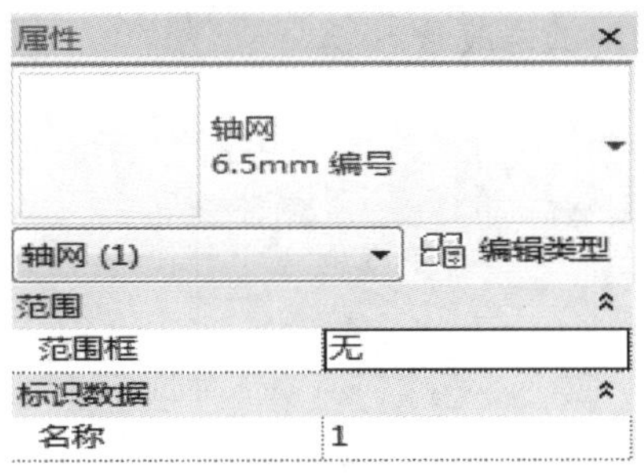

图 2-2-18

提示:如果未显示“属性”面板,可以按快捷键“Ctrl+1”打开属性面板。

(10)如图 2-2-19 所示,设置“符号”为“符号_单圈轴号:宽度系数 0.65”,“轴线中段”设置为“连续”,“轴线末段宽度”为“1”,“轴线末段颜色”为“红色”,轴线末段填充图案为“GB 轴网线”;勾选“平面视图轴号端点 1(默认)”和“平面视图轴号端点 2(默认)”,即在平面视图中默认在轴网两侧均生成轴网标头;设置“非平面视图符号(默认)”值为“底”,即在立面、剖面等非平面视图中，在轴网下方生成轴网标头符号。完成后点击“确定”按钮，退出“类型属性”对话框。

类型属性

族(F)：系统族：轴网　　载入(L)...

类型(T)：6.5mm 编号　　复制(D)...

重命名(R)...

类型参数

参数	值
图形	
符号	符号_单圆轴号：宽度系数 0.65
轴线中段	连续
轴线末段宽度	1
轴线末段颜色	红色
轴线末段填充图案	GB轴网线
平面视图轴号端点 1 (默认)	☑
平面视图轴号端点 2 (默认)	☑
非平面视图符号(默认)	底

<< 预览(P)　确定　取消　应用

图 2-2-19

提示：轴网“类型属性”对话框中“符号”参数用于控制轴网的轴网标头形式。

(11)此时Revit将按类型属性中的设置重新生成轴网，如图2-2-20所示。由于所有轴网图元均属于“6.5 mm编号”族类型的实例，因此所有轴网图元的显示状态均被修改。切换至其他楼层平面视图，查看轴网的修改状态。

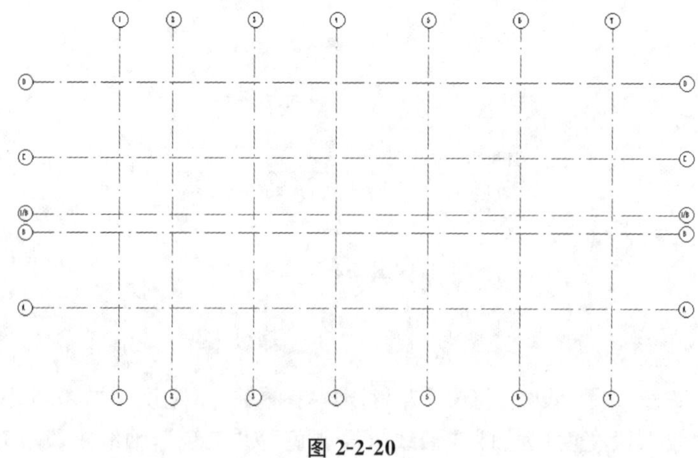

图 2-2-20

(12)打开“管理链接”对话框，切换至“Revit”选项卡，选择“教工之家建筑模型.rvt”文件，点击“重新载入”按钮，在当前项目中重新加载“教工之家”项目模型，完成后点击“确定”

按钮，退出“管理链接”对话框。

(13)保存该项目文件至指定位置，或打开“学习资料-第二章-2.2 复制监视创建标高与轴网.rvt”查看最终操作结果。

轴网类型属性中的设置方式与标高属性设置方式相似，读者可以使用类似的方法设置和修改标高的类型属性参数。

2.3　手动创建标高与轴网

标高和轴网是机电设计中重要的定位信息，Revit 通过标高和轴网为机械模型中各构件的空间定位关系。除了通过链接 Revit 文件的方式复制链接模型中的标高和轴网外，还可以根据需要手动创建标高和轴网。

2.3.1　手动创建标高

在创建标高和轴网过程中没有严格的先后顺序，在此建议先创建标高后创建轴网，下面以“教工之家”机电项目为例，介绍手动创建标高的一般步骤。

(1)启动 Revit，默认打开“最近使用的文件”页面。点击左侧的新建按钮，然后弹出“新建项目”对话框，如图 2-3-1 所示，在“样板文件”选项中选择“机械样板”，确认“新建”类型为“项目”，点击确定按钮完成新项目的创建，并将该文件保存至“学习资料第二章”目录下，命名为“2.3 手动创建标高与轴网.rvt”。

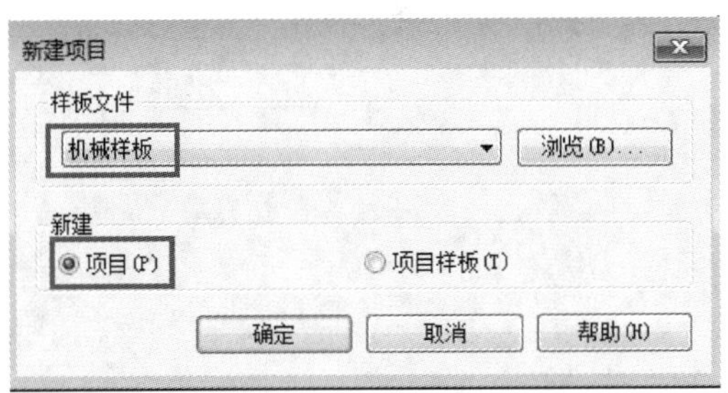

图 2-3-1

提示：选择样板文件时，如果项目已有样板文件，可以通过“浏览”按钮选择至相应目录下的样板，新建项目。

(2)默认将打开“1-机械”楼层平面视图。在项目浏览器中展开“机械-HVAC-立面”视图类别，双击“南-机械”视图名称，切换至南-机械立面视图中，显示项目样板中设置的默认标高“标高 1”和“标高 2”，且“标高 1”的标高为“±0.000”，“标高 2”为 4.000，如图 2-3-2 所示。

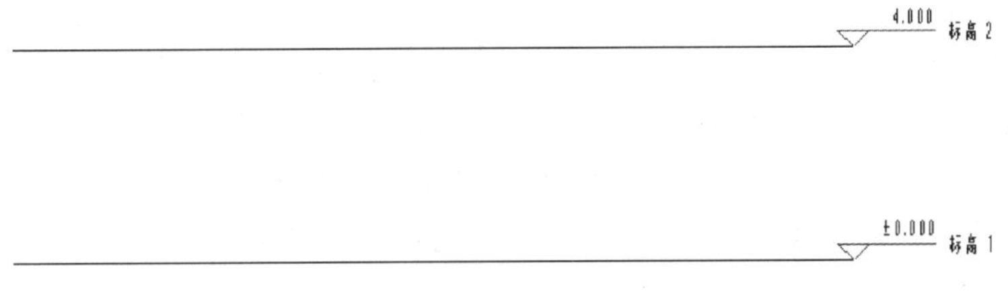

图 2-3-2

提示:样板的选择影响当前标高的族类型。目前项目中族类型为上标头和零三角形,其中上标头的类型参数中"图形参数"的符号为"上标高标头",如果需要更改,可以通过载入系统自带族(载入"建筑-注释-符号"),更改族类型中对应的参数即可。

(3)在视图中适当放大标高右侧标头位置,选中"标高 1"文字部分,进入文本编辑状态,将"标高 1"改为"F1"后点击回车,然后采用同样的方法将"标高 2"改为"F2",修改完成后如图 2-3-3 所示。

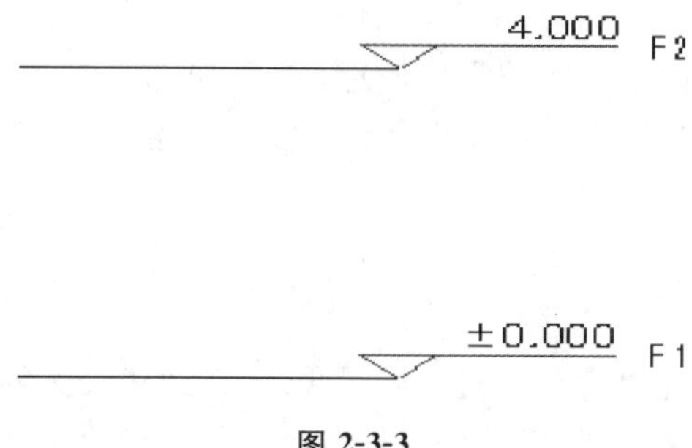

图 2-3-3

(4)移动光标至"F2"标高值位置,双击标高值,进入标高值文本编辑状态。将标高值"4.000"修改为"4.500",并按回车键。此时标高 F2 的标高值为 4.500 m,并自动向上移动 F2 标高线,如图 2-3-4 所示。

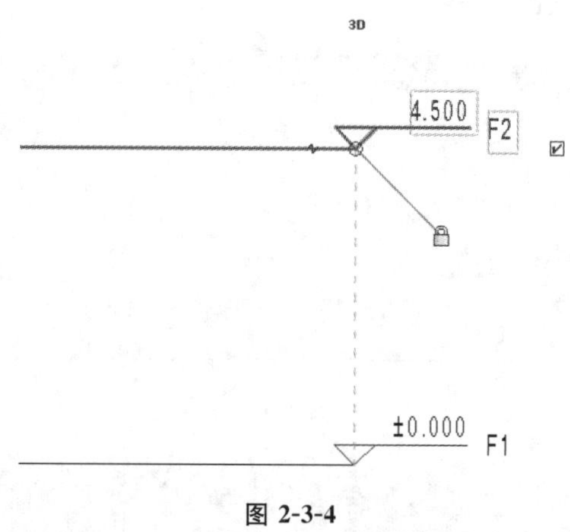

图 2-3-4

提示:样板文件中,已设置标高对象标高值的单位为 m,因此如果输入标高值应输入 4.5。如果修改标高 F1 和 F2 之间的临时尺寸值,则应该输入 4500,因为临时尺寸的单位为 mm。

(5)继续完成其余标高的绘制。

Revit 提供了绘制标高的方式,比如直接绘制或利用"修改"选项卡下的复制、阵列等工具均可以完成标高的绘制。这里介绍直接绘制的方式,点击"建筑"选项卡-"基准"面板-"标高"工具,进入放置标高模式,如图 2-3-5 所示。Revit 自动切换至"修改|放置标高"选项卡,确认绘制方式为"直线"。确认选项栏中已勾选"创建平面视图"选项,设置偏移量为 0,如图 2-3-6 所示。

图 2-3-5

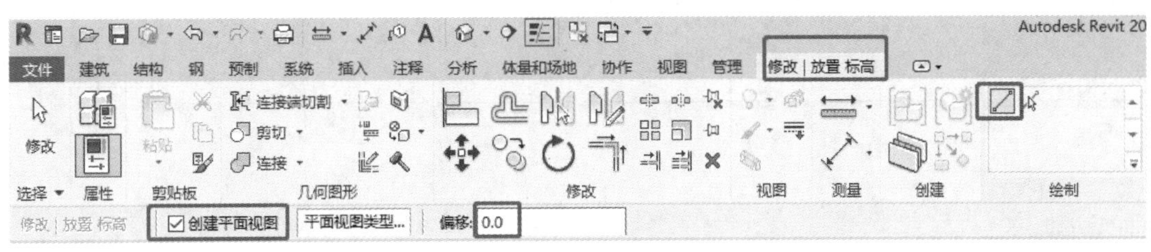

图 2-3-6

提示：默认选项栏“平面视图类型”对话框中选择天花板平面、楼层平面和结构平面。

设置“属性面板”类型选择器下标高类型为“上标头”，进行 F3 标高线的绘制，在南-机械立面视图中，在 F2 标高线的上方移动鼠标光标，直到看到“对齐约束线”，上下拖动鼠标光标可以看到临时尺寸标注的数字不断变化（图 2-3-7），当数字变为“4500”（注意此时单位为 mm）时，点击鼠标左键，然后水平拖动鼠标光标至右侧，直至看到另外一端“对齐约束线”，完成 F3 标高线的绘制，Revit 自动命名该标高为 F3。F2 和 F3 之间的距离可以在绘制时确定，也可以在绘制完成后进行修改。读者可以选择何时修改标高线之间的距离。

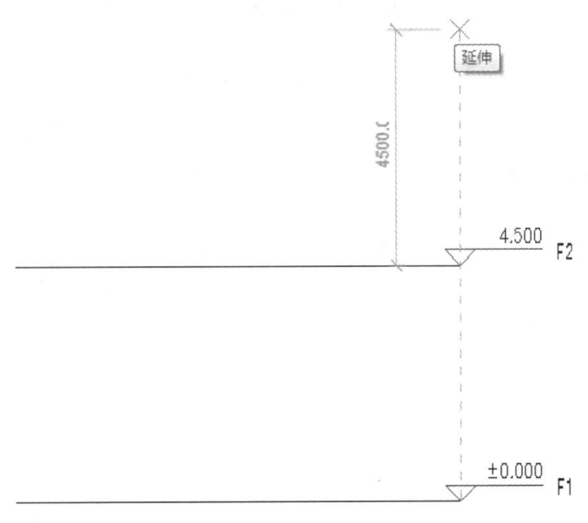

图 2-3-7

继续绘制 F4 标高线，在 F3 上方 500 mm 处绘制 F4 标高线。设置“属性面板”类型选择器下标高类型为“下标头”，在 F1 标高线下 600 mm 处绘制 F5 标高线，按 Esc 键退出标高绘制状态。完成效果如图 2-3-8 所示，并将文件保存至指定目录。

图 2-3-8

2.3.2 手动创建轴网

轴线是确定建筑物主要结构构件位置及其标志尺寸的基准线,同时是施工放线的依据。轴线分为横向定位轴线和纵向定位轴线,它们组成轴网。手动绘制轴网可分为直接绘制和利用复制和阵列命令绘制,其中直接绘制轴网的方法和直接绘制标高一样。在此介绍利用复制和阵列命令绘制轴网。

(1)切换当前视图至机械视图类别中"1-机械"楼层平面视图。

(2)点击"建筑"选项卡-"基准"面板-"轴网"工具,自动切换至"放置轴网"上下文选项卡,进入轴网放置状态,如图 2-3-9 所示。

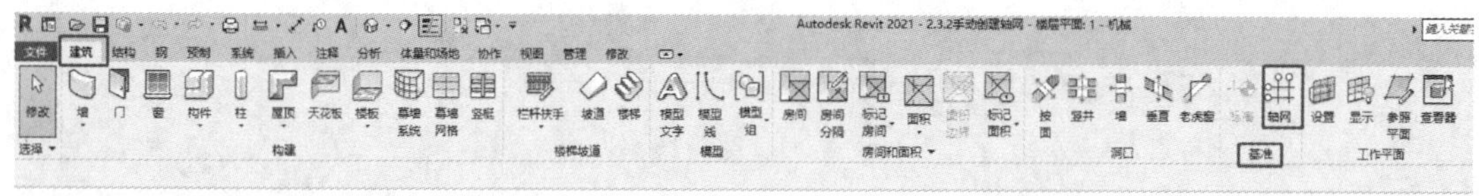

图 2-3-9

(3)点击"属性"面板中"编辑类型"按钮,弹出"类型属性"对话框。设置参数:符号为"轴网标头-圆",轴线中段为"连续",轴线末段宽度为"1",轴线末段颜色为"红色",轴线末段填充图案为"轴网线",平面视图轴号端点 1、2(默认)为"勾选",非平面视图符号(默认)为"顶",如图 2-3-10 所示。设置完成后点击"确定"按钮,退出"类型属性"对话框。

(4)在绘图区域内,移动鼠标光标至区域左下角空白处,点击此处作为轴线起点,向上移动鼠标光标,将在指针与起点之间显示轴线预览,并给出当前轴线方向与水平方向的临时尺寸角度标注。当绘制的轴线沿垂直方向时,会自动捕捉垂直方向,并给出垂直捕捉参考线。沿垂直方向上移动鼠标光标至左上角位置时,点击此处完成第一条轴线的绘制,并自动为该轴线编号为"1",如图 2 3 11 所示。

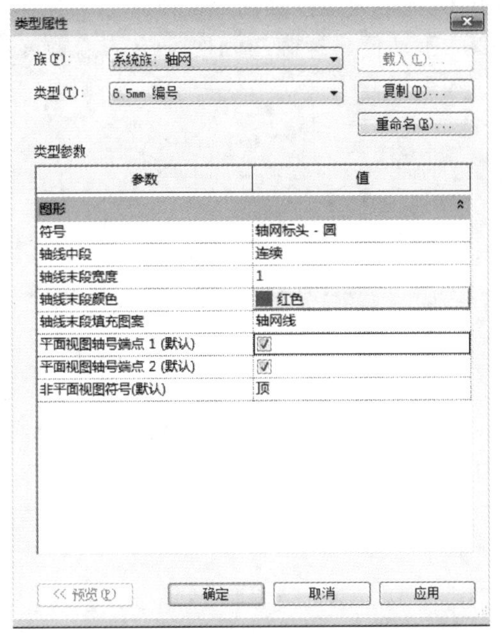

图 2-3-10

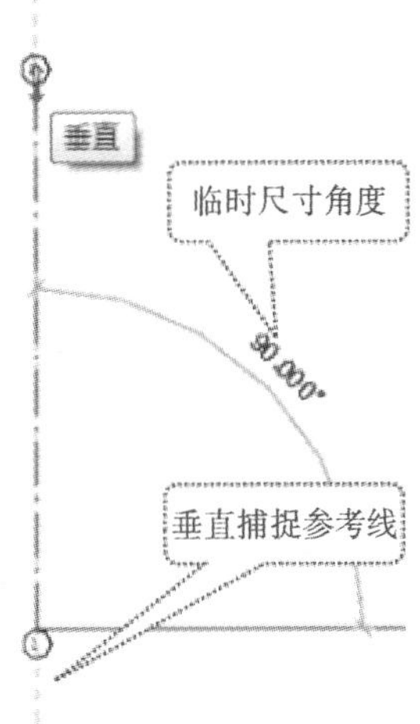

图 2-3-11

小技巧：确定起点后按住 Shift 键不放，可进入正交绘制模式，可以约束在水平或垂直方向绘制。

(5)选中“1”号轴网，自动进入“修改丨轴网”上下文选项卡，点击“修改”面板-“复制”工具，设置选项栏勾选“约束”“多个”，点击轴网 1 为移动起点，向右水平拖动，分别输入“3000、4500、4500、5000、5000、5000”，此时垂直方向轴网绘制完成，如图 2-3-12 所示。

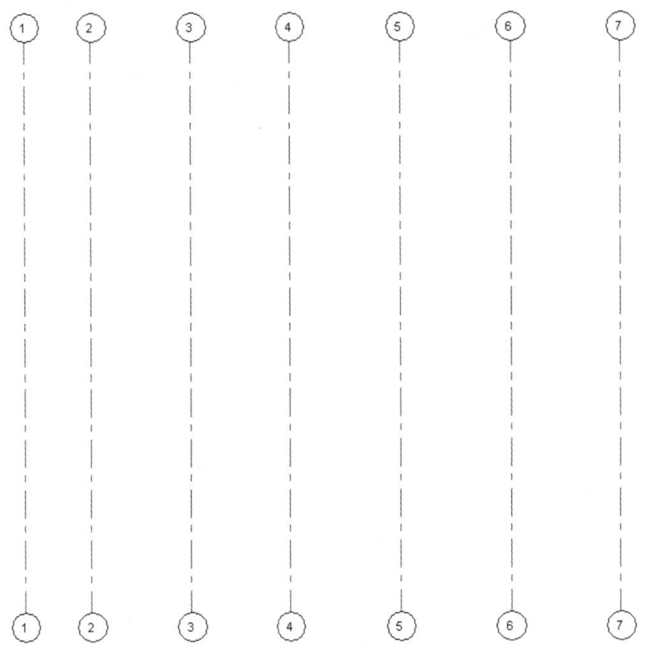

图 2-3-12

(6)采用同样的方法绘制水平方向的轴网A-D,完成效果图如图2-3-13所示。保存该项目文件至指定位置,可打开“学习资料-第二章-2.3手动创建标高与轴网.rvt”查看最终操作结果。

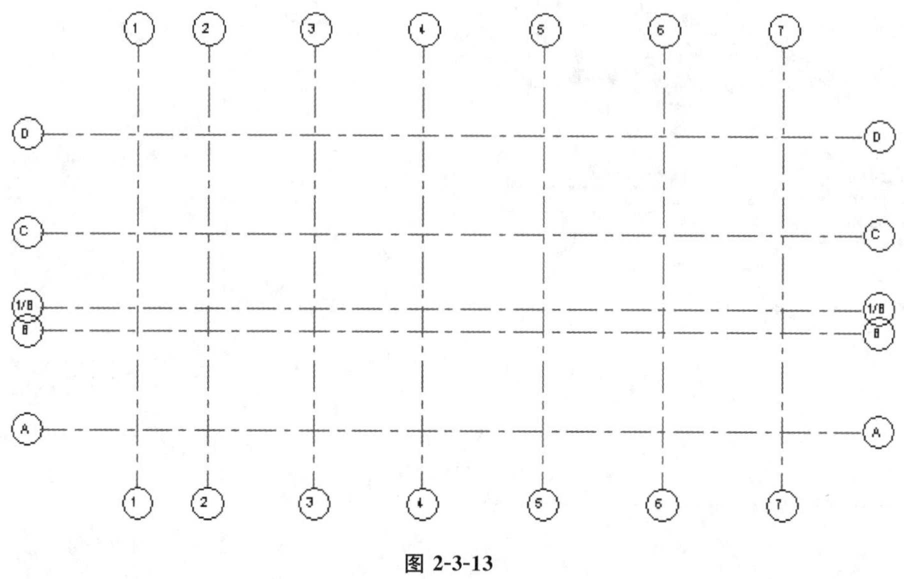

图2-3-13

2.3.3 编辑标高和轴网

标高和轴网的信息基本一致,在此主要介绍标高的基本信息和编辑。

选中标高2,则显示如下信息,如图2-3-14所示。

• 标高端点:拖动该圆圈可以对标高线的长度进行修改。

• 标高值:对应的是楼层的具体层高,单位为米。

• 标高名称:指的是楼层名称。具体可为标高1、标高2或F1、F2等。

• 添加弯头:点击此符号可以对标高线端头位置进行移动。

• 对齐锁定:锁定对齐约束线,可以将各条轴线一起锁定,打开此锁定可以取消与其他轴线间的锁定关系。

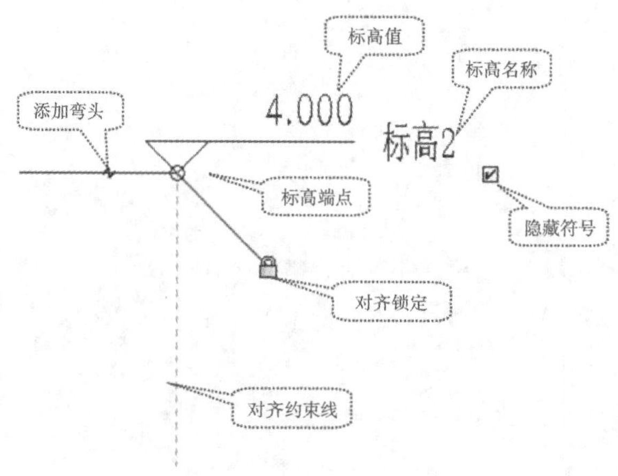

图2-3-14

• 对齐约束线：用于绘制轴线时与已经绘制的轴线端点起点一致，在对齐锁定有效的时候拖动标高端点，滑动鼠标光标，可以看到对齐约束线上的所有标高都随着拖动；若只想拖动某一条标高线，可解锁对齐约束，然后再进行拖动。

• 隐藏符号：勾选框若不勾选，则隐藏该端点符号。

2.4　视图规程设置

在 Revit 中，根据各专业的需求，可以为项目创建任意多个视图(包括楼层平面视图、立面视图、剖面视图等)。为区分各个不同视图的用途，Revit 提供了“建筑”“结构”“机械”“卫浴”“电气”及“协调”6 种视图规程，规程决定了项目浏览器中视图的组织结构。“协调”选项兼具“建筑”和“结构”选项功能。选择“结构”将隐藏视图中的非承重墙，而使用“机械”或“电气”规程则在视图中淡显非本规程内的构件图元。

在 Revit 中，若不选择任何图元，则“属性”面板将显示当前视图的实例属性。如图 2-4-1 所示，在“属性”面板“规程”中，可以设置当前视图使用的“规程”，还可以进一步为视图设置“子规程”，以便于对视图进行分类和管理。

设置不同的规程后，视图将自动根据浏览器组织的设置显示为不同的视图类别。点击“视图”选项卡-“窗口”面板-“用户界面”下拉列表，在列表中选择“浏览器组织”选项，将打开项目“浏览器组织”对话框，如图 2-4-2 所示，点击“浏览器组织”参数后的“编辑”按钮，打开“浏览器组织属性”对话框，在该对话框中，可以对浏览器的过滤器成组条件进行设定。

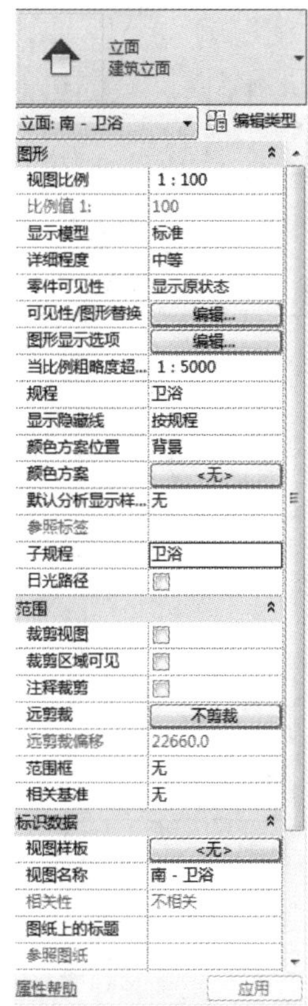

图 2-4-1

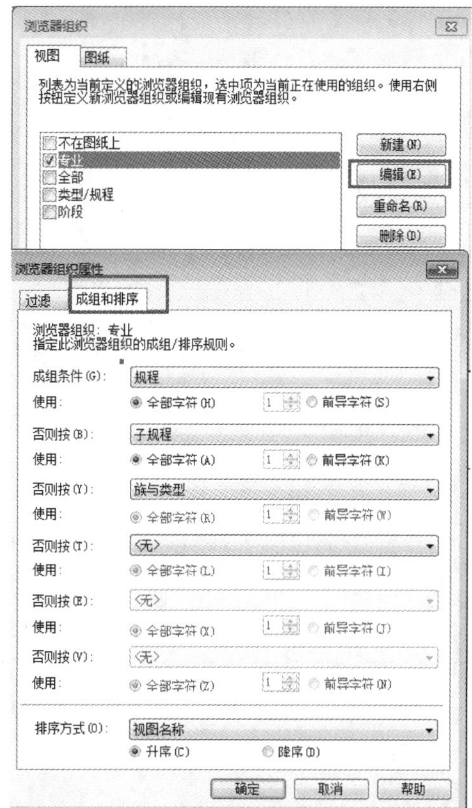

图 2-4-2

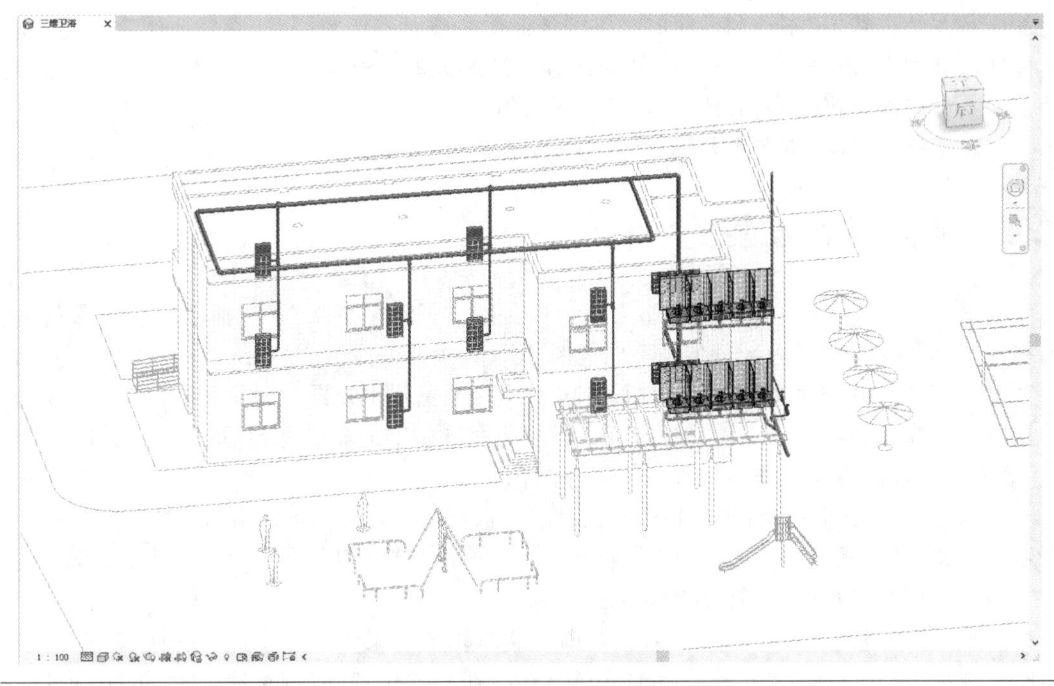

第三章　给排水系统创建

教学目标

通过本章的学习，了解给排水系统的建模基础，熟悉与掌握管道、管路附件、连接件、用水器具的创建、编辑和修改。

教学要求

能力目标	知识目标	权重
了解给排水系统的建模基础	(1)链接模型； (2)样板文件创建	20%
熟悉与掌握管道、管路附件、连接件、用水器具的创建、编辑和修改	(1)管道系统类型设置； (2)管道类型设置； (3)给排水管道绘制； (4)管道附件添加； (5)消火栓系统布置； (6)喷淋系统布置	80%

本章主要以“教工之家”给排水及消防系统为例，学习如何在 Revit 中实现三维管线设计和管线系统管理。要创建给排水系统，首先应放置给排水系统的卫浴装置。

3.1　链接模型绑定

在进行机电设计时，通常需要参考已完成的建筑结构专业模型，并根据建筑专业中的房间布置与要求进行设备及管线的布置。因此，通常需要通过链接的方式链接已有的建筑模型以及其他专业模型。

3.1.1　链接结构信息模型

本书已详细介绍了如何链接 Revit 建筑模型，并使用复制监视的方式，将链接模型中的标高和轴网图元复制到当前主体模型中，成为当前项目中的定位信息图元。根据链接建筑模型的方法将结构模型链接，具体操作如下。

(1)打开“学习资料-第二章-2.2 复制监视创建标高与轴网. rvt”项目文件，另存为“3.1 链接模型绑定. rvt”项目文件至学习资料第三章。

(2)点击“插入”选项卡-“链接”面板-“链接 Revit”工具，打开“导入/链接 RVT”对话框，如图 3-1-1 所示，在“导入/链接 RVT”对话框中，浏览至“学习资料-第二章-教工之家结构模型. rvt”项目文件。设置底部“定位”方式为“自动-内部原点到内部原点”，点击“打开”按钮，在当前项目中载入“教工之家”结构模型项目文件。点击右下角的“打开”按钮，该结构模型文件将链接到当前项目文件中，且链接模型文件的项目原点自动与当前项目文件的项目原点对齐。链接后，当前的项目将被称为主体文件。

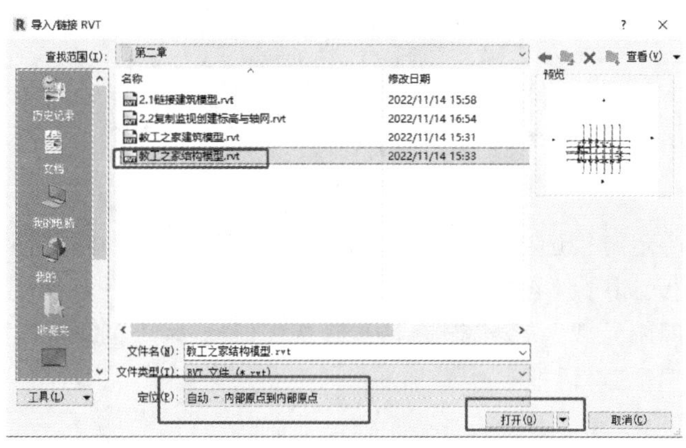

图 3-1-1

(3)若导入后的结构模型和建筑模型的定位轴线不重合，可利用“修改”选项卡-“修改”面板-“对齐”工具，将结构模型进行移动，使建筑模型和结构模型完全对应。

(4)保存该项目文件至指定目录。

3.1.2　链接模型绑定

进行机电设计时，必须有标高和轴网这些定位图元才能继续后面的操作。读者请参考本书相关内容进行链接项目文件的操作，也可以打开“学习资料-第二章-2.2 复制监视创建标高与轴网.rvt”继续操作。应注意主体项目文件要载入“教工之家”项目链接文件。如果在打开项目时出现“未解析的参照”对话框,则表示 Revit 未能找到链接的项目文件,此时可以选择“打开管理链接以更正此问题”选项。打开“管理链接”对话框,在对话框中选择链接文件名称,点击底部“重新载入来自”按钮,重新指定“教工之家项目”文件位置即可。

在链接文件后,可以将链接项目文件“绑定”到当前项目中,绑定后的项目文件将作为当前项目的图元存在。绑定后的项目将不再与原链接文件有任何关联关系。

(1)切换当前视图至“卫浴” F1 楼层平面视图点击链接“教工之家”任意图元,选择该链接模型。自动切换至“修改丨 RVT 链接”上下文选项卡。如图 3-1-2 所示,点击“链接”面板“绑定链接”工具,将链接文件绑定至当前项目中。

图 3-1-2

(2)如果出现警告对话框(图 3-1-3),提示用户绑定链接文件后,当前项目与链接项目间的图元复制/监视的关系将被删除,点击“是”接受该建议。

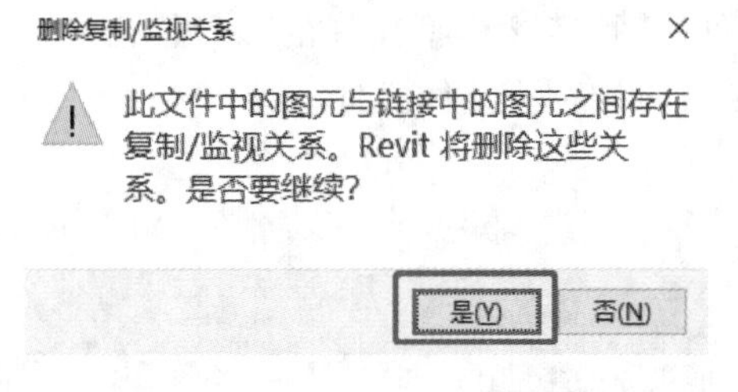

图 3-1-3

(3)继续弹出“绑定链接选项”对话框。如图 3-1-4 所示,可以将链接项目文件中的附着详图、标高轴网等图元同时绑定至当前项目中。之前操作已采用“复制/监视”的方式将链接项目中的标高和轴网图元载入到当前项目中,确认仅勾选“附着的详图”选项,点击“确定”按钮,退出“绑定链接选项”对话框。

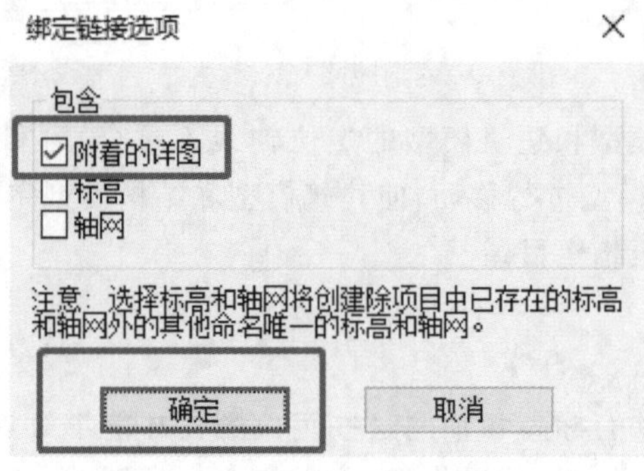

图 3-1-4

提示：Revit 会将链接项目中各视图的尺寸标注、门窗标记等注释信息作为“附着”的方式显示在绑定后的组文件中。

(4)Revit 提示用户将链接文件绑定后会影响 Revit 的运行速度，点击“是”按钮继续，如图 3-1-5 所示。Revit 将进行绑定计算。

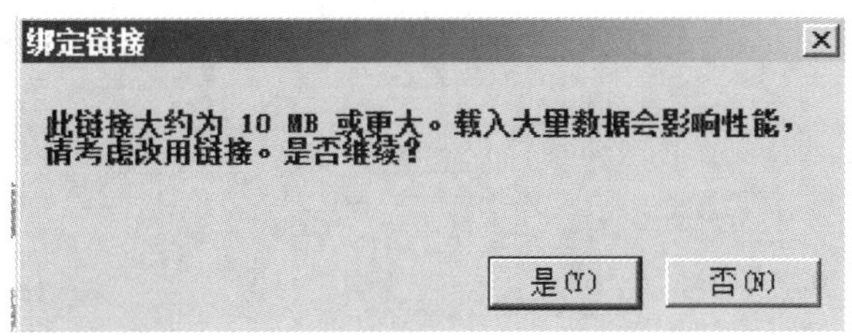

图 3-1-5

(5)如图 3-1-6 所示，计算完成后，Revit 会提示当前项目与链接项目中存在重名的对象样式，并按链接模型中的设定进行替换。点击“确定”按钮，完成绑定操作。

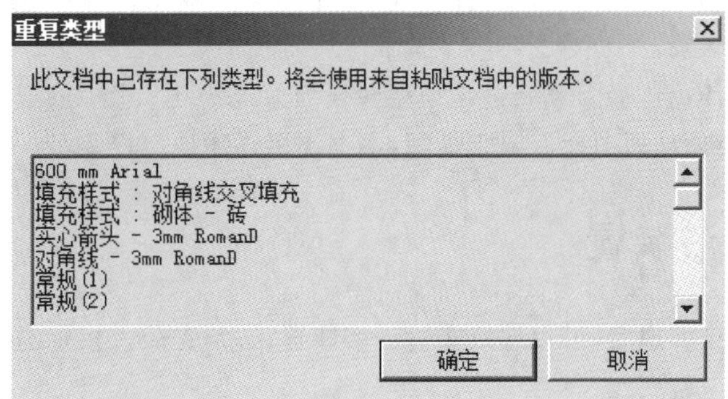

图 3-1-6

(6)由于链接的“教工之家”已经全部绑定转换为当前项目图元，因此原链接可以删除。如图 3-1-7 所示，点击“删除链接”选项，删除当前项目与“教工之家”的链接关系。

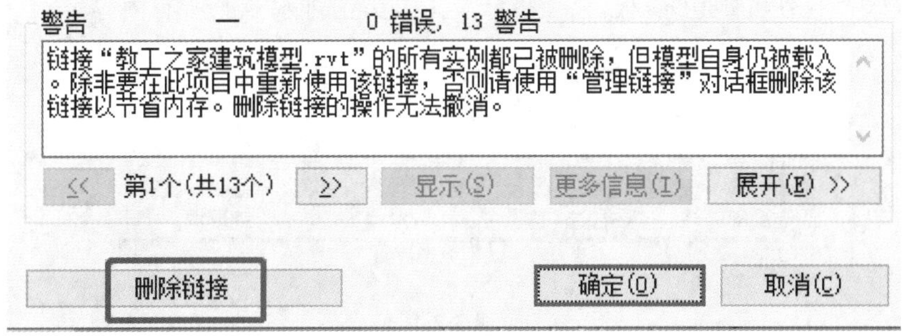

图 3-1-7

(7)打开“管理链接”对话框，“教工之家项目”的链接已被删除。

(8)切换至默认三维视图，当前项目中已显示“教工之家”的全部模型图元。点击任意图元,注意该模型以“组”的方式存在,如图 3-1-8 所示。可按照相同的方法将结构模型进行绑定处理,并在管理链接中将结构模型删除掉。

图 3-1-8

(9)保存该项目文件至指定路径,打开“学习资料-第三章-3.1 绑定链接模型.rvt”项目文件可查看最终操作结果。

链接被绑定后,Revit 会自动将链接模型转换为 Revit 组。组中的成员可随时使用分解组的方式,将其变为独立的图元。限于篇幅,本书不再详述该过程。

3.2 布置卫浴装置

完成模型的链接绑定后,可以继续布置卫浴装置,必须先载入指定的卫浴装置族。

3.2.1 创建 F1 卫浴装置

Revit 自带有常用的卫浴装置,工作中只需要载入即可。接下来以“教工之家”项目为例,说明载入卫浴装置族的一般方法。

(1)打开“学习资料-第三章-3.1 链接模型绑定.rvt”项目文件,切换至“卫浴” F1 楼层平面视图,并将文件另存为指定路径,命名为“3.2 布置卫浴装置.rvt”。如图 3-2-1 所示,点击“系统”选项卡-“卫浴和管道”面板,该面板涉及工具为给排水专业所有内容。

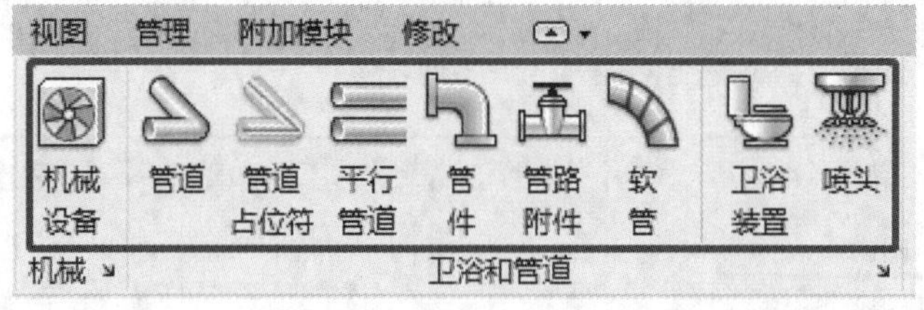

图 3-2-1

提示:机电专业的工具均位于“系统”选项卡。

(2)如图 3-2-2 所示,点击“插入”选项卡-“从库中载入”面板-“载入族”工具,进入“载入族”对话框。

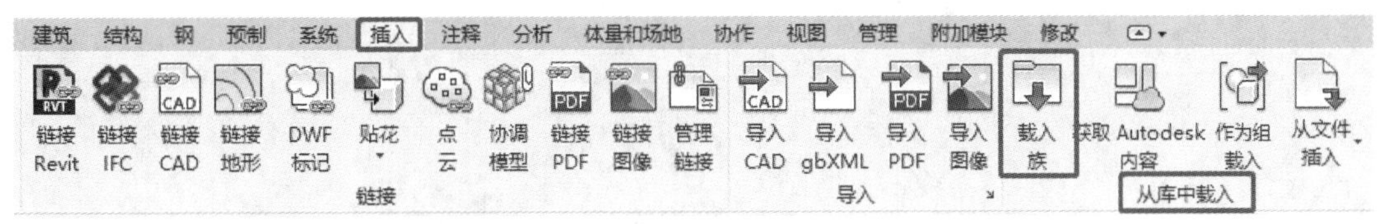

图 3-2-2

(3)在“载入族”对话框中默认将打开 Revit 自带的族目录中。依次选择“China\建筑\专用设备\卫浴附件\盥洗室隔断\”目录,在该目录下显示了 Revit 自带的可用卫浴装置隔断族。如图 3-2-3 所示,选择任意族将在右侧预览中显示该族的形态预览,选择“厕所隔断 1 3D”族,点击“打开”按钮将其载入至当前项目中。

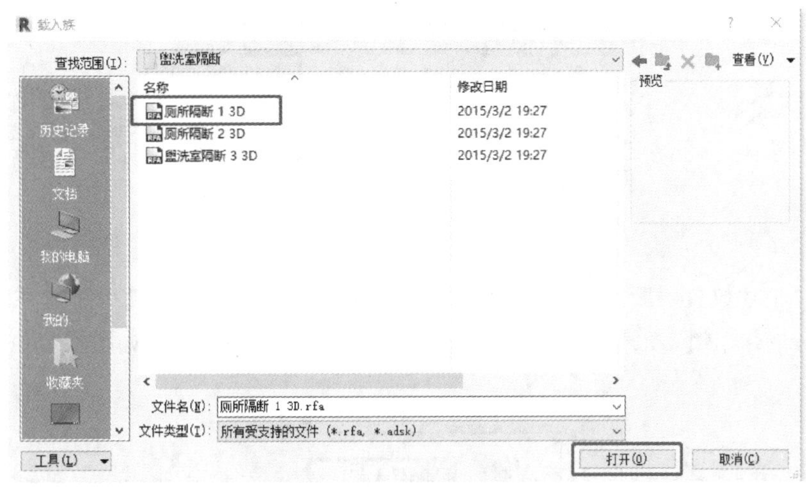

图 3-2-3

提示: Revit 默认族文件均被保存为.rfa 文件格式。Revit 还支持后缀名为.adsk 的族文件,该文件通常由 Autodesk Inventor 或其他非 Revit 系列软件创建的设备模型文件。

(4)点击“系统”选项卡-“构件”面板-“放置构件”工具,进入修改|放置构件上下文选项卡,在“属性”面板类型选择器中,设置“厕所隔断 1 3D”的族类型“中间或靠墙(落地)”为当前使用类型。

提示:该族在创建时属性为建筑内族,因此载入族后,应该利用建筑中构建面板中构件工具进行创建,该族在定义时包含的所有族类型都将一并载入项目中。

(5)适当放大显示卫生间部位区域,如图 3-2-4 所示,移动鼠标光标至 C 轴线和 2 轴线交汇处,放置隔断,此时鼠标光标变为禁止符号,状态栏显示“点击墙以放置实例”,按 Esc 键退出当前放置隔断命令。选中链接进入的建筑模型,进入“修改丨 RVT 链接”面板,点击“绑定链接”工具,如图 3-2-5 所示。

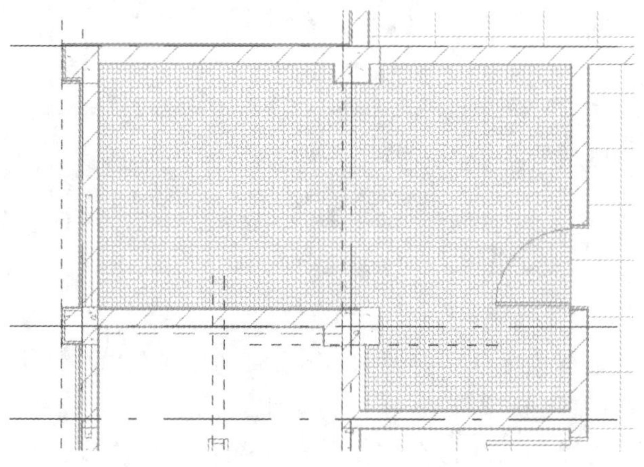

图 3-2-4

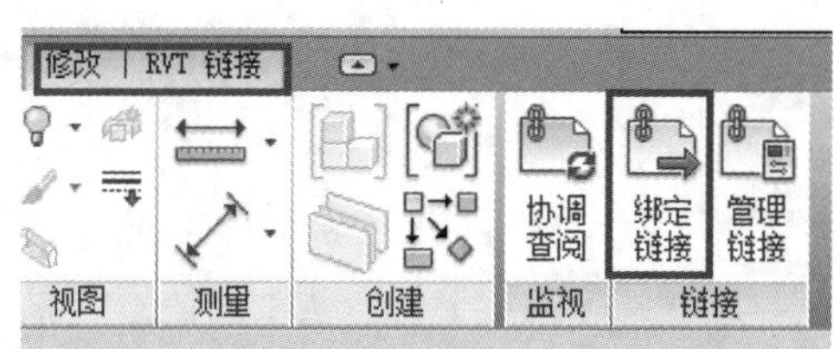

图 3-2-5

(6)重复上述放置隔断操作程序,设置属性面板中的隔断类型为“中间或靠墙(落地)”,分别调整尺寸标注内隔断高度为 1800 mm、深度为 1200 mm、宽度为 1000 mm,如图 3-2-6 所示。

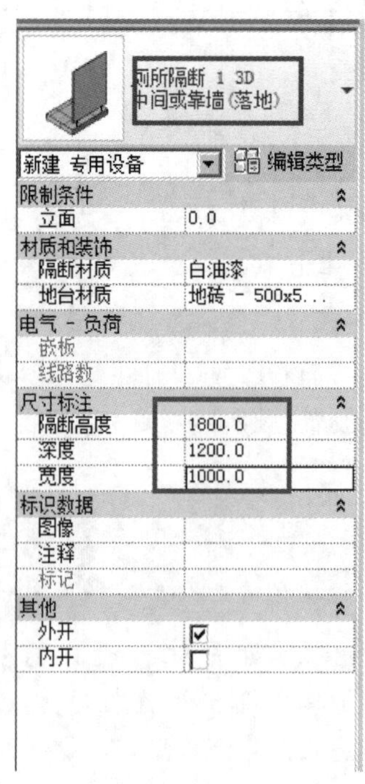

图 3-2-6

(7)移动鼠标光标至 C 轴线和 1 轴线交汇处，当临时尺寸线标注显示值为“0”时，如图 3-2-7所示，点击在该位置放置卫生间隔断，并利用临时尺寸，将第一个隔断调整距离墙体核心层表面为“10”，即与墙表面重合，完成第一个隔断的创建。

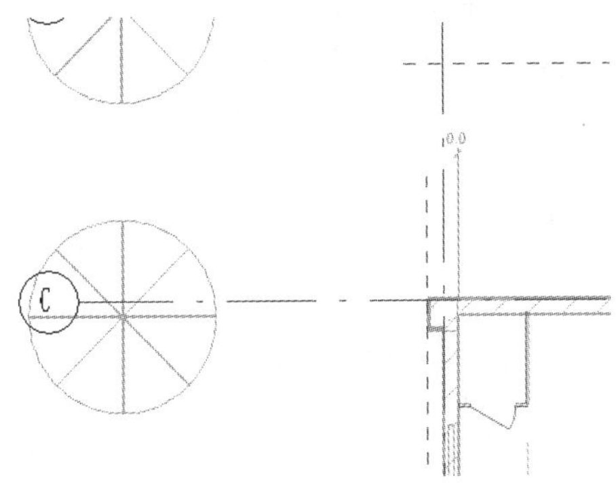

图 3-2-7

(8)继续移动鼠标光标，当临时尺寸线标注显示值为“1000”时，点击在该位置放置卫生间隔断，完成第二个隔断的创建，同样按照上述方法，完成第三个、第四个隔断的创建(注意：放置隔断时，默认捕捉 2 轴线上的墙体，当临时尺寸值为“0”时，点击放置隔断)，如图 3-2-8 所示。

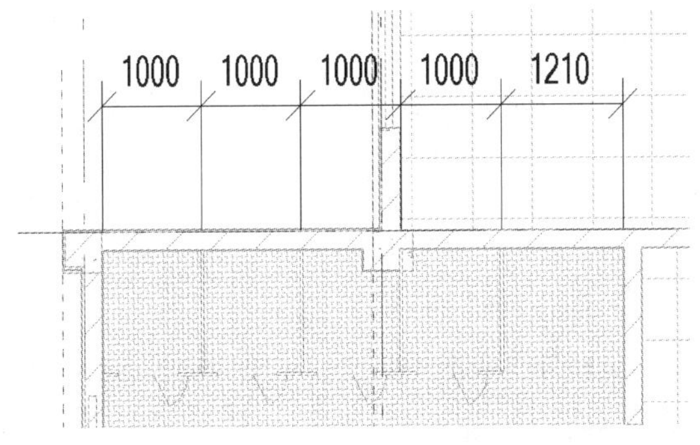

图 3-2-8

(9)设置属性面板中的隔断类型为“末端靠墙(落地)”，分别调整尺寸标注内隔断高度为1800，深度为 1200，宽度为 1200，当临时尺寸值为“1210”时，点击放置隔断，利用对齐命令将最后生成的卫生间隔墙与第四个隔断墙体平齐，完成 F1 卫生间隔断的创建，按 Esc 键退出当前操作，如图 3-2-9 所示。

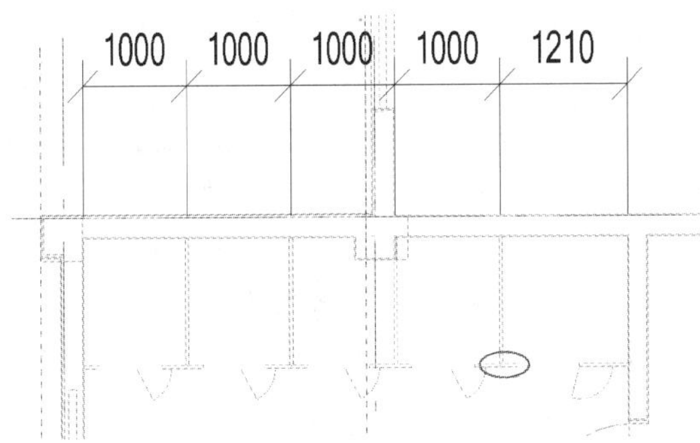

图 3-2-9

提示:当前视图样板为卫浴平面,规程为卫浴,因此放置的隔断在当前视图中呈淡显,且不能选中。

(10)点击“系统”选项卡-“卫浴和管道”面板-“卫浴装置”工具,目前项目中未载入任何卫浴族,弹出对话框,点击“是”按钮进入载入族对话框,找到“学习资料-族文件-第三章”,找到“蹲便器-自闭式冲洗阀. rfa”,点击“打开”按钮将该族导入项目,如图 3-2-10 所示。

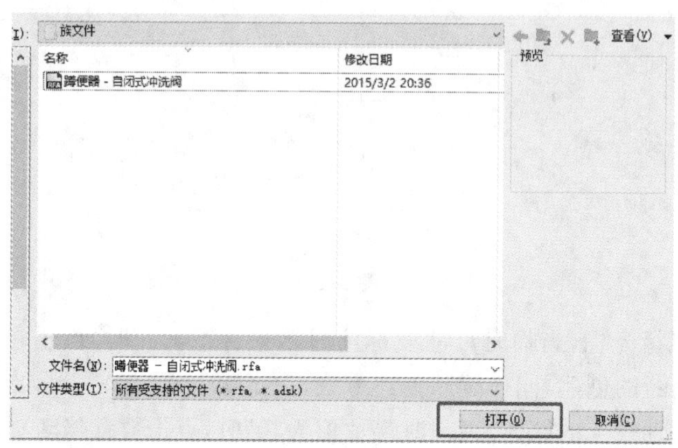

图 3-2-10

提示:“插入”选项卡中的“载入族”工具与放置卫浴装置命令中的“载入族”工具的作用相同。

(11)确定当前属性面板中族类型为“蹲便器-自闭式冲洗阀”,在“放置”面板中设置放置方式为“放置在垂直面上”,如图 3-2-11 所示。

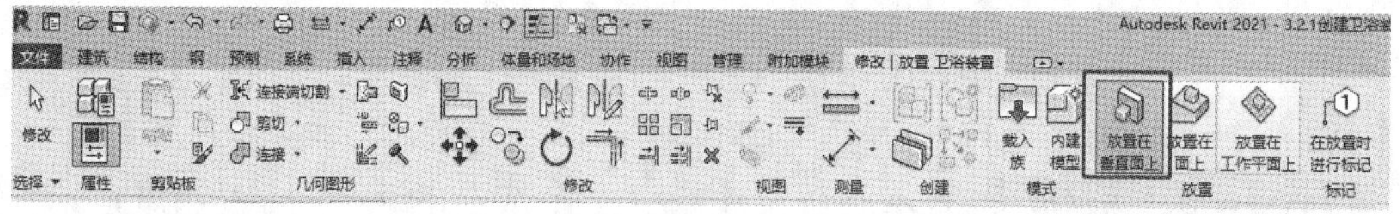

图 3-2-11

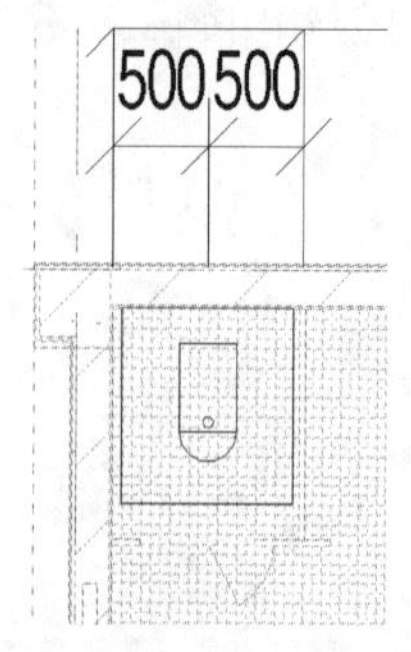

图 3-2-12

(12)将鼠标光标移动至卫生间部位 C 轴外墙内侧,将显示蹲便器放置预览情况,如图3-2-12所示,点击放置该蹲便器,配合使用尺寸标注,按照所示位置精确定位该图元,完成第一个蹲便器的放置。

(13)选择上一步中放置的蹲便器图元,自动切换至“修改 | 卫浴装置”上下文选项卡。如图 3-2-13 所示,点击“修改”面板“阵列”工具,设置选项栏阵列的方式为“线性”,不勾选“成组并关联”选项;设置项目数为“5”,阵列生成的方式为“移动到第二个”,勾选“约束”选项。拾取蹲便器图元上任意一点为阵列基点。沿水平方向向右移动鼠标光标,输入“1000”作为阵列间距。此时完成卫生间所有蹲便器的创建,如图 3-2-14 所示。

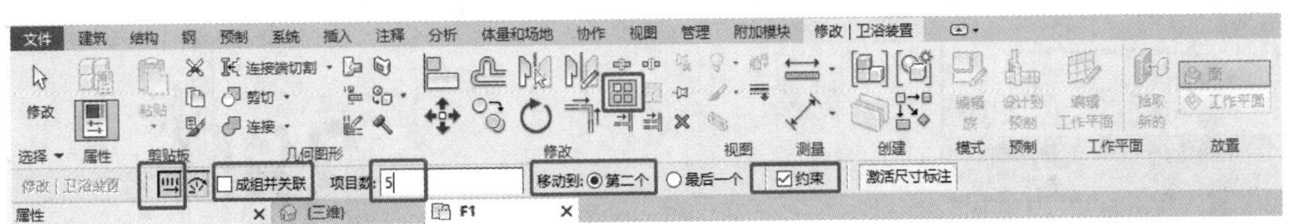

图 3-2-13

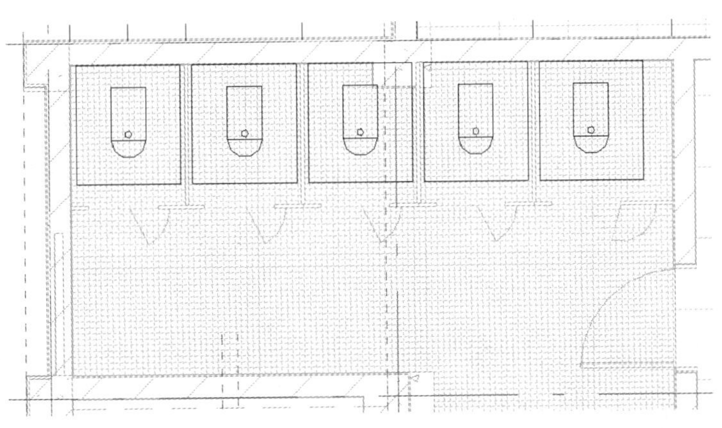

图 3-2-14

(14)继续使用“系统”选项卡“卫浴装置”工具，进入“修改丨放置卫浴”选项卡，点击“模式”面板“载入族”工具，按照“China\机电\卫生器具\洗脸盆”路径，找到族“洗脸盆-梳洗台.rfa”，如图 3-2-15 所示，点击打开按钮，将该族导入项目。

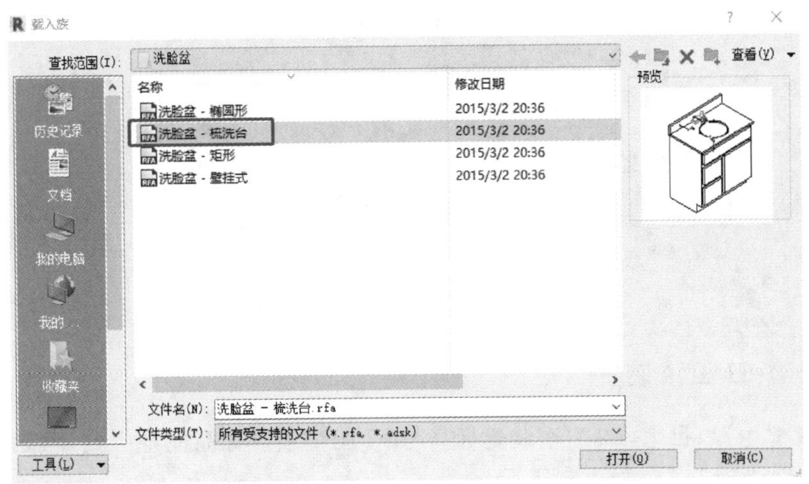

图 3-2-15

(15)确定当前属性面板中族类型为“洗脸盆-梳洗台”，族默认尺寸为 760 mm×455 mm，如图 3-2-16 所示。移动鼠标光标至卫生间 B 轴一侧墙体，利用空格键切换调整洗脸盆与墙体位置关系，直至如图 3-2-17 所示位置时，点击放置洗脸盆，并利用临时尺寸将洗脸盆移至如图 3-2-18 所示位置，基于已完成的洗脸盆阵列完成其余的洗脸盆，项目数为 3，间距为 760 mm。

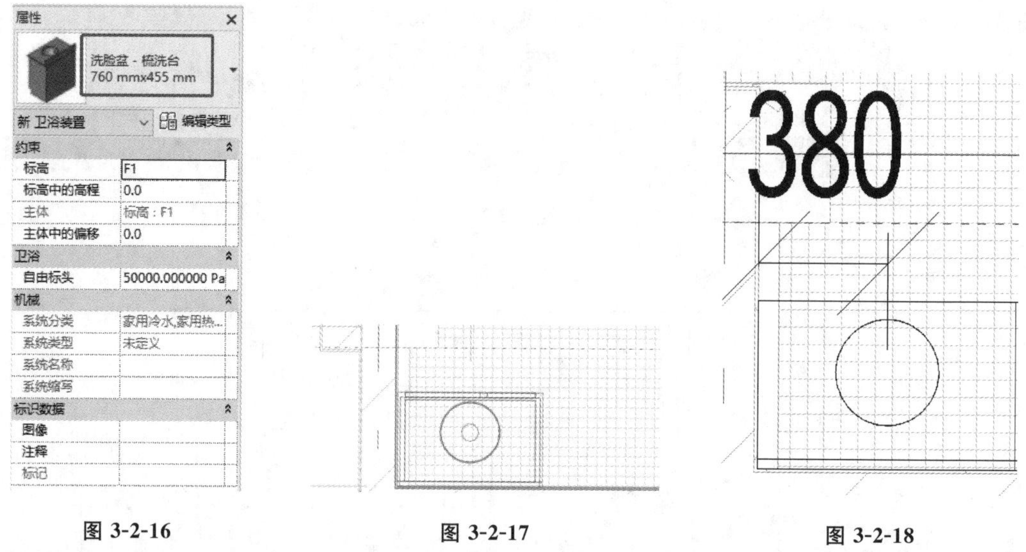

图 3-2-16　　图 3-2-17　　图 3-2-18

提示:由于洗脸盆放置于卫生间地板,卫生间楼板偏移量为－50 mm,因此在放置洗脸盆的约束条件中,标高的高程数据为－50 mm。

(16)至此,完成 F1 标高卫浴装置的创建,如图 3-2-19 所示,保存该文件至指定路径。

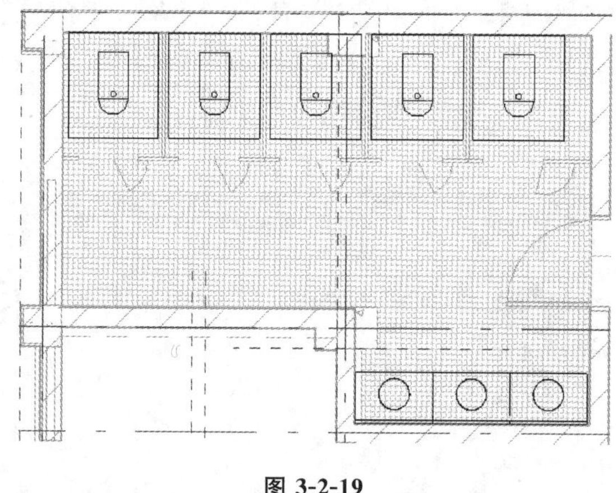

图 3-2-19

3.2.2 创建 F2 卫浴装置

在“教工之家”项目中,F2 卫浴装置标高与 F1 卫浴装置标高完全一致,因此可以将其复制到 F2 对应位置。

(1)因为隔断族类别为专用设备,因此隔断显示灰色不能被选中。此时可以通过调整视图规程或者设置族类别方式选中图元,在此介绍利用修改族类别的方式。需要在项目浏览器选择“族”-“专用设备”-“厕所隔断”-“编辑”,进入编辑族界面,点击“创建”选项卡-“属性”面板-族类别和族参数工具,如图 3-2-20 所示。

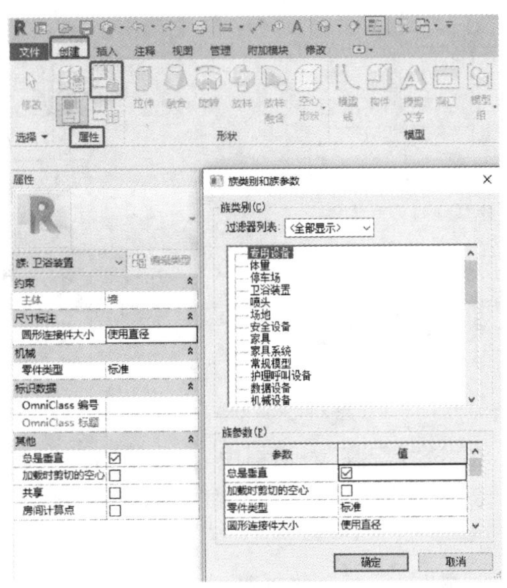

图 3-2-20

(2)进入族类别和族参数对话框，设置过滤类别为“全部显示”，将族类别设置为“卫浴装置”，点击确定按钮，如图 3-2-21 所示。点击“族编辑器”面板的“载入到项目”工具，覆盖现有版本的族，则隔断显示黑色，表示已选中该图元，如图 3-2-22 所示。

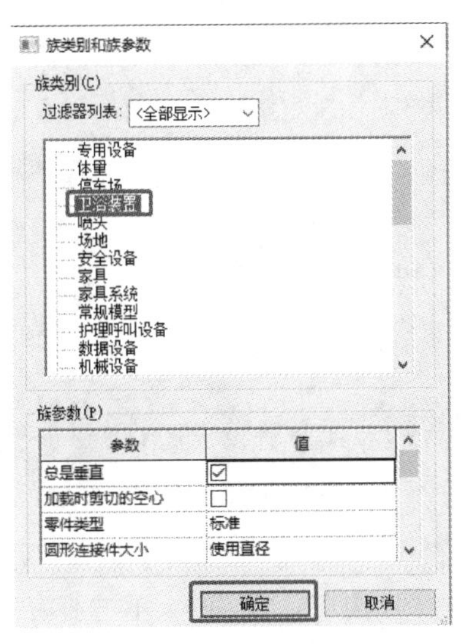

图 3-2-21

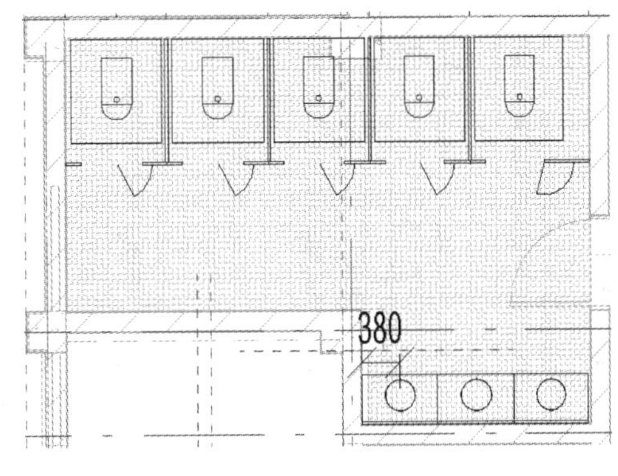

图 3-2-22

(3)适当放大视图，移动鼠标光标至卫生间部位左上角，点击并按住鼠标左键，向右下方拖动鼠标光标到卫生间右下角外墙位置，配合利用“选择”面板的“过滤器”工具，选中已完成的所有卫浴装置，如图 3-2-23 所示。

(4)自动进入“修改丨卫浴装置”上下文选项卡，如图 3-2-24 所示，点击“剪贴板”面板中“复制到剪贴板”工具，将所选择图元复制到剪贴板，点击“粘贴”工具下拉列表，在列表中选择“与选定的标高对齐”选项，弹出“选择标高”对话框。

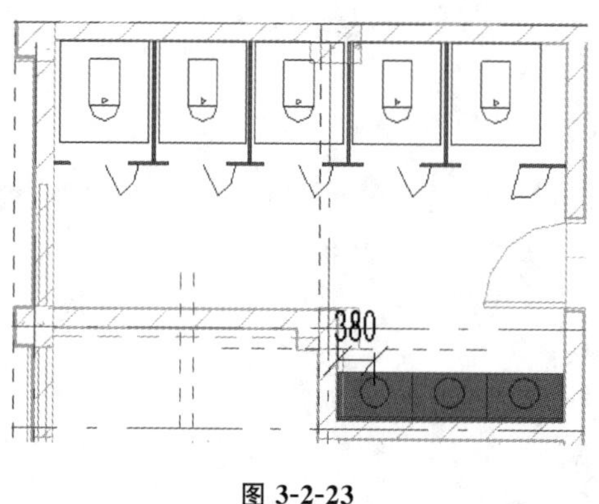

图 3-2-23

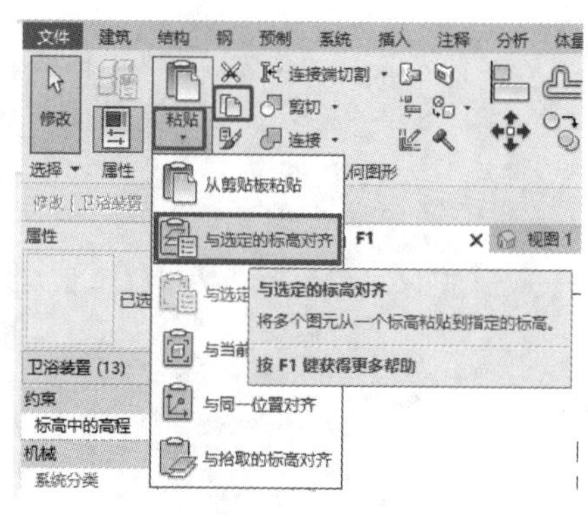

图 3-2-24

(5)如图 3-2-25 所示,在“选择标高”对话框中,列举了当前项目中所有可用的标高名称,可以配合 Ctrl 键选择多个标高,在此仅选择标高“F2”即可。完成后点击“确定”按钮将所选择卫浴设置对齐粘贴至 F2 标高。

(6)切换至卫浴 F2 平面视图,已经在该标高对应位置生成了相同的卫浴设置,部分位置隔断出错,删除并重新创建,如图 3-2-26 所示。

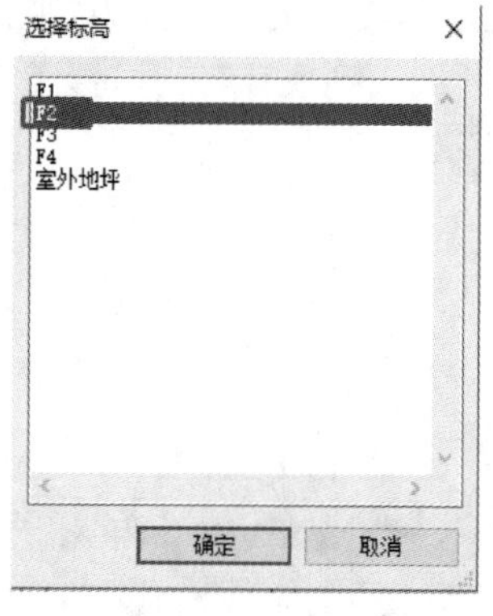

图 3-2-25

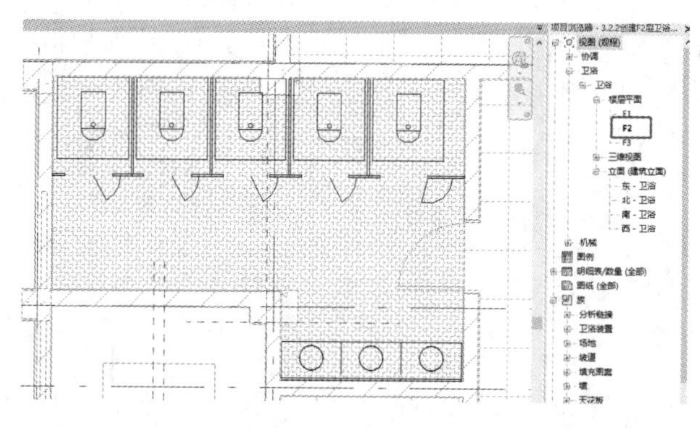

图 3-2-26

提示:复制后的图元,不会与原图元自动关联。例如,如果修改 F1 标高的卫浴装置的尺寸,F2 标高中的图元不会发生变化。如果将 F2 与 F1 卫浴装置同步修改,可以在复制前使用“成组”工具将所有卫浴装置成组,并在 F2 标高中创建组实例。

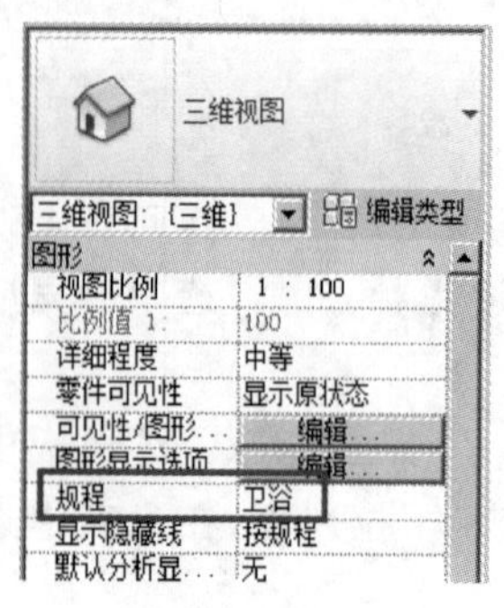

图 3-2-27

(7)切换至默认的三维视图,按 Esc 键两次,不选择任何图元,此时“属性”面板显示当前三维视图的属性参数。如图 3-2-27 所示,规程设置为“卫浴”,则当前视图中将淡显墙、窗、楼板等非卫浴规程类图元。

(8)在底部视图控制栏中设置视图详细程度为“精细”,“视觉样式”为“着色”,创建的卫浴装置如图 3-2-28 所示。

(9)至此完成了所有卫浴装置创建,保存该文件至指定路径,或打开“学习资料-第三章-3.2 布置卫浴装置.rvt”项目文件查看最终卫浴装置创建结果。

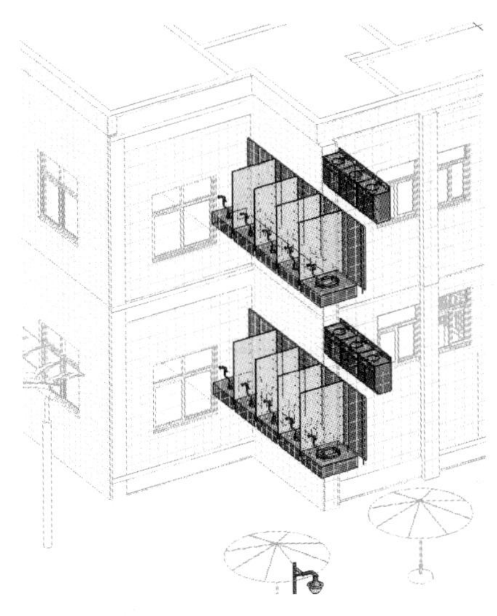

图 3-2-28

3.3　给水排水管道系统的布置

本节内容为根据已布置的卫浴装置创建给水管道。

3.3.1　管道类型定义

在工程项目中，不同材质管道的公称直径范围、管件尺寸及形状均不相同。例如，对于日常给水中常用的 PPR 管道将采用热融的方式进行连接，并且只能与 PPR 材质的管件相连。

在 Revit 中，管道属于系统族，可以为管道创建不同的类型，以便于区别各管道不同材质，并在类型属性中定义管道与管道连接时的弯头、三通等采用的连接件方式等信息。

绘制管道前，需要对管道的类型进行设置，以便对不同类型的管道进行管理。

(1)打开"学习资料-第三章-3.2 布置卫浴装置.rvt"项目文件切换至"卫浴" F1 楼层平面视图，并将文件命名为"3.3 给排水管道系统布置"。如图 3-3-1 所示，点击"系统"选项卡-"卫浴和管道"面板-"管道"工具，进入管道绘制模式。自动切换至"修改|放置管道"上下文选项卡，点击"属性"面板"编辑类型"按钮，弹出"类型属性"对话框。

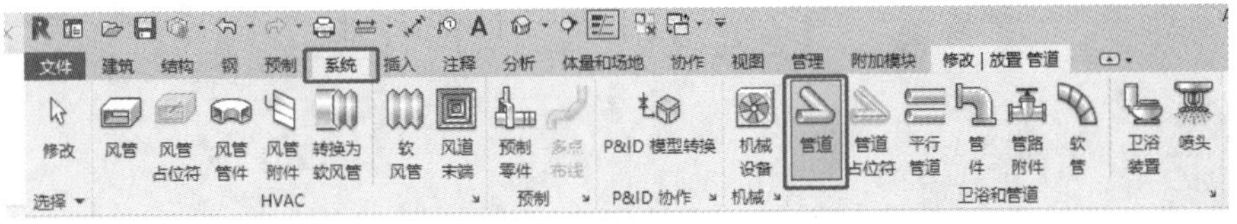

图 3-3-1

(2)如图 3-3-2 所示，在"类型属性"对话框中，确认当前族类型为"标准"，点击"复制"按钮弹出"名称"对话框，输入"给水系统"命名，点击"确定"按钮返回"类型属性"对话框。

(3)如图 3-3-3 所示，点击"类型属性"-"布管系统配置"-"编辑"按钮，弹出"布管系统配置"对话框。

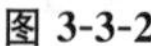

图 3-3-2

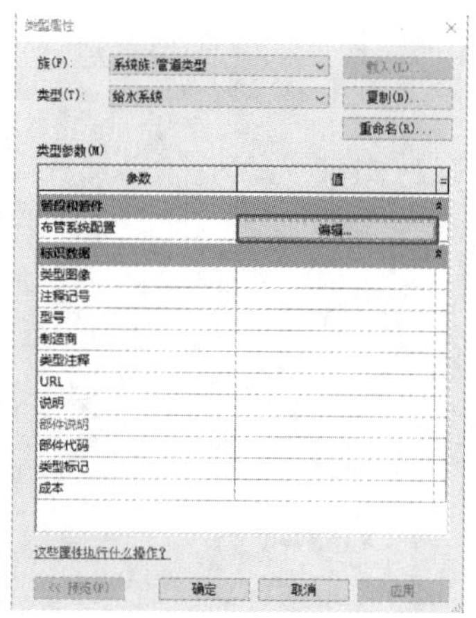

图 3-3-3

(4)如图 3-3-4 所示,在“布管系统配置”对话框中设置“管段”参数组中管道的类型为“PE63-GB/T13663-1.0MPa”,Revit 会自动更新该系列管道的最小尺寸为 15 mm,最大尺寸为 300 mm,即该系列的管道公称直径范围为 15～300 mm。

(5)继续为该类型的管道指定弯头、连接、四通等连接时采用的管道接头族,在本操作中,均采用默认设置值。完成后点击“确定”按钮返回“类型属性”对话框。

(6)复制创建名为“排水系统”管道类型,如图 3-3-5 所示,打开“布管系统配置”对话框,修改“管段”材质为“PVC-U-GB/T5863”,其他参数默认。完成后点击“确定”按钮两次,退出“类型属性”对话框,至此完成管道类型属性的设置与定义,保存该项目文件至指定目录。

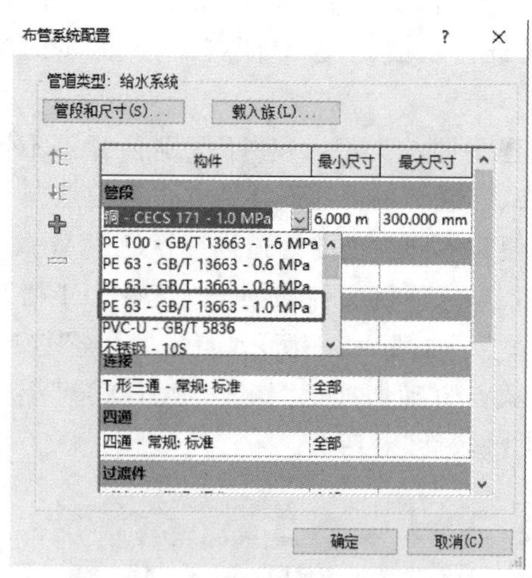

图 3-3-4

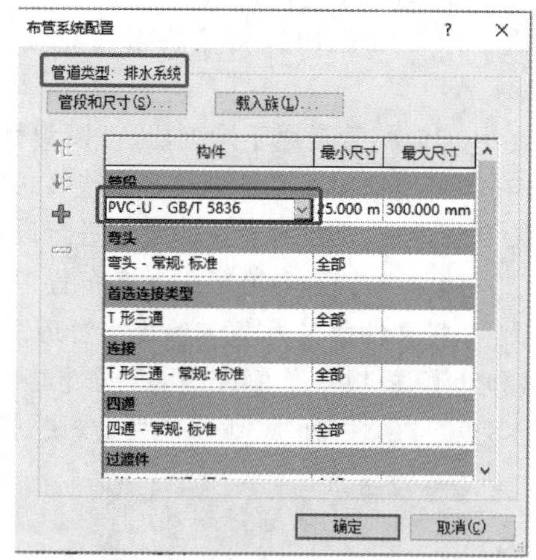

图 3-3-5

3.3.2 绘制给水管道

(1)首先绘制室外的横干管,该总给水干管管径为 DN32。确认当前视图为“卫浴-F1”楼层平面视图,在生成该视图时因在该视图中预设了“卫浴平面”视图样板,因此 Revit 不允许用户对当前视图的“视图范围”进行修改。确认不勾选任何图元,“属性”面板中将显示当前视图的属性。

如图 3-3-6 所示，点击“属性”面板中“视图样板”“卫浴平面”按钮，打开“指定视图样板”对话框。在“指定视图样板”对话框中，设置视图样板为“无”。完成后点击“确定”按钮退出“应用视图样板”对话框。

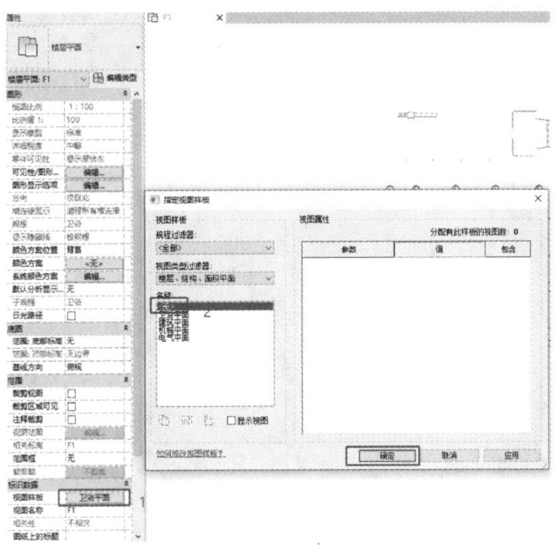

图 3-3-6

提示：由于绘制的管线位于当前标高之下，为确保该管线正确显示，需要修改视图范围。

(2)如图 3-3-7 所示，点击“属性”面板“视图范围”的“编辑”按钮，打开“视图范围”对话框。修改主要范围中的“底部”和“视图深度”的标高偏移量为“－1000”，完成后点击“确定”按钮退出对话框。

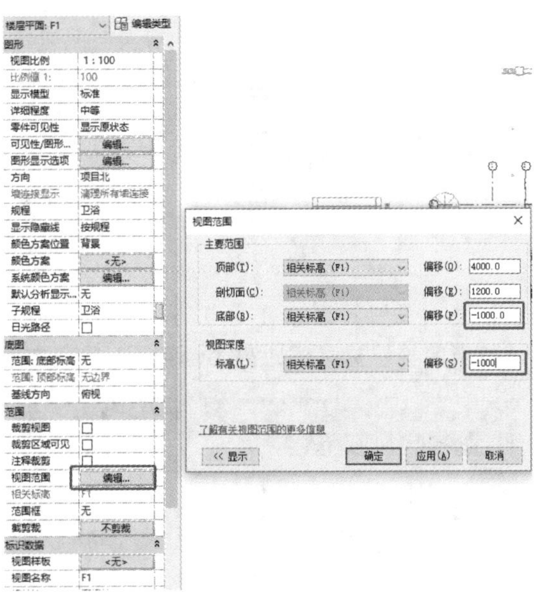

图 3-3-7

(3)点击“属性”面板“可见性/图形替换”的“编辑”按钮,打开“可见性/图形替换”对话框,如图 3-3-8 所示,切换至“过滤器”选项卡,勾选“循环”“可见性”复选框,完成后点击“确定”按钮退出“可见性/图形替换”对话框。

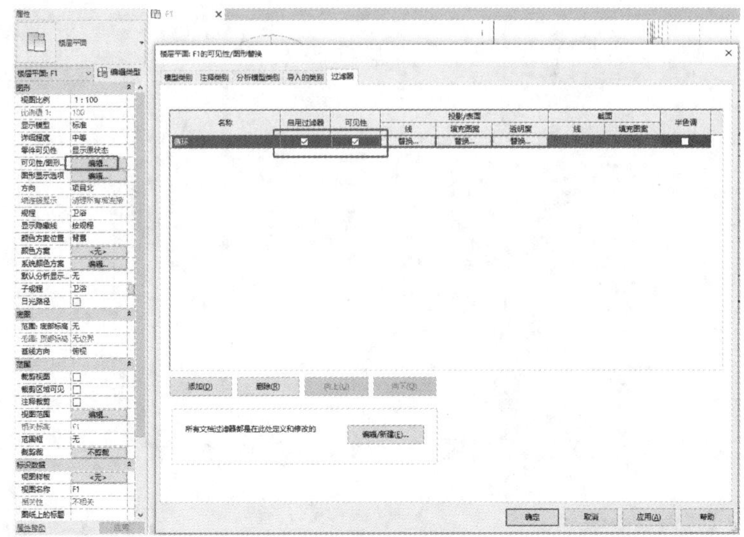

图 3-3-8

提示:视图范围及视图过滤器均由项目样板预定义,在创建项目时应根据项目的需要进行调整。

(4)点击“系统”选项卡“卫浴和管道”面板中“管道”工具,进入管道绘制模式。在“属性”面板类型选择器中,设置当前管道类型为“给水系统”。如图 3-3-9 所示,确认激活“放置工具”面板中“自动连接”选项;激活“更改坡度”面板中“禁用坡度”选项,即绘制不带坡度的管道图元。

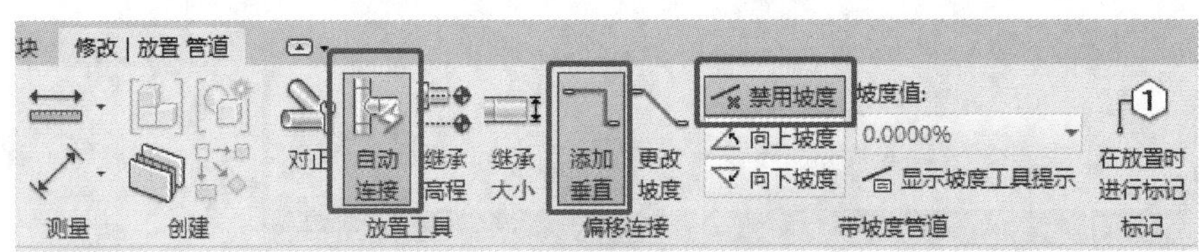

图 3-3-9

(5)在选项栏“直径”列表中,设置管道直径为 32 mm;偏移量为 −800 mm,如图 3-3-10 所示。即将要绘制的管道与当前楼层标高的距离为当前 F1 标高之下 800 mm。

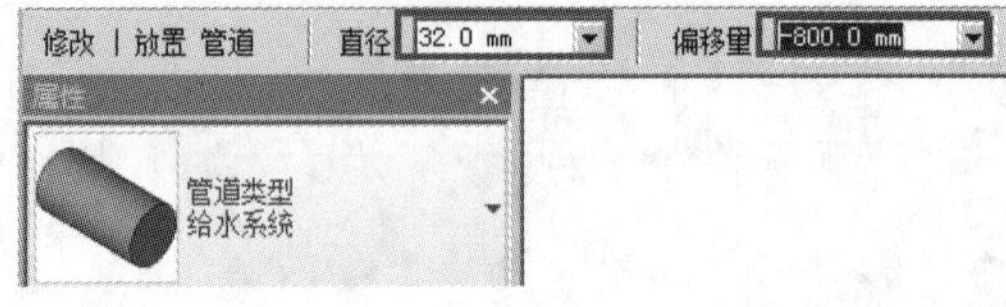

图 3-3-10

(6)适当放大 1/B 轴线的卫生间位置,如图 3-3-11 所示。利用“RP”绘制距离 B 轴线 1200 mm 的参照平面,将其作为管道的起端;沿垂直方向延伸至 4400 mm 处点击作为第二点，绘制水平给水干管，完成后按“Esc”键两次退出管线绘制模式。由于当前视图详细程度为中等，Revit 将以单线的方式显示管线。点击视图详细程度按钮，修改视图详细程度为“精细”，则 Revit 将显示管线为三线模式。

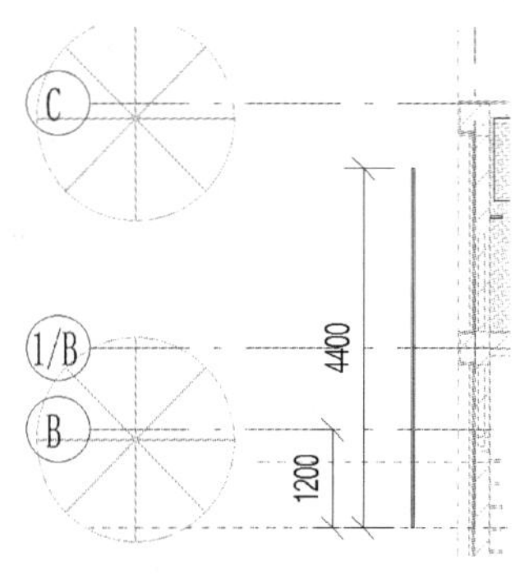

图 3-3-11

（7）选择上一步中绘制的给水干管，Revit 给出该管道中心线与墙面距离的临时尺寸标注。修改该管线与墙面的距离为 500 mm。注意：“属性”面板中，该管道的“系统类型”默认设置为“循环供水”，其他默认属性如图 3-3-12 所示。不修改任何参数，按“Esc”键退出当前选择集。

提示：选择管道图元时，将同时显示“修改｜管道”和“管道系统”两个选项卡。

（8）继续绘制入户管，以上次绘制的管道的终点为起点绘制入户管。点击已完成管道，将鼠标光标移至上侧拖曳点处，点击“绘制管道”，向右水平绘制 850 mm 的长度的管线后，继续向前绘制 550 mm 长度的管线，完成效果图如图 3-3-13 所示。

图 3-3-12

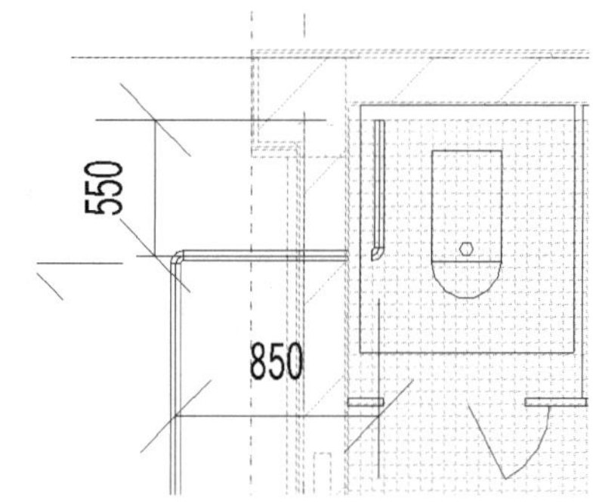

图 3-3-13

(9)绘制完成水平给水干管后,可以继续绘制立管。通常是在绘制水平管时,通过更改水平管的标高,绘制时 Revit 会自动生成立管。继续绘制管线,进入"修改丨放置管道"上下文选项卡,设置选项栏内管径为 25 mm,偏移量为 300 mm,其他设置按照前面设置。捕捉上次绘制管线的终点作为本次管线的起点,向右水平绘制 200 mm,向上垂直绘制 120 mm,继续向右绘制 2250 mm,向下绘制 320 mm,向右绘制 470 mm,向上绘制 320 mm(管径 20 mm),向右绘制 700 mm(管径 20 mm),向右绘制 750 mm(管径 15 mm)的管道,修改当前视觉样式为"线框"模式,如图 3-3-14 所示。绘制完成后管道管径改变的地方会自动生成渐缩管,管道转弯的位置自动生成弯头。

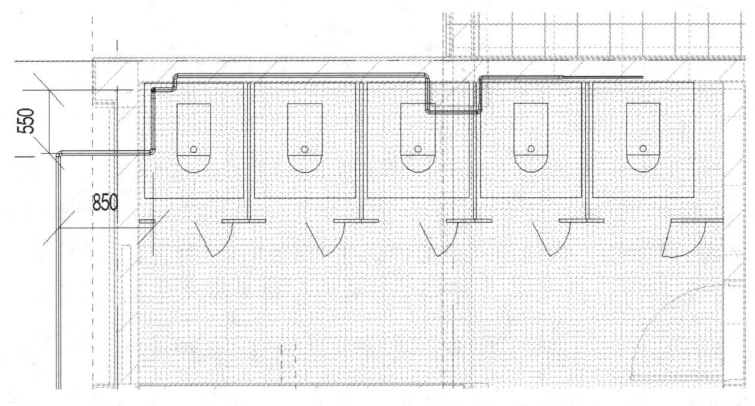

图 3-3-14

(11)完成上述管道后,绘制各个蹲便器与管道的连接管道,此处可以手动绘制或者通过选中卫浴装置(利用"布局"面板"连接到"工具)。在此,利用手动绘制方法完成中间第三个蹲便器连接,选择第一个卫浴装置,点击"布局"面板"连接到"工具,在弹出的选择连接件对话框中选择"连接件 2:家用冷水",点击"确定"按钮,再点击需要连接的管段,即可将卫浴装置与管道连接,如图 3-3-15 所示。点击中间卫浴装置,选中进水口连接件绘制支管,向前绘制 60 mm,取消"放置工具"面板"自动连接"工具,向左绘制 150 mm,再将"放置工具"面板"自动连接"工具激活,修改"选项栏"中间高程值为 300 mm,点击选项栏"应用"按钮,生成向下管道,切换至三维视图,修剪|延伸单个图元工具 ,将竖直方向支管与干管连接。选中任意一段主管,将管道系统修改为"家用冷水",如图 3-3-16 所示。

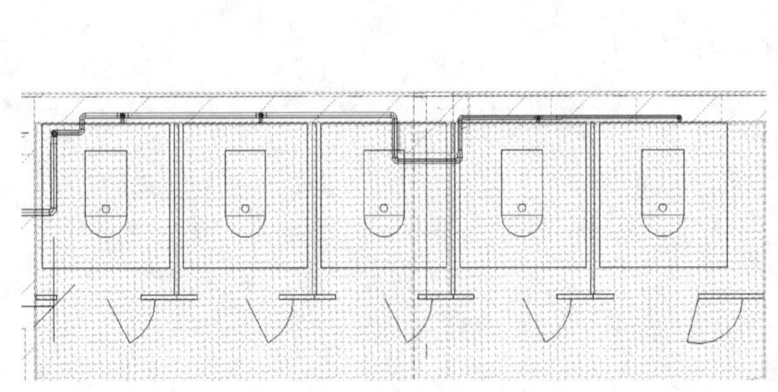

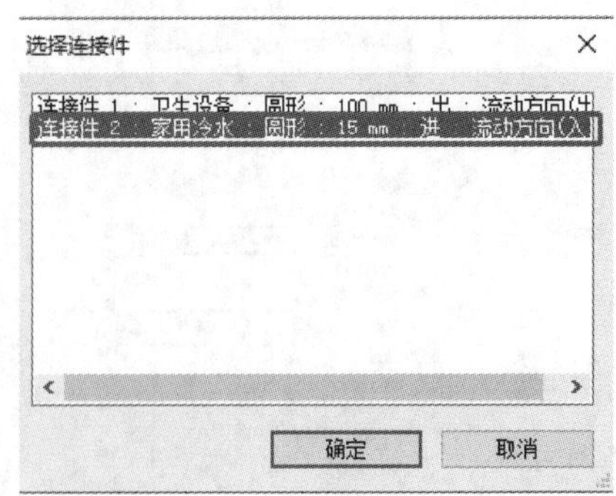

图 3-3-15

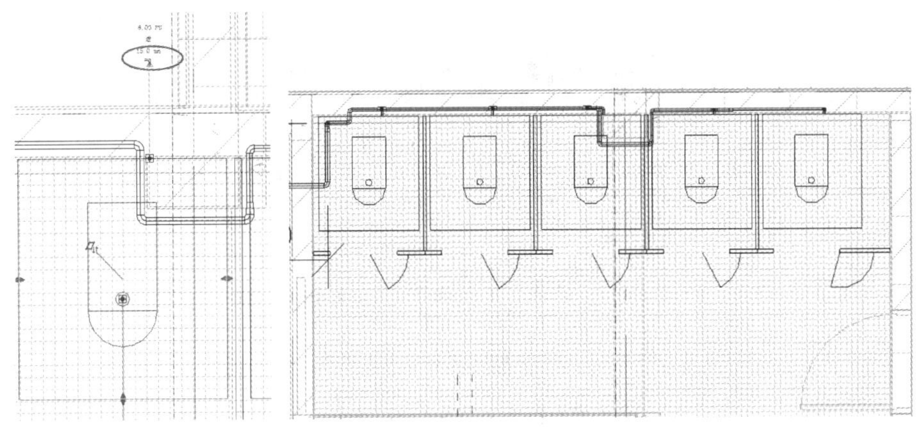

图 3-3-16

提示：绘制主管时，管道系统为循环供水，卫浴装置的进水为家用冷水，所以在自动连接时会弹出警告对话框，提示有不同的系统分类。忽略此警告，继续连接卫浴装置与管道。

(12)绘制连接洗手盆处的管线，进入"修改丨放置管道"选项卡，设置选项栏管径为 20 mm，偏移量为－60 mm，捕捉第三个蹲便器与第四个蹲便器之间水平管的任意一点为起点绘制管道，绘制至柱子的表面。将管线绘制至 B 轴线，修改管线距离 2 轴线和柱子表面的距离为 100 mm，如图 3-3-17 所示。

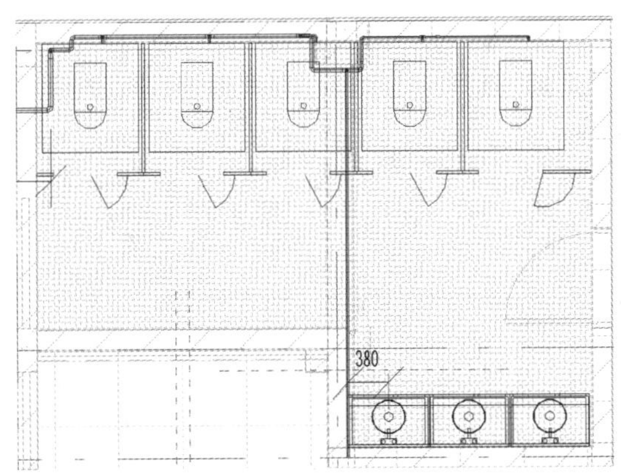

图 3-3-17

(13)连接洗手盆的管道。以管道的终点为起点，点击拖曳点继续绘制管道，设置选项栏偏移量为 300 mm，管径为 20 mm，向右绘制第二个洗手盆后，修改选项栏管径为 15 mm，继续向右侧绘制第三个洗手盆。最后分别选中洗手盆，利用"布局"面板"连接到"工具，将洗手盆与供水管连接，此处洗手盆连接件有三个，如图 3-3-18 所示，选择"连接件 1、家用冷水"连接件即可。完成第三个洗脸盆与支管连接后会形成敞开的一段管道，如图 3-3-19 所示，选中该管段并按 Delete 键进行删除，然后选中末端的三通，点击右侧呈现的"－"符号，如图 3-3-20所示，将此处的三通连接修改为弯头连接，最终完成 F1 卫生间所有给水管线的绘制，如图 3-3-21 所示。

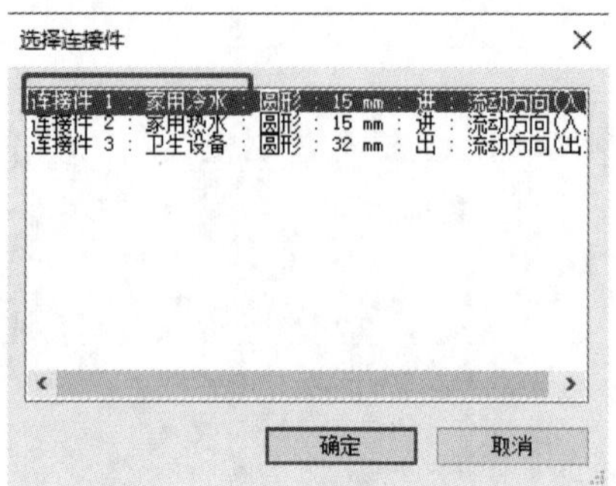

图 3-3-18

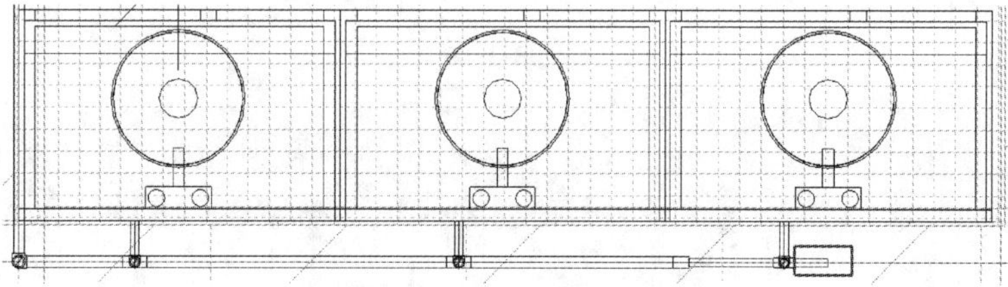

图 3-3-19

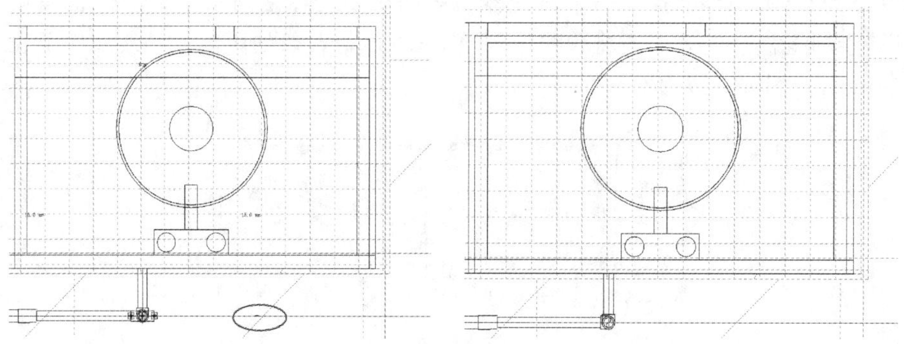

图 3-3-20

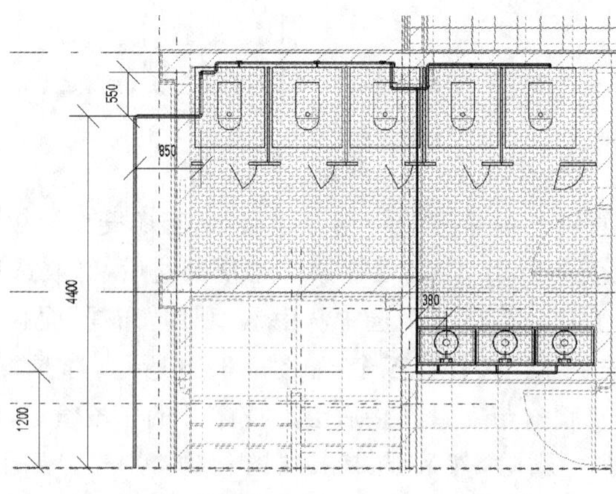

图 3-3-21

(14)本项目中 F1、F2 的卫生间布置图相同，可以直接将已创建好的一层的管线和卫浴装置直接复制到二层，前面已经将卫浴装置复制至二层。如果用复制粘贴的工具，需要先切换至 F2 界面，删除洗手盆和蹲便器。切换当前界面为 F1，鼠标光标放在任意卫浴上，利用 Tab 键进行切换，直至全部选中 F1 的卫浴装置和管道为止，如图 3-3-22 所示，选中待选的管道及与管道连接的卫浴装置；利用正选框的方法，结合 Shift 键清除部分管线和管道，如图 3-3-23 所示。将剩余管道和卫浴装置利用剪切板的复制、粘贴工具复制至 F2 层。

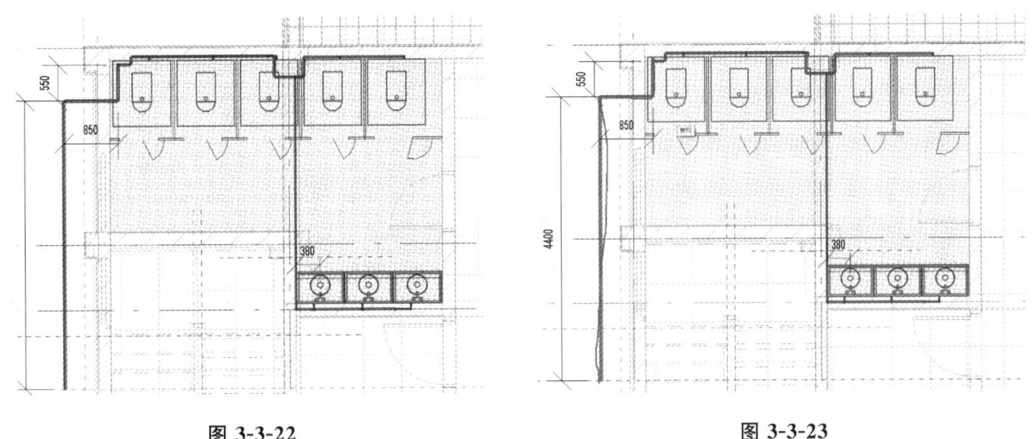

图 3-3-22　　　　图 3-3-23

(15)切换浏览器至 F2，此时 F2 已经生成了相应的给水管道系统和卫浴装置，需要调整当前视图详细程度为“精细”，当前视图样板为卫浴平面，需要修改为“无”，然后再调整详细程度。同时调整当前视图的“视图范围”对话框，设置底部偏移值和视图深度偏移值为 −100 mm，完成 F2 给水管道创建，如图 3-3-24 所示。

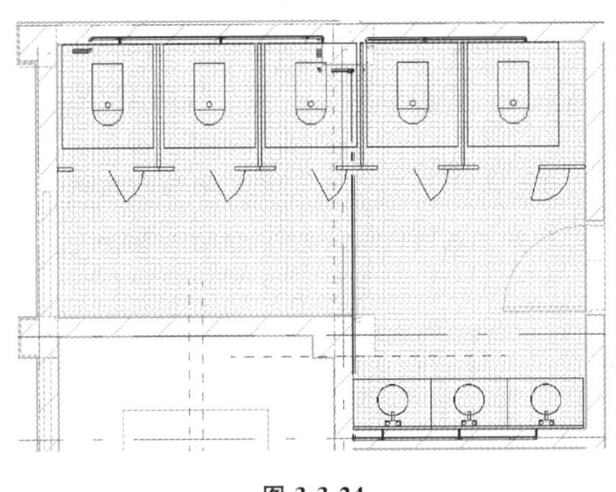

图 3-3-24

(16)绘制 F1 至 F2 的立管，切换视图浏览器至 F1，适当放大 C 轴线与 1 轴线给水立管处，选中弯头管件，点击管件上侧的“+”号，如图 3-3-25 所示。该管件由弯头变为三通，点击“管道”工具，进入绘制管道命令，设置选项栏管径为 25 mm，偏移量为 300 mm，捕捉三通的中心，修改选项栏偏移量为 4800 mm，点击应用按钮，即生成向上的立管，如图 3-3-26 所示。利用“修改”选项卡-“修剪/延伸为角”工具完成立管与 F2 支管连接，如图 3-3-27 所示。

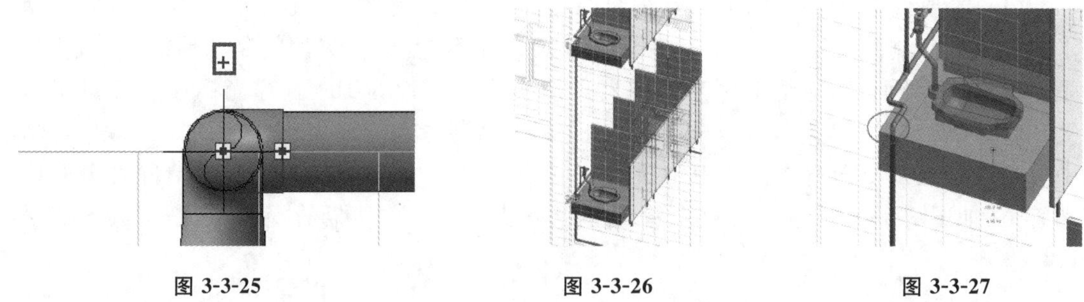

图 3-3-25　　图 3-3-26　　图 3-3-27

(17)至此,室内的所有给水系统管道创建完成,三维效果如图 3-3-28 所示,保存该项目至指定路径,或打开“学习资料\第三章\3.3.2 绘制给水管道.rvt”项目文件查看最终操作结果。

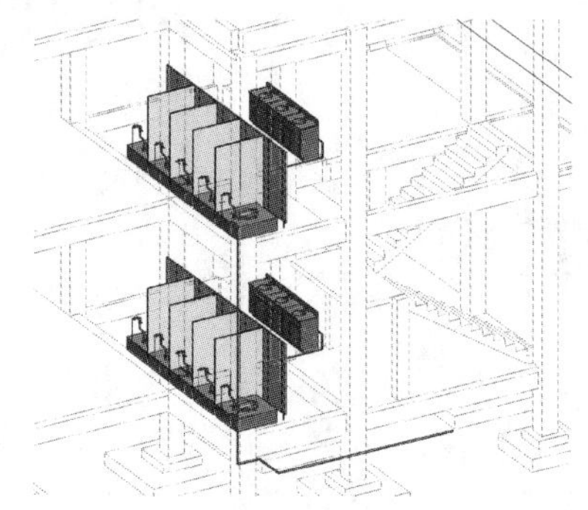

图 3-3-28

3.3.3　绘制排水管道

使用类似的方式可以绘制排水管道。与绘制给水管道不同的是,一般排水管道采用重力排水,因此绘制的管道必须带有一定的坡度。

(1)首先绘制排水干管,打开“学习资料-第三章-3.3.2 绘制给水管道.rvt”项目文件,并将该文件保存至指定路径,命名为“3.3.3 绘制排水管道.rvt”。切换至卫浴 F1 平面视图,点击“系统”选项卡“机械”面板名称旁的右下箭头,打开“机械设置”对话框,切换至“坡度选项”,点击“新建坡度”按钮,在弹出的“新建坡度”对话框中输入“0.4”,点击“确定”按钮即可添加新的坡度值,完成后再次点击“确定”按钮退出“机械设置”对话框,如图 3-3-29 所示。

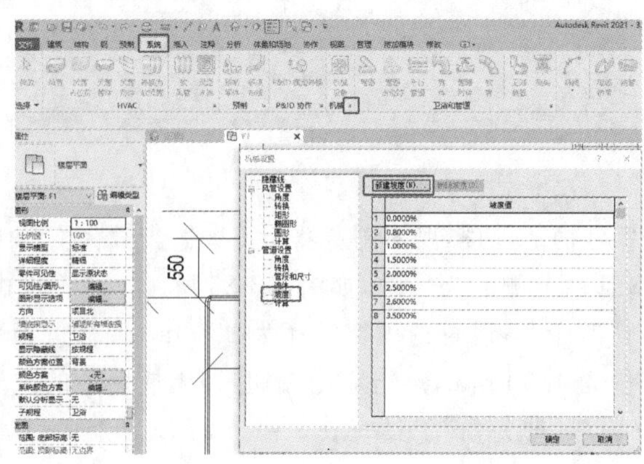

图 3-3-29

(2)点击“系统选项卡”-“卫浴和管道”面板的“管道工具”，确定属性面板中族类型为排水系统，系统类型为“卫生设备”，在“带坡度管道”面板中选择“向下坡度”，坡度值为“0.4000%”，选项栏中管道管径为150 mm，偏移量为－500 mm，如图3-3-30所示。

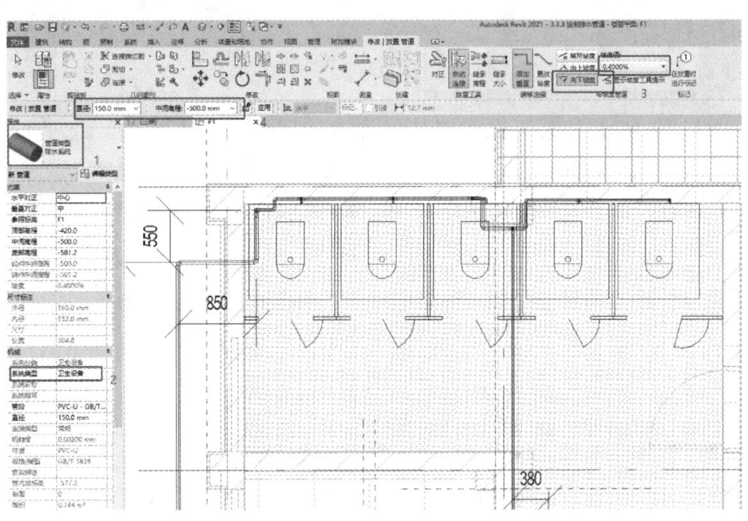

图 3-3-30

(3)以第一个蹲便器左上角顶点处为管道的起点，向上绘制至与D轴线交点，按Esc键退出当前命令。利用临时尺寸工具修改该管道距1轴线的距离为300 mm。完成的排水干管如图3-3-31所示。

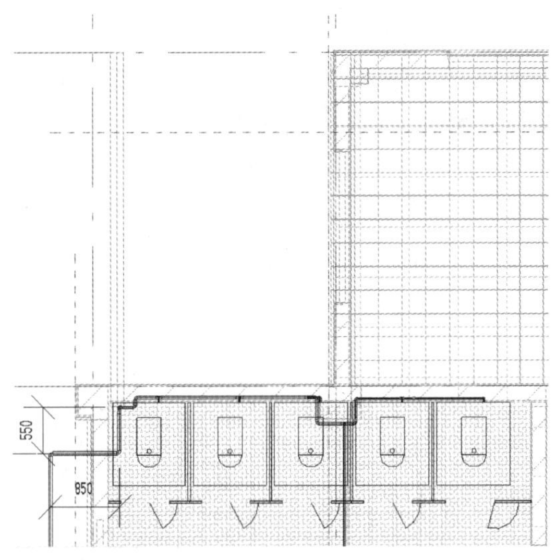

图 3-3-31

(4)完成干管绘制后，进行F1水平横管和支管的绘制，进入“修改丨放置管道”上下文选项卡，设置选项栏管径为100 mm，“带坡度管道面板”向上坡度值为2%，激活“放置工具”面板的“继承高程工具”，其他参数保持不变，如图3-3-32所示。

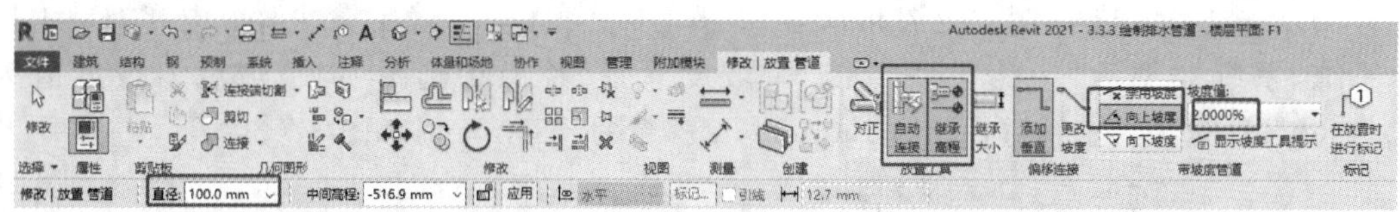

图 3-3-32

沿C轴向上1100 mm位置捕捉已完成干管的边线为F1层横管与主管接入点,创建与水平方向夹角为60°的管道,继续往下绘制或向右绘制创建横管,绘制完成后利用对齐命令,将垂直方向管道与第一个蹲便器的中心对齐,水平方向的管道上侧边线与柱边平齐,如图3-3-33所示。

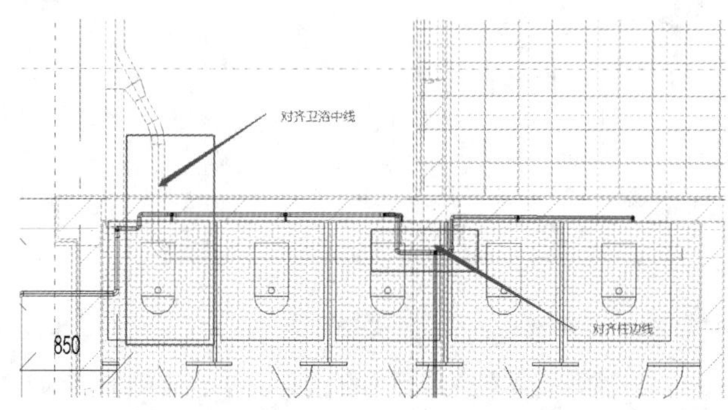

图 3-3-33

(5)创建水平方向横管之后将卫浴装置与横管连接,点击左侧创建的弯头,并点击下侧的"+"按钮,将弯头转换为三通,如图3-3-34所示,点击形成的三通,在三通的下侧拖曳点位置,在弹出的列表选择"绘制管道",进入"修改|放置管道"选项卡,垂直向下绘制管道至蹲便器的圆圈中心位置,利用Tab键切换,选中蹲便器的排水连接件位置,如图3-3-35所示,即完成第一个蹲便器与横管的连接。

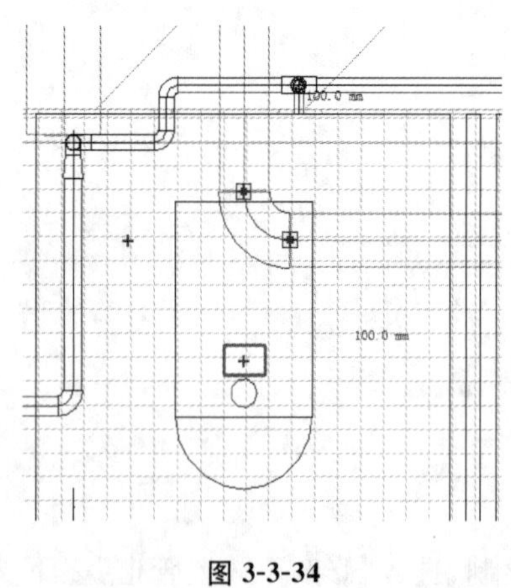

图 3-3-34

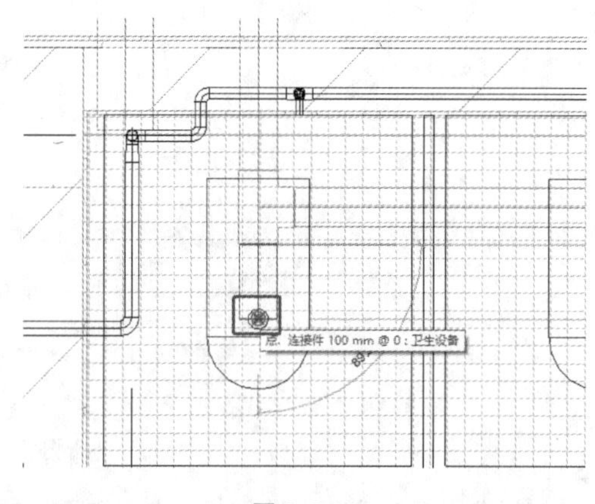

图 3-3-35

提示:此处位置较小,排水管道尺寸较大,为了保证卫浴装置与管道能正常连接,所以1位置直接与排水连接件对齐,2位置主要是保证足够的空间生成三通等排水管件。

(6)完成其他蹲便器与横管连接,分别选中蹲便器,利用"布局"面板的"连接到"工具,将蹲便器与排水横管连接,完成连接后如图 3-3-36 所示。

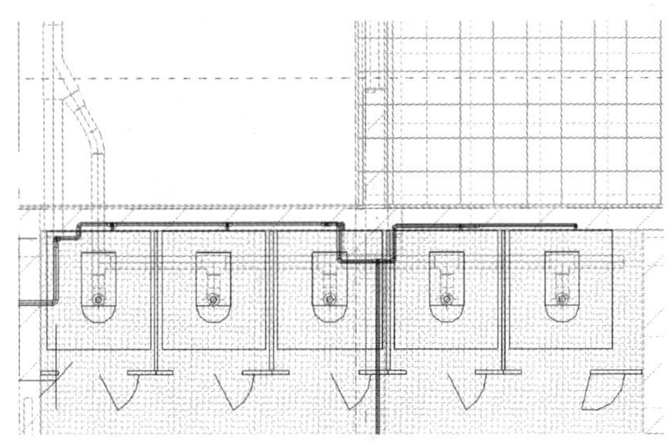

图 3-3-36

(7)选择入户 DN150 mm 管段,点击干管下侧的拖曳点,如图 3-3-37 所示,进入"修改|放置管道"上下文选项卡,修改直径为 DN100 mm,点击选项栏"应用"按钮,完成污水管的立管创建,切换至三维视图查阅已完成立管,如图 3-3-38 所示。

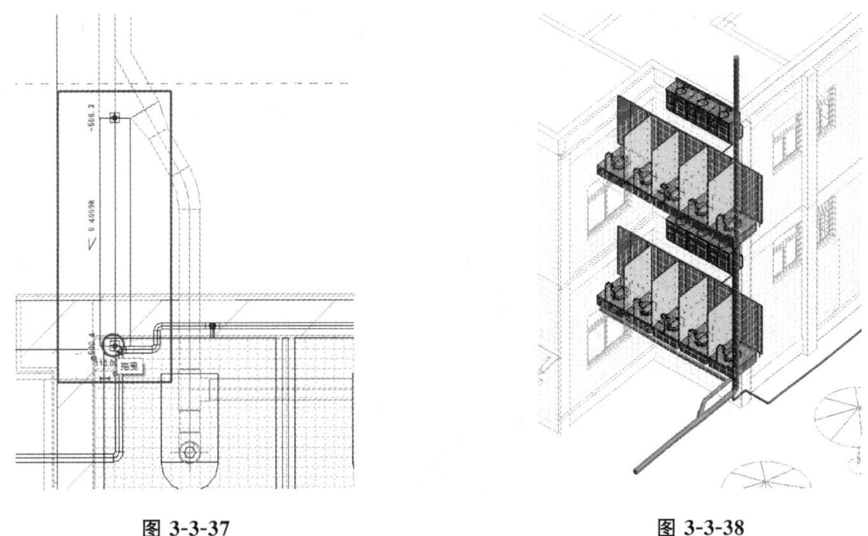

图 3-3-37　　图 3-3-38

(8)切换至 F2 楼层平面视图,点击编辑按钮,进入视图范围对话框,设置底部和视图深度的偏移量为－500 mm,点击确定按钮退出当前的对话框,如图 3-3-39 所示。

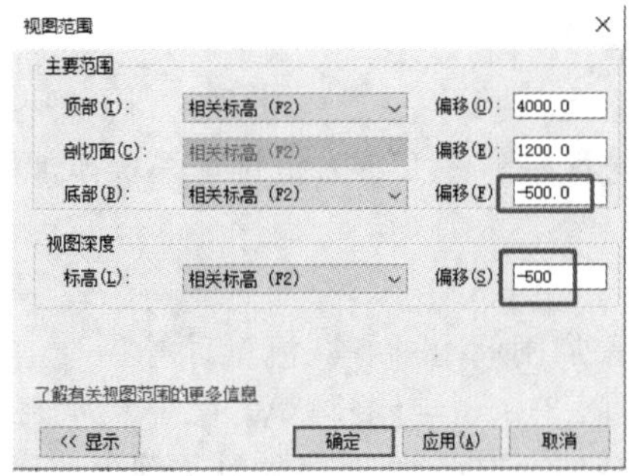

图 3-3-39

(9)点击“系统”选项卡-“卫浴和管道”面板-“管道”工具,设置当前“带坡度管道”面板激活“向上坡度”按钮,坡度值为 2%,选项栏直径为 DN100 mm,中间高程为－500 mm,捕捉立管中心,绘制 F2 水平横管,角度为 45°时,创建管道,继续向右绘制水平横管至最后一个蹲便器右侧,如图 3-3-40 所示。

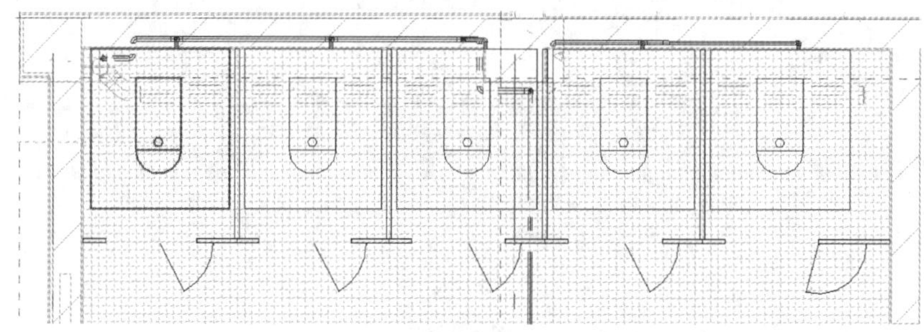

图 3-3-40

(10)连接排水横管与卫浴装置,选中蹲便器“布局”面板的“连接到”工具,使蹲便器与排水横管连接。

提示:可以手动调整左边第一个蹲便器的位置,使其能与排水横管自动连接。

(11)至此完成了项目排水管道污水管绘制,将文件保存至指定路径,或打开“学习资料-第三章-3.3.3 绘制排水管道.rvt”项目文件查看最终操作成果,最终效果图如图 3-3-41 所示。

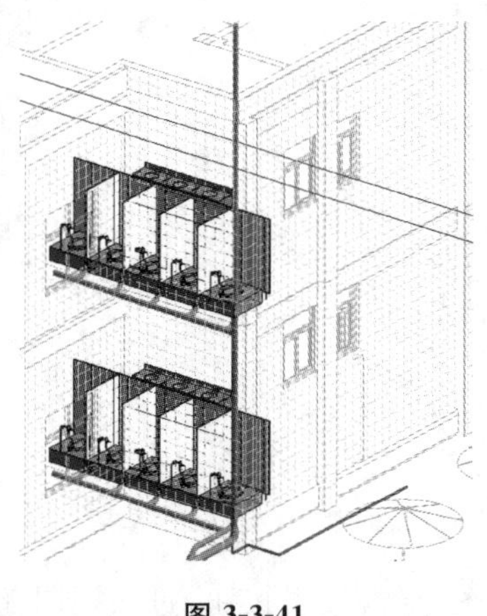

图 3-3-41

3.4 添加管路附件

本节将利用 Revit 提供的管路附件工具为给排水系统添加阀门、清扫口、管帽等附件。

3.4.1 添加阀门

本项目中需要在入户管添加闸阀、止回阀、流量计等。

(1)打开“学习资料-第三章-3.3.3 绘制排水管道.rvt”项目文件切换至“卫浴” F1 平面视图,并将文件另存为指定路径,命名为“3.4 添加管路附件.rvt”。

(2)将视图区域适当放大至入户管位置,点击“系统”选项卡-“卫浴和管道”面板的“管路附件”工具，进入“修改丨放置管道附件”上下文选项卡，点击“模式”面板“载入族”工具，以路径“China\机电\阀门\闸阀、止回阀”分别载入“闸阀-Z40 型-明杆弹性闸板-法兰式.rfa-Z40H-25-32 mm”、“止回阀-H44 型-单瓣旋启式-法兰式.rfa-H44H-16C-32 mm”。

(3)设置属性面板族类型为“闸阀-Z40 型-明杆弹性闸板-法兰式”，点击“编辑类型”按钮，弹出“类型属性”对话框，点击“复制”按钮，在名称对话框中输入“Z40H-25-32 mm”，如图 3-4-1 所示。点击“确定”按钮，返回“类型属性”对话框，设置公称直径为“32 mm”，点击“确定”按钮，退出“类型属性”对话框。将鼠标光标移至入户管适当的位置，点击放置闸阀，如图 3-4-2 所示。

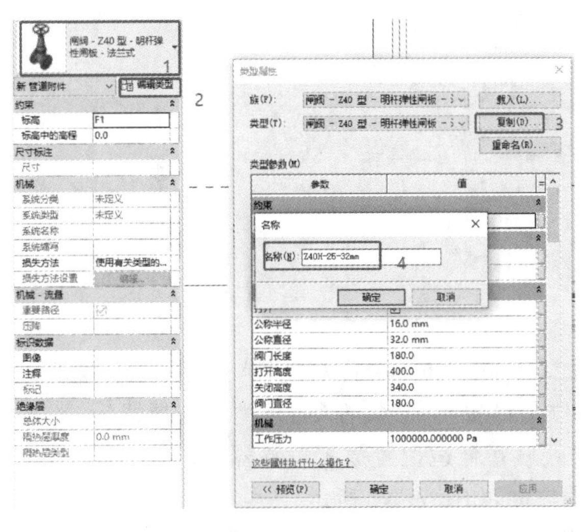

图 3-4-1

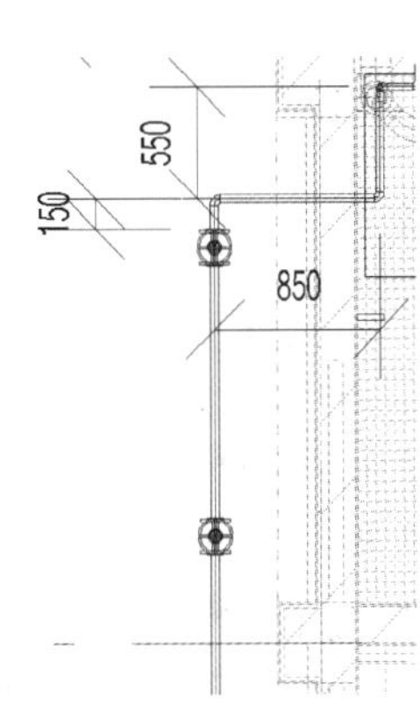

图 3-4-2

(4)按照上述步骤，进入放置管道附件命令，设置当前“属性”面板类型选择器为“止回阀-H44H-16C-32 mm”，如图 3-4-3 所示，然后捕捉入户管合适位置放置止回阀，如图 3-4-4 所示。

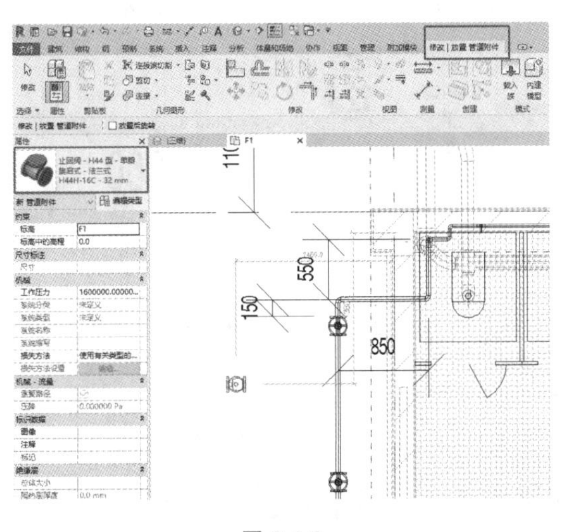

图 3-4-3

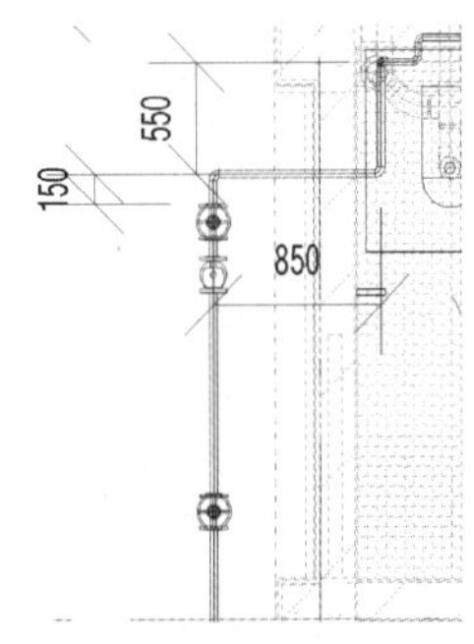

图 3-4-4

(5)以路径“China\机电\给排水附件\仪表\水表-旋翼式-15-40 mm-螺纹.rfa”，将水表载入项目中，点击“属性”面板，编辑“类型”按钮，进入“类型属性”对话框，点击“复制”按钮，弹出名称对话框，在名称对话框中输入“32 mm”，如图 3-4-5 所示，点击“确定”按钮退出“名称”对话框，返回“类型属性”对话框，并将尺寸标注中公称直径参数设置为“32 mm”，点击“确定”按钮，退出“类型属性”对话框，在下侧闸阀和止回阀之间放置水表，如图3-4-6所示。

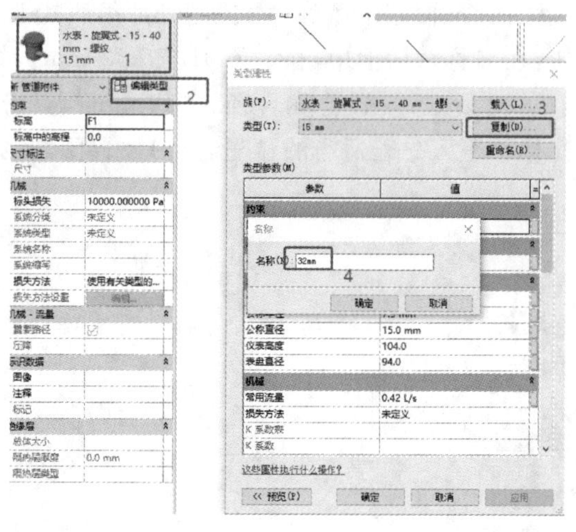

图 3-4-5

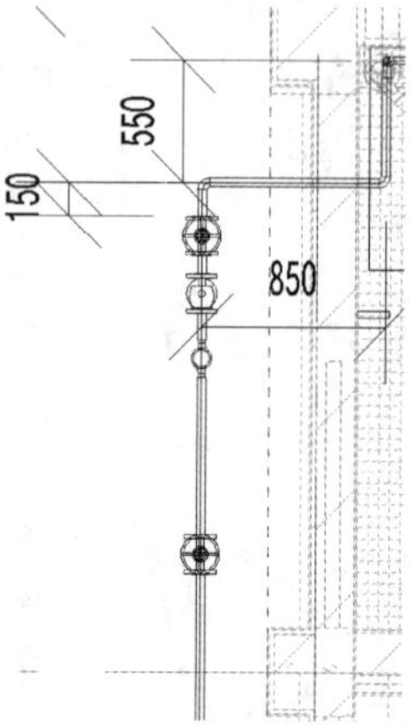

图 3-4-6

(6)按照管路附件放置方法，以路径“China\机电\给排水附件\过滤器\Y 型过滤器-6-100 mm-螺纹式. rfa”，将过滤器载入项目中，设置当前“属性”面板类型选择器为“Y 型过滤器-6-100 mm-螺纹式-32 mm”，然后捕捉入户管合适位置放置过滤器，放置完成后可以选中过滤器，点击“翻转管件”按钮调整过滤器方向，如图 3-4-7 所示。

(7)按照上述同样的方法将给水立管附近的 F1 标高和 F2 标高截止阀绘制，此处截止阀尺寸为 DN25 mm，此处位置不够安装对应的阀门族，需要将右侧垂直方向管道向右移动 100 mm，如图 3-4-8 所示。至此，给水管道的附件已全部绘制完成，将文件保存至指定路径。

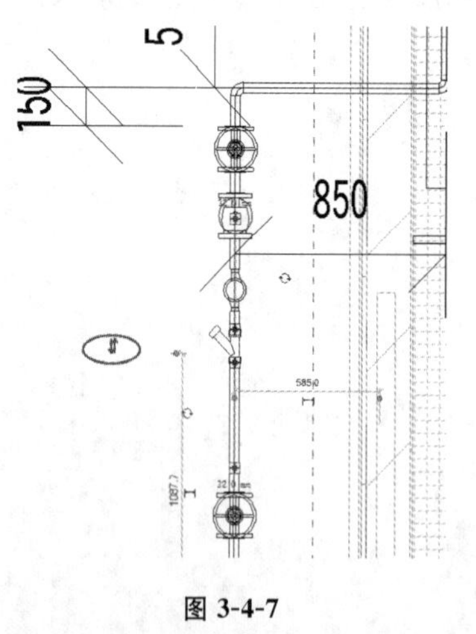

图 3-4-7

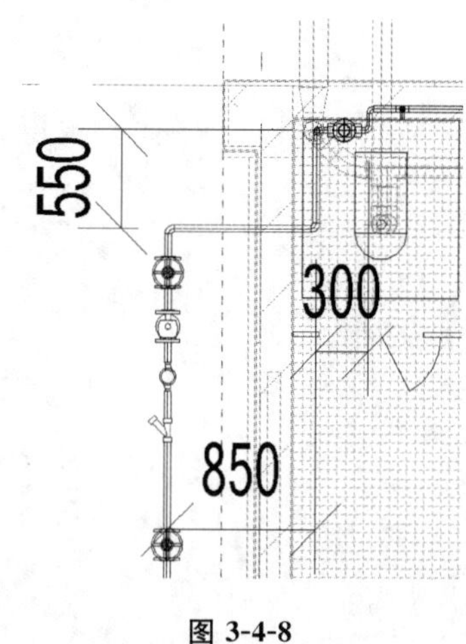

图 3-4-8

提示:阀门放置与管段后根据管道系统颜色赋予对应的颜色，如果未变色，说明管道与附件没有自动剪切或阀门未与管道连接，后期运行时该处是碰撞点。因此正确放置完管道附件时管道应变色。

3.4.2 添加其他管路附件

管道系统包括阀门、地漏、清扫口等附件，接下来我们将介绍地漏和清扫口的绘制方法。

(1)点击“系统”选项卡-“模型”面板中“构件”工具，进入“修改丨放置构件”上下文选项卡。点击“模式”面板的“载入族”工具，以路径“China\机电\给排水附件\地漏”，载入“地漏带水封-圆形-PVC-U. rfa”地漏至项目中，设置放置方式为“放置在面上”，如图 3-4-9 所示。

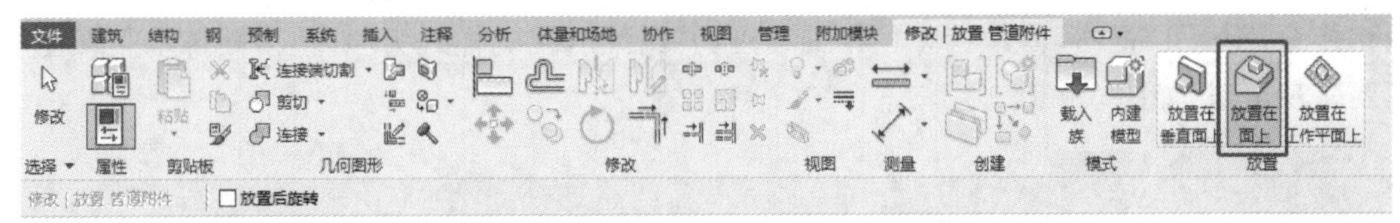

图 3-4-9

(2)设置当前属性面板族类型为“地漏带水封-圆形-PVC-U 100 mm”，在卫生间右侧横管终端附近放置地漏，放置时确保地漏中心与管道中心位于同一直线上，该地漏图元放置在楼板表面位置，如图 3-4-10 所示。

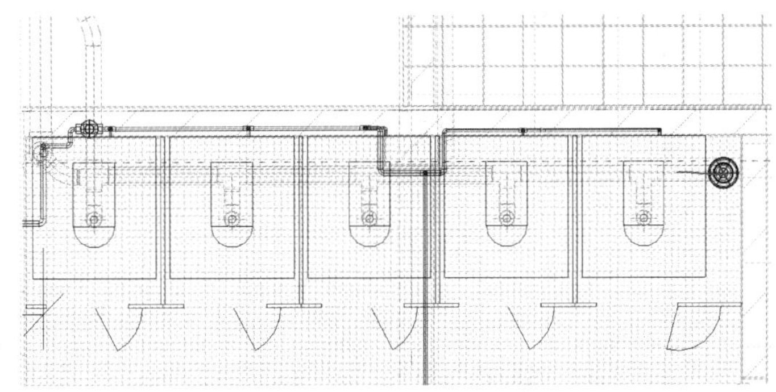

图 3-4-10

(3)使用“布局”面板“连接到”工具，将地漏与排水管道连接，选中地漏，点击连接到工具，再点击需要连接的管道，完成地漏与排水管道连接，如图 3-4-11 所示。

(4)使用同样的方法，完成 F2 标高地漏的绘制，切换至三维视图查看，最终结果如图 3-4-12所示。

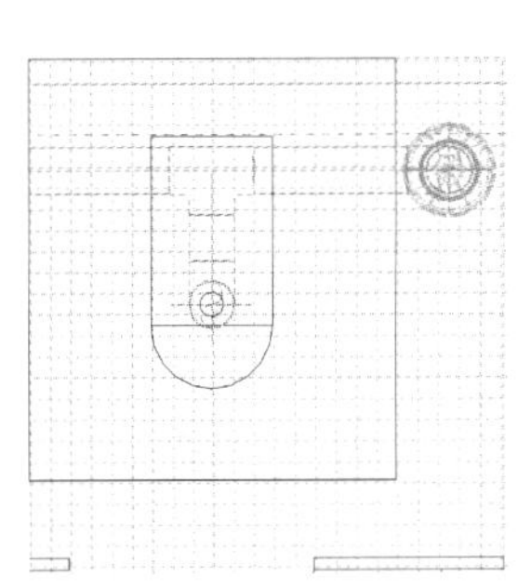

图 3-4-11

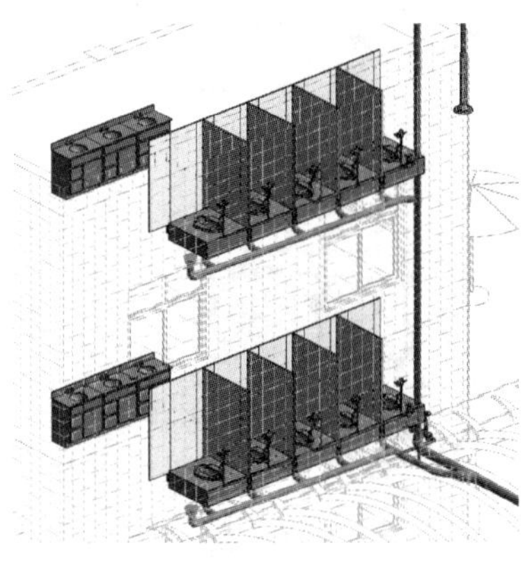

图 3-4-12

(5)在排水系统中,为了方便清扫,使其畅通,通常在管道立管离地面高 1m 处设置清扫口。

(6)绘制清扫口。将鼠标光标移动至污水立管处位置,利用快速访问工具栏上的 工具,创建剖面视图,然后利用剖面视图框上的拖曳按钮 和反转符号,对剖面图视图进行调整,将剖面视图移动至合适的位置,如图 3-4-13 所示。

(7)在选中剖面符号的情况下,在弹出的对话框中选择"转到视图"选项,则 Revit 将自动切换至"剖面 1"视图,修改状态栏详细程度为"精细",视觉样式为"着色",则排水立管在立面图呈现出来,如图 3-4-14 所示。

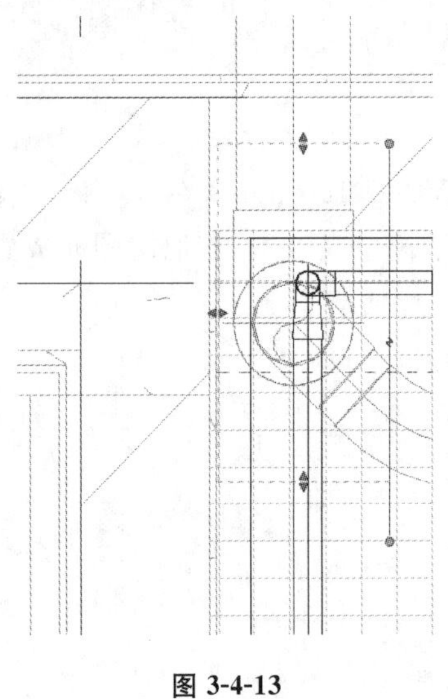

图 3-4-13

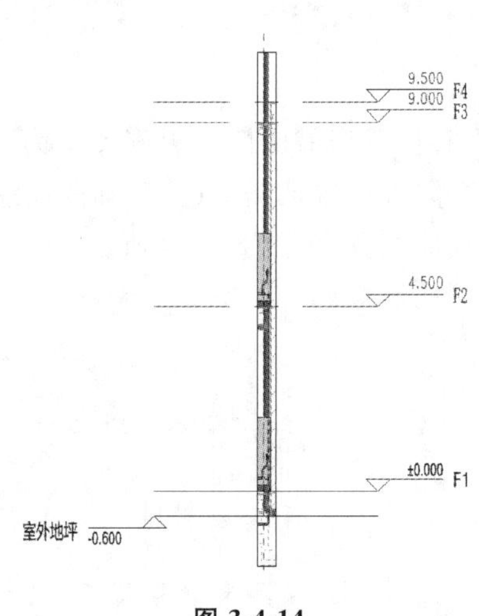

图 3-4-14

(8)如图 3-4-15 所示,在剖面视图中选中厕所隔断图元,然后在弹出的对话框中选择"在视图中隐藏",在弹出的列表中选择"类别",则隔断将在当前剖面图中被隐藏(如无隔断可忽略此步骤),如图 3-4-16 所示。

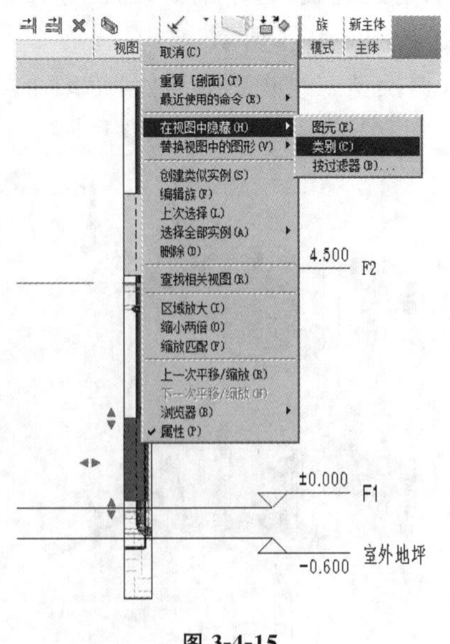

图 3-4-15

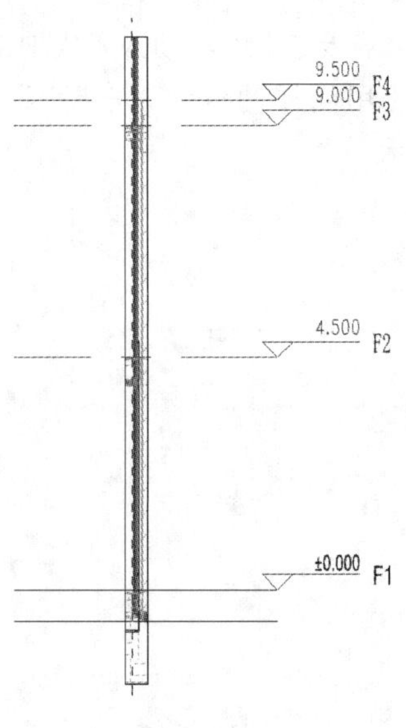

图 3-4-16

(9)利用参照平面工具,以 F1 为参照标高,创建距 F1、F2 各 1000 mm 的参照平面,如图3-4-17所示。点击“系统”选项卡-“卫浴和管道”面板的“管路附件”工具,进入“修改丨放置管路附件”上下文选项卡,点击“模式”面板的“载入族”工具,以路径“学习资料\族文件\第三章\检查口 - PVC-U - 排水. rfa”族载入项目,确定属性面板选择器中,当前族类型为“检查口 - PVC-U - 排水标准. rfa”,将鼠标光标移动至下侧参照平面和立管的交点捕捉管道的中心,放置第一个检查口,接着以同样的方法放置第二个检查口,完成检查口放置后,选中放置检查口,可以通过点击“ ”按钮修改检查口方向,完成后选中剖面视图删除视图,如图3-4-18所示。

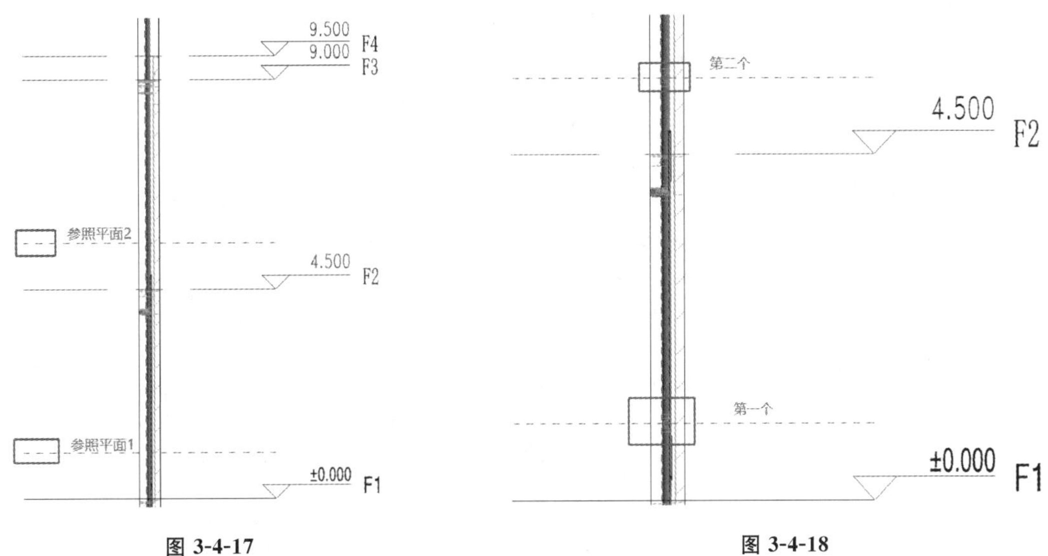

图 3-4-17　　图 3-4-18

(10)放置通气帽,切换视图至北-卫浴视图,修改详细程度为“精细”,视觉样式为“着色”,基于 F4 向上绘制偏移量为 2000 mm 的参照平面,并将排水立管对齐至参照平面。点击“系统”选项卡-“卫浴和管道”面板的“管路附件”工具,进入“修改丨放置管路附件”选项卡,点击“模式”面板的“载入族”工具,以路径“China\机电\给排水附件\通气帽”将“通气帽-伞状-PVC-U. rfa”族载入项目,设置当前属性面板类型选择器为“通气帽-伞状-PVC-U 100 mm”类型,捕捉立管顶部位置放置,捕捉参照平面与立管的中心为放置点,如图 3-4-19 所示。

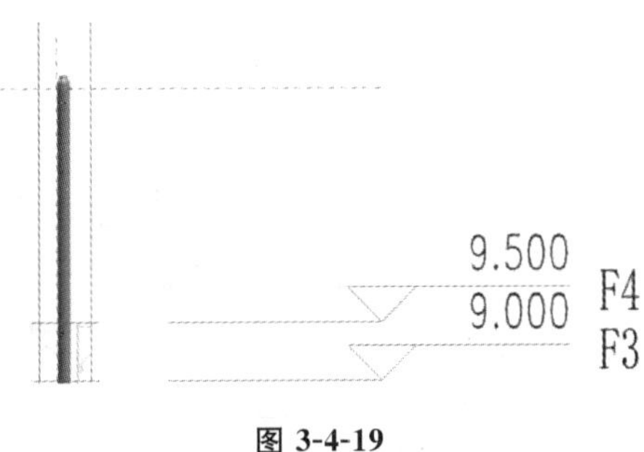

图 3-4-19

(11)使用相同的方式添加其他管道附件,在此不再赘述。保存该项目文件,打开“学习资料-第三章-3.4 添加管路附件. rvt”文件查看最终操作成果。

3.4.3 真题练习

根据图 3-4-20、图 3-4-21 中给定的卫生间给排水详图，打开“学习资料\第三章\ 3-4-3 真题练习文件.rvt”完成卫生间卫浴装置布置和给排水系统的创建，其中污水管坡度为 1.5%，要求卫浴装置与管道正常连接，并将完成模型命名为“3.4.3 真题练习-给排水模型.rvt”，保存至指定路径。

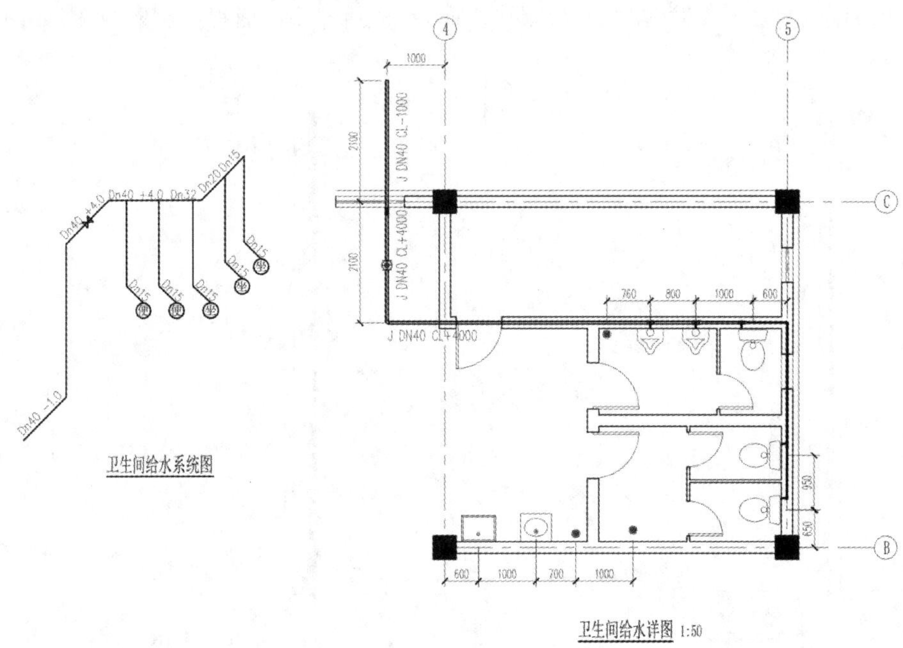

图 3-4-20

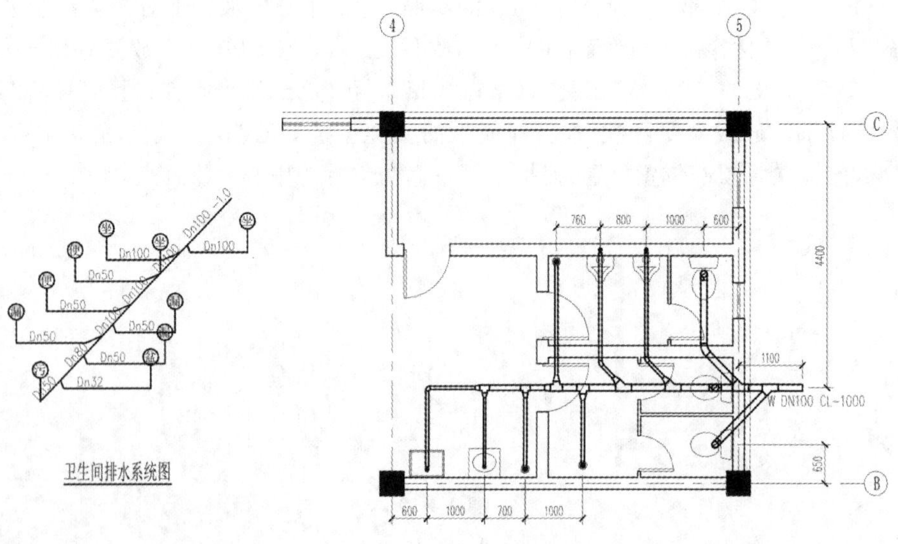

图 3-4-21

3.5 室内消火栓系统的布置

室内消火栓系统一般由室内管网供水，为工厂、仓库、高层建筑、公共建筑的固定消防设施，通常安装在消火栓箱内，由水枪、消防水带、消火栓、消防管道等组成。本节内容为创建室内消火栓系统。

3.5.1 管道类型定义

(1)打开“学习资料-第三章-3.4 添加管路附件.rvt”项目文件切换至“卫浴” F1 楼层平面视图，并将文件另存为指定路径，命名为“3.5 消火栓系统布置.rvt”。

(2)点击“系统”选项卡-“卫浴和管道”面板-“管道”工具，进入管道绘制模式，自动切换至“修改|放置管道”上下文选项卡，点击“属性”面板中“编辑类型”按钮，弹出“类型属性”对话框。在“类型属性”对话框中，确认当前族类型为“标准”，点击“复制”按钮弹出“名称”对话框，输入新管道类型为“消火栓系统”，点击“确定”按钮返回“类型属性”对话框。

(3)点击“类型属性”对话框中的“布管系统配置”后的“编辑”按钮，弹出“布管系统配置”对话框，首先点击构件列“管段”的单元格，将铜管修改为“钢，碳钢-Schedule80”，修改最小尺寸为 15 mm，最大尺寸保持 300 mm 不变。接下来载入外部沟槽连接族，点击对话框的“载入族”按钮，选择“学习资料-族文件-第三章”，载入提供的“弯头-沟槽”“四通-沟槽”“三通-沟槽”“活接头-沟槽”“过渡件-沟槽”5 个族文件。依次设置，弯头为“弯头-沟槽”，连接为“三通-沟槽”，四通为“四通-沟槽”，过渡件为“过渡件-沟槽”，活接头为““活接头-沟槽”，如图 3-5-1 所示。点击“确定”按钮，完成消火栓管道系统类型的创建。

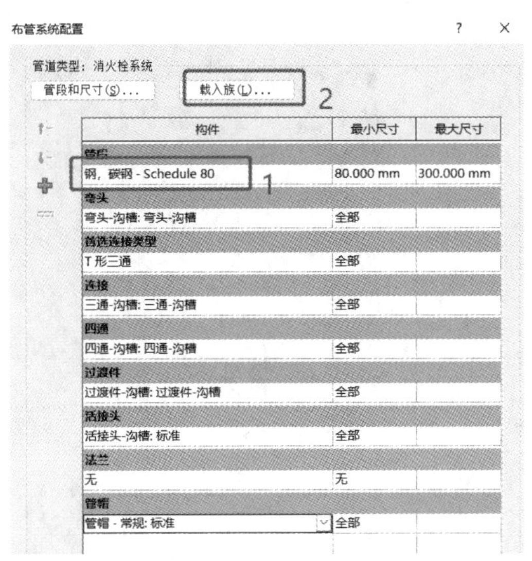

图 3-5-1

(4)点击“项目浏览器”面板中的“族”，展开“管道系统”，点击“其他消防系统”，进入“类型属性”对话框，点击类型参数“图形替换”的“编辑”按钮，进入“线图形”对话框，修改颜色的 RGU 值分别为“255,0,0”，如图 3-5-2 所示，点击三次“确定”按钮返回绘图界面，保存该项目文件至指定目录。

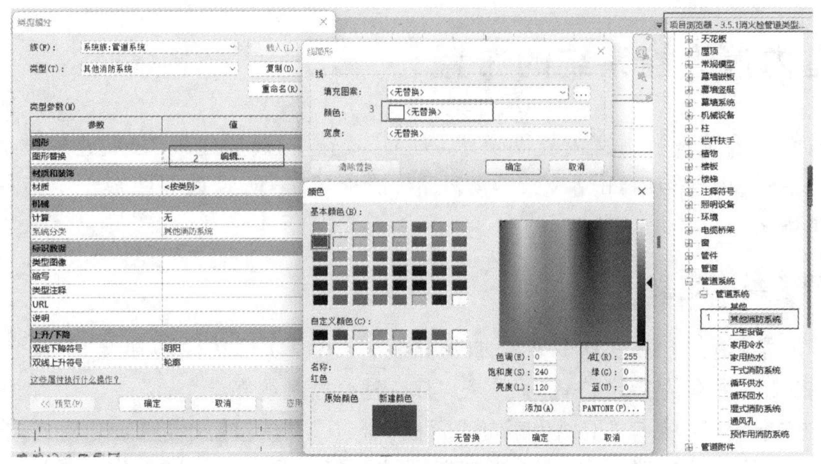

图 3-5-2

3.5.2 绘制消火栓管道

(1)绘制地下水平干管和消防立管。该水平干管和消防立管的管径为 DN150。切换至卫浴 F1 平面视图,输入快捷键“RP”进入参照平面命令,选择“拾取线”绘制命令,分别创建在 2 轴右侧 500 mm、在 A 轴上方 700 mm 的 2 个参照平面,按 Esc 键退出参照平面命令。

(2)点击“系统”选项卡-“卫浴和管道”面板-“管道”工具,进入“修改|放置管道”上下文选项卡,确认“带坡度管道”面板为禁用坡度,确认“属性”面板的“类型选择器”中显示的是“消火栓系统”管道类型;修改“系统类型”为“其他消防系统”;确认“选项栏”直径为 150 mm,中间高层为－1000 mm,如图 3-5-3 所示。

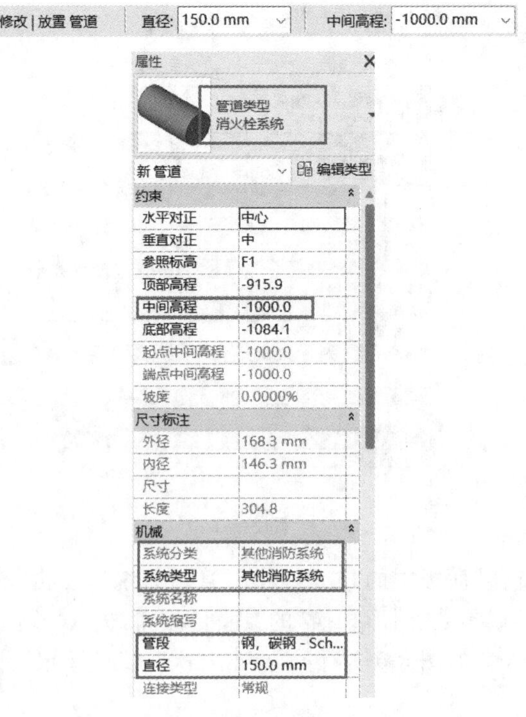

图 3-5-3

(3)确认视图控制栏的详细程度为“精细”,视觉样式为“线框”模式。移动鼠标光标到 2 轴右侧 500 mm 的参照平面处,在 A 轴下方适当位置绘制地下水平干管,到 A 轴上方 700 mm 参照平面的交点处,点击鼠标左键,完成水平干管的绘制。修改“选项栏”的中间高层值为 8500 mm,点击“应用”按钮,完成消防立管的绘制。如图 3-5-4 所示。

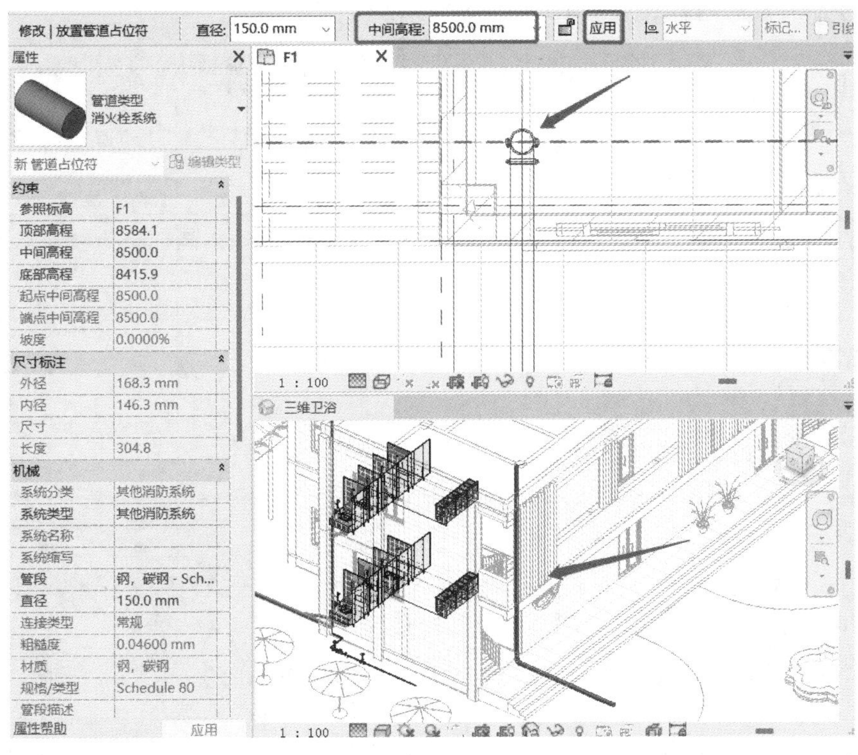

图 3-5-4

(4)切换视图到 F2 楼层平面视图,绘制 F2 层的消防水平干管。输入快捷键“RP”进入“参照平面”命令,拾取偏移在 3 轴左侧 1700 mm,C 轴下方 700 mm,7 轴左侧 700 mm 的 3 个参照平面,如图 3-5-5 所示。

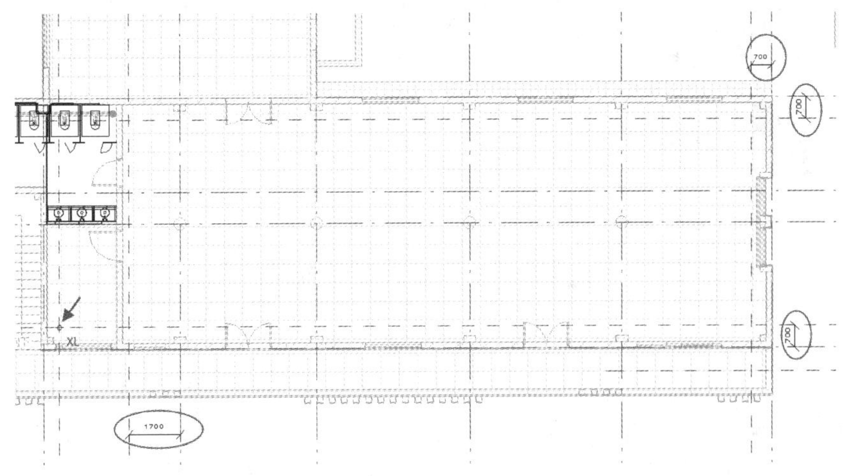

图 3-5-5

(5)选中从地下−1000 mm 绘制到 2 层的消防立管,选择“绘制管道”,进入“修改|放置管道”上下文选项卡,移动鼠标光标向右沿着上面绘制的参照平面绘制一圈消防水平干管,再回到 3 轴左侧 1700 mm 参照平面与 A 轴上方 700 mm 参照平面交点处时(注意移动鼠标光标到下方干管上边缘线时即可),此时会自动生成一个 T 形三通,完成两个水平干管的自动连接。绘制完成的消防水平干管如图 3-5-6 所示。

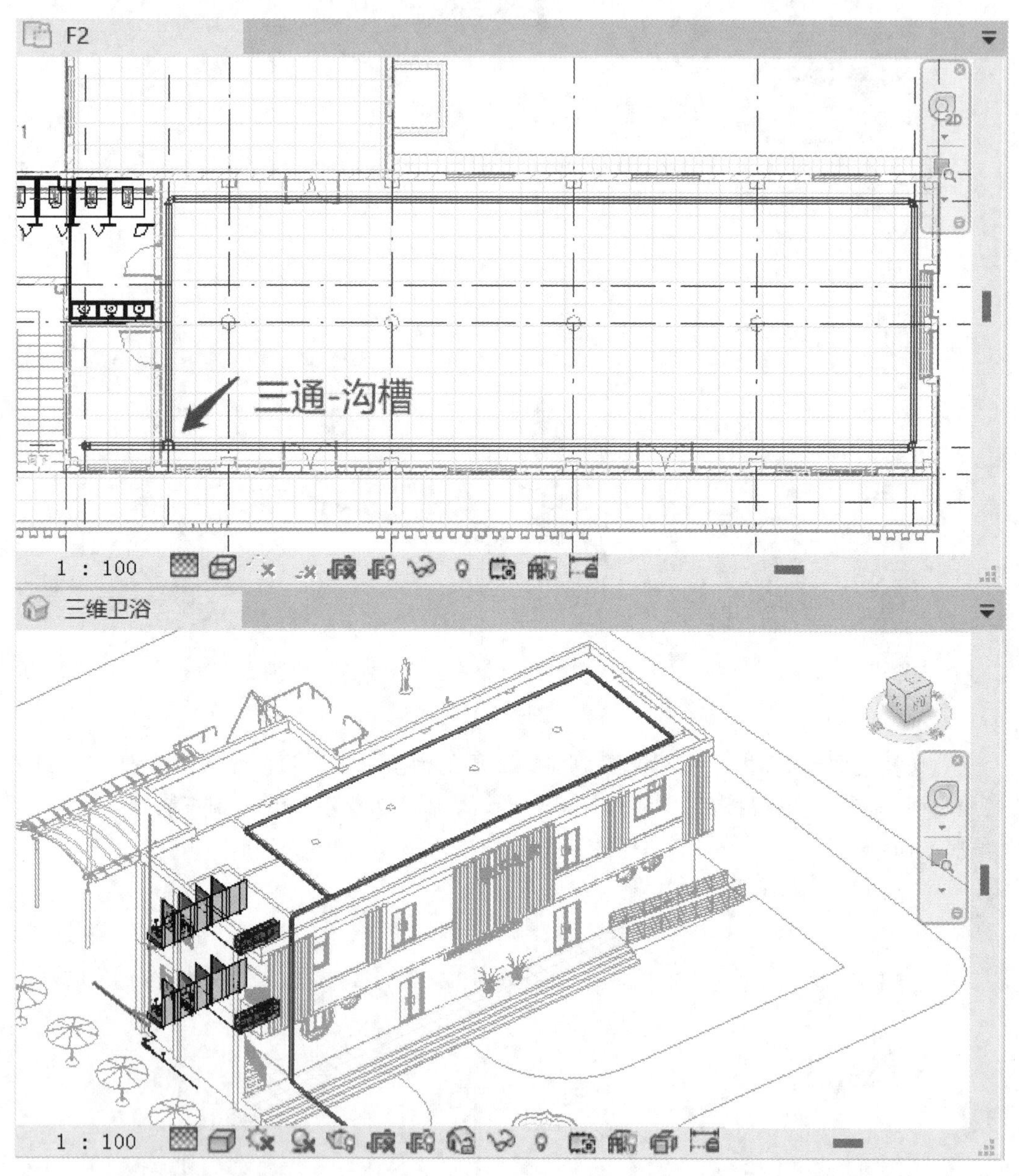

图 3-5-6

(6)绘制连接消火栓的水平干管的定位线。首先确定水平干管的位置,分别绘制 4 条距离 3,4,5,6 轴右侧 300 mm 和 650 mm 的参照平面,300 mm 的参照平面用来定位水平干管的位置,650 mm 的参照平面用来定位消火栓箱的位置,如图 3-5-7 所示。

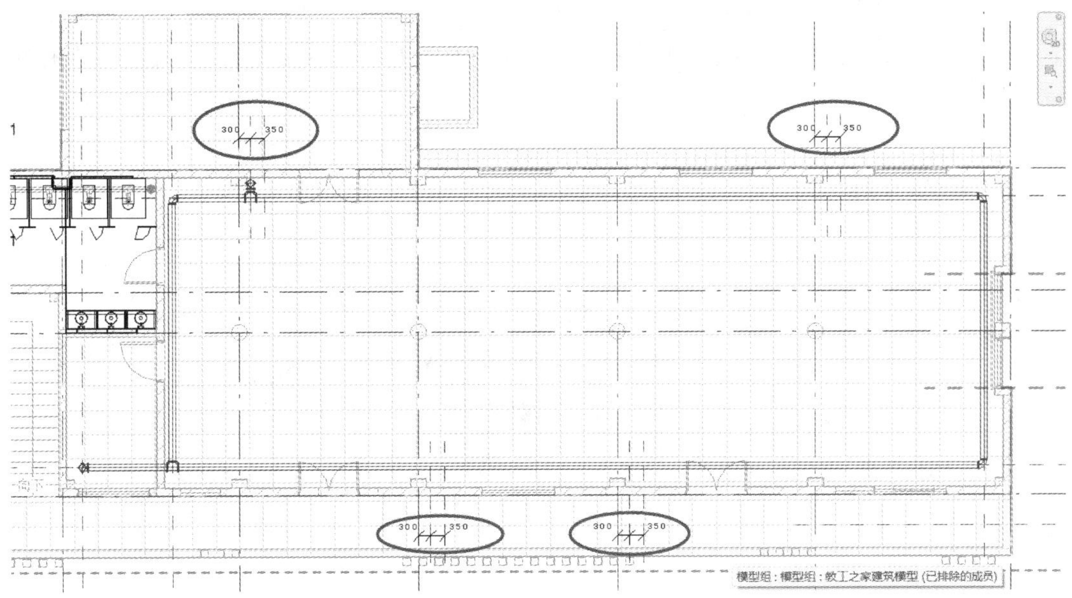

图 3-5-7

(7)绘制连接消火栓的水平干管和立管。点击“系统”选项卡-“卫浴和管道”面板-“管道”工具，进入“修改|放置管道”上下文选项卡，修改“选项栏”直径为 100 mm，确认中间高层为 4000 mm，移动鼠标光标到 C 轴下方水平干管的上部轮廓线与 3 轴右侧 300 mm 参照平面交点处，开始向上绘制水平干管，输入长度为 285 mm，修改“选项栏”的“中间高程”值为－3100 mm，点击“应用”按钮，完成水平干管和立管的绘制。如图 3-5-8 所示。

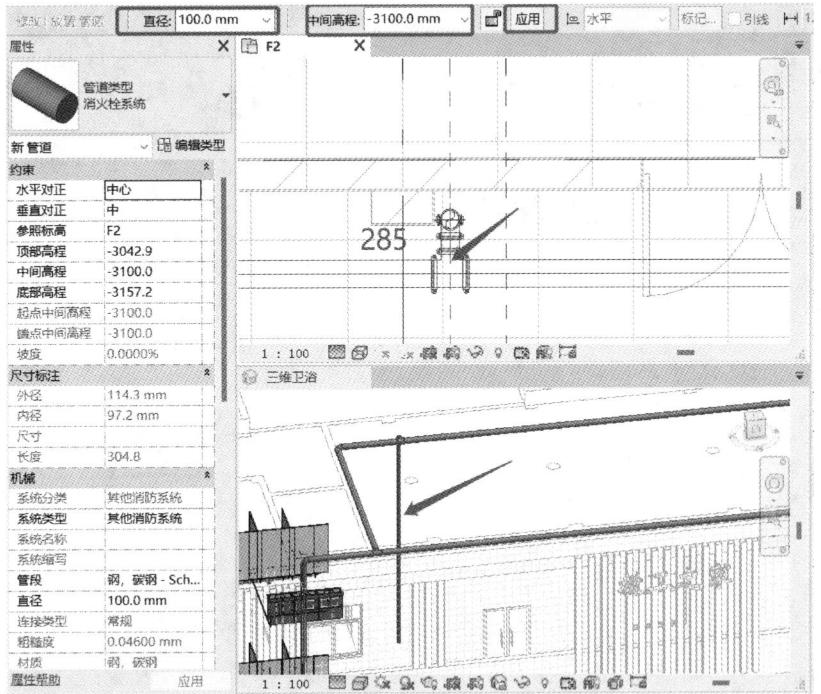

图 3-5-8

(8)同上方法依次在 5 轴右侧 300 mm 处,4,6 轴右侧下方 300 mm 处绘制好其余 3 根消火栓水平干管和立管,如图 3-5-9 所示。至此完成了项目消火栓管的绘制,将文件保存至指定路径。

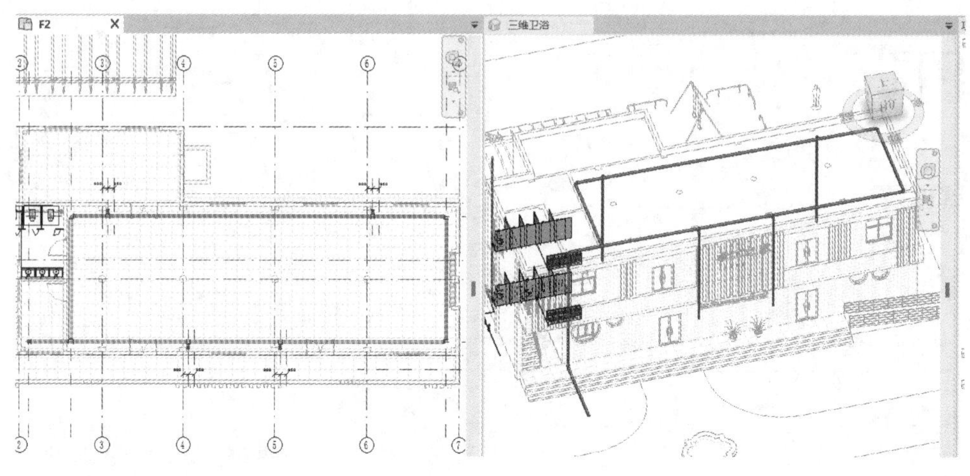

图 3-5-9

3.5.3 放置消火栓

(1)点击“系统”选项卡-“机械”面板-“机械设备”工具,进入“修改/放置机械设备”上下文界面,在属性面板的“类型选择器”找到“室内消火栓箱-单栓-侧面进水接口带卷盘”的“类型 A-左-65 mm”的族类型,修改安装方式为“明装”,如图 3-5-10 所示。

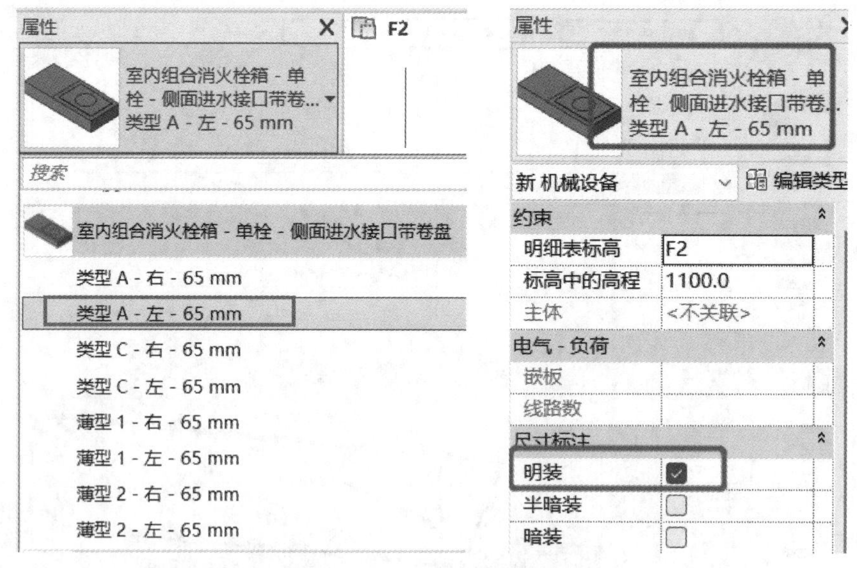

图 3-5-10

(2)放置 F2 消火栓。移动鼠标光标到绘图区域,确认放置方式为“放置在垂直面上”,依次将消火栓放置在 4 个水平干管右侧 350 mm 距离的参照平面上,放置过程如果不能一次性放置到准确位置,可以利用“对齐”命令调整消火栓的位置。放置完成后以消火栓的出水点连接件为基点,将消火栓立管中心与消火栓出水口连接件对齐,如图 3 5 11 所示。

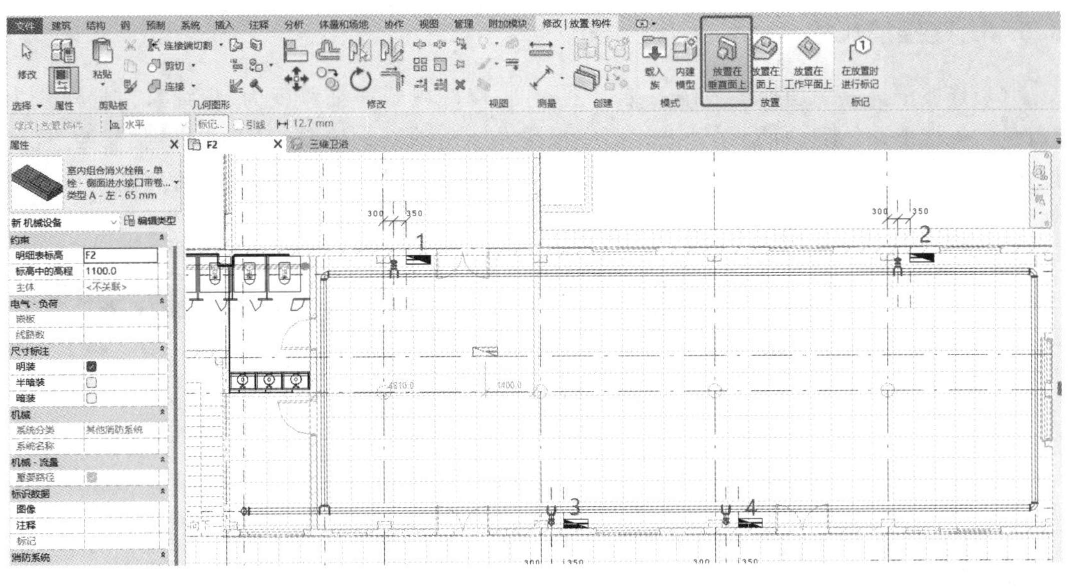

图 3-5-11

(3)修改 A 轴位置的消火栓。依次选中 A 轴下方 4 轴和 6 轴右侧的消火栓，修改其族类型为“类型 A-右-65 mm”，确认进水口在面向消火栓的右侧，便于连接旁边的消火栓立管。

提示：应确定消火栓的朝向，以观察者面向消火栓开启面的视角为主视角来判断左右侧。

(4)复制 F2 消火栓至 F1。从左上到右下框选视图中所有消火栓，利用“过滤器”确认，选中 4 个消火栓。从“机械设备”进入“修改/机械设备”界面，点击“剪贴板”的“复制”按钮，选择“与选定的标高对齐”，在弹出的“选择标高”对话框选择 F1，点击确定按钮完成将 F2 的消火栓复制到 F1，如图 3-5-12 所示。完成消火栓的放置后将文件保存至指定路径。

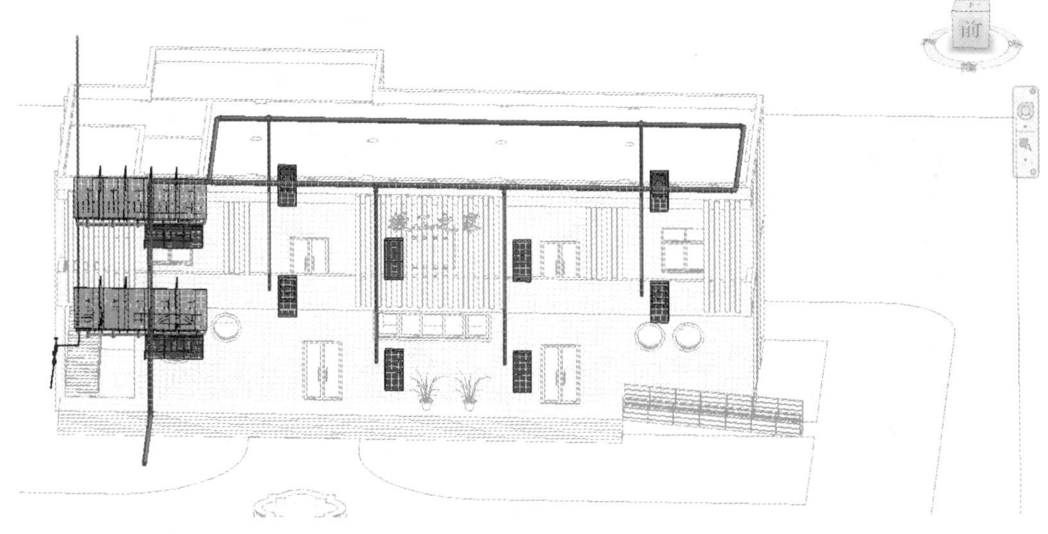

图 3-5-12

3.5.4 连接消火栓

(1)连接消火栓。切换至卫浴三维卫浴视图,修改视图详细程度为“精细”,视觉样式为“着色”,连接F2的消火栓到立管上。选中视图左上角的消火栓,此时会切换到“修改/机械设备”界面,点击“布局”面板的“连接到”命令,再选择消火栓左侧的立管,即可完成消火栓和立管的连接,如图3-5-13所示。

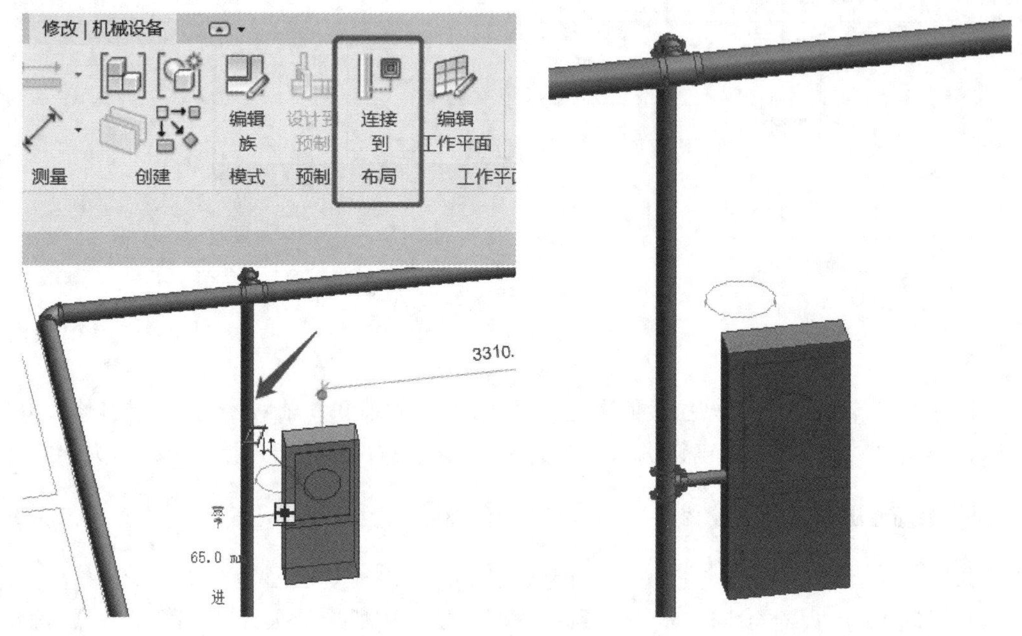

图 3-5-13

(2)连接所有消火栓。同上述方法,依次将消火栓连接到对应的立管上,如图3-5-14所示。

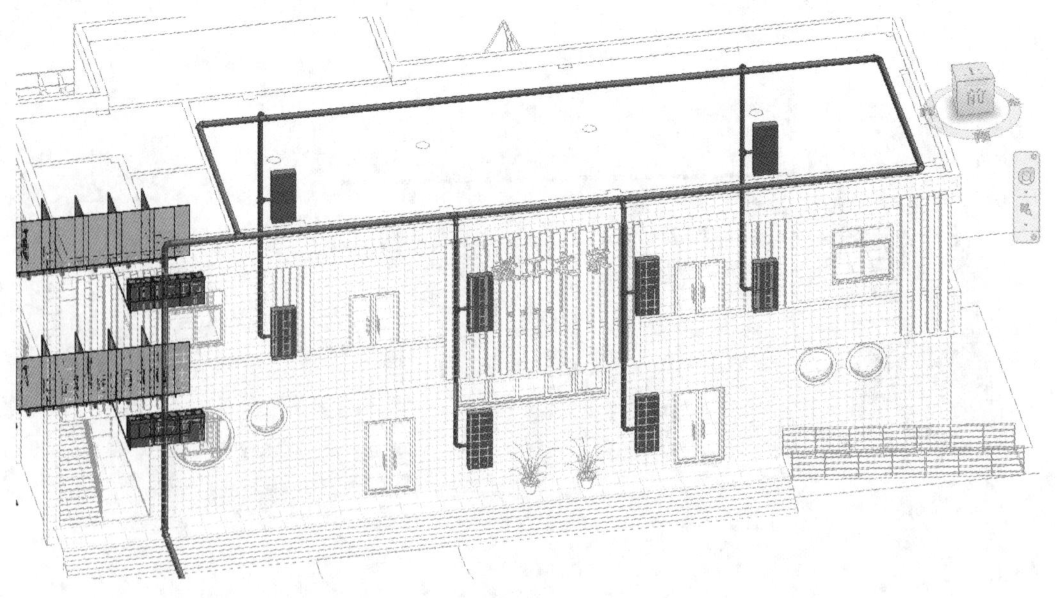

图 3-5-14

(3)修改 F1 的消火栓立管直径。在三维卫浴视图下,先选择 2 轴的消防立管进行直径修改。点击"修改"面板的"拆分图元"命令,移动到 2 轴左侧的立管 F2 消火栓连接接头下方位置,将 F1 的立管拆分为 2 段。按 Esc 键退出命令,继续选中下方立管,修改其直径为 65 mm,此时连接件会自动切换为"过渡件-沟槽",实现变径连接功能,选中"过渡件-沟槽",修改高程值为 800 mm,如图 3-5-15 所示。

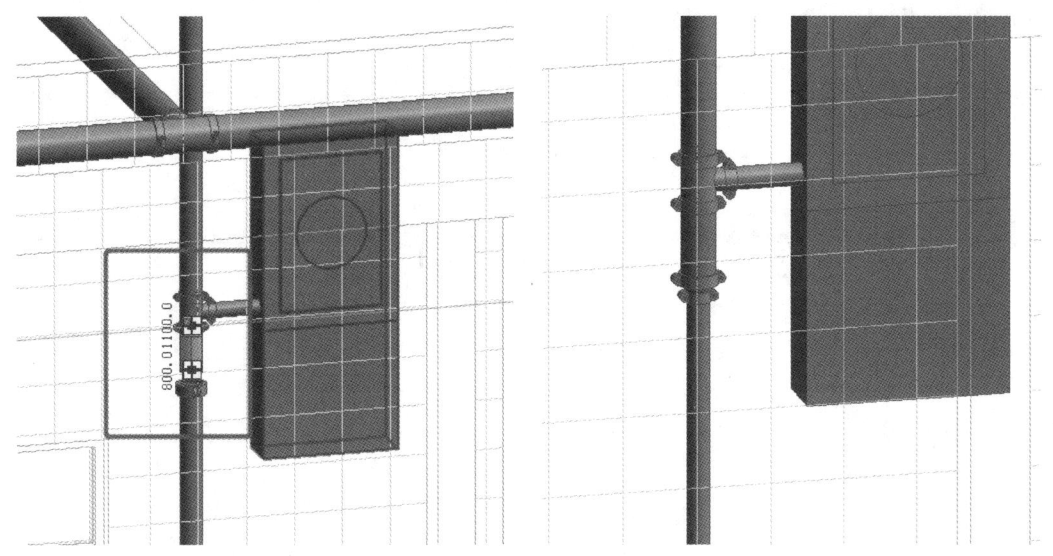

图 3-5-15

(4)完成所有 F1 的消火栓立管直径修改。同以上步骤,依次修改所有的底部立管直径为 65 mm,如图 3-5-16 所示。至此完成了项目消火栓的连接,将文件保存至指定路径,可打开"学习资料-第三章-3.5 消火栓系统布置.rvt"项目文件查看最终操作成果。

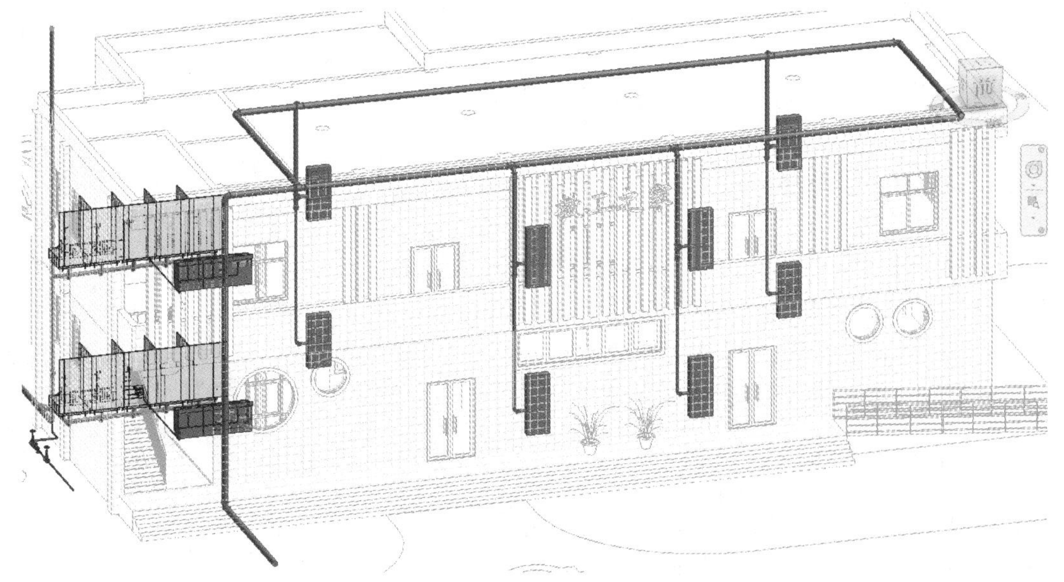

图 3-5-16

3.5.5 真题练习

根据图 3-5-17 给排水平面布置图,打开"学习资料\第三章\ 3.4.3 真题练习-给排水模型. rvt"完成消火栓系统的创建,要求消火栓采用室内消火栓箱,安装方式为明装,消火栓出水口高度距离地面 1100 mm,消火栓箱与管道正常连接,并将完成模型命名为"3.5.5 真题练习-消火栓模型. rvt",保存至指定路径。

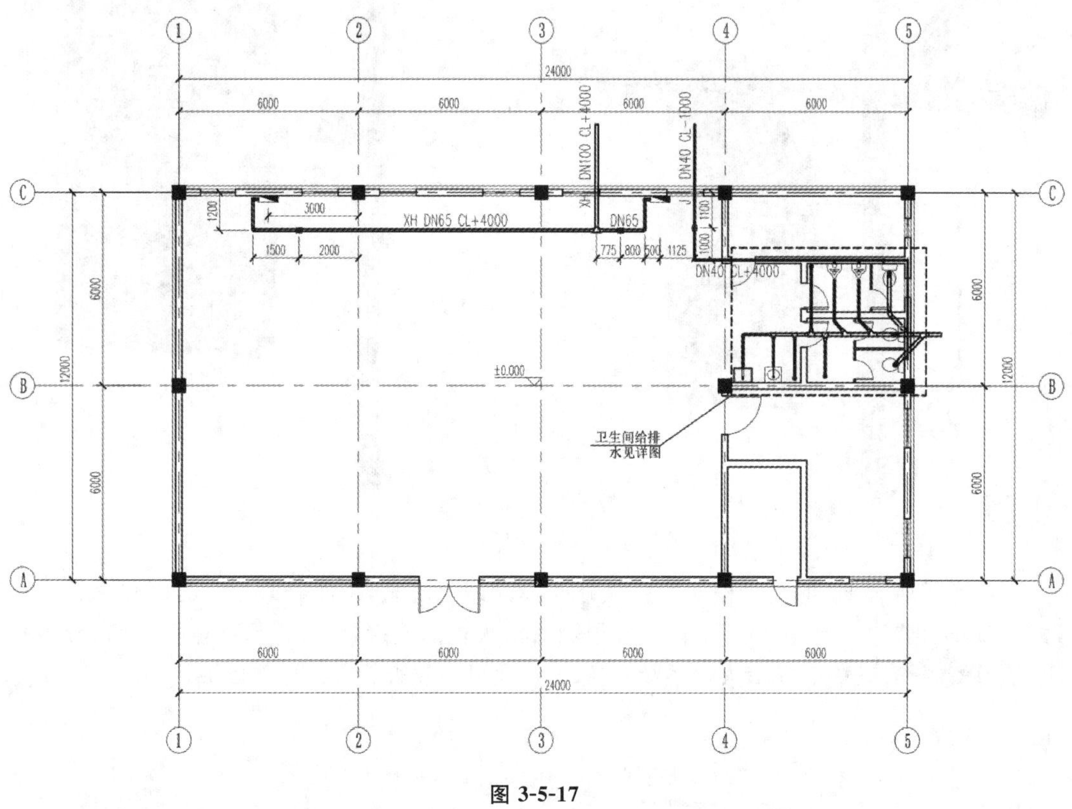

图 3-5-17

3.6 喷淋系统的布置

喷淋系统是建筑物内消防系统的重要组成部分。喷淋系统可以分为人工控制和自动控制两种形式。报警装置在火灾发生时发出警报,喷淋系统可以自动喷淋并且和其他消防设施联动工作,因此能有效控制、扑灭初期火灾。本节以"2021 年第六期'1+X'建筑信息模型(BIM)职业技能等级考试真题"为例来讲解喷淋模型的布置,如图 3-6-1 所示。

3.6.1 系统类型定义

(1)打开"学习资料-第三章-3.6 喷淋系统建模样本. rvt"项目文件,另存为"3.6 喷淋系统模型布置. rvt"项目文件至"学习资料第三章"。

(2)打开项目浏览器,基于"族-管道系统-湿式消防系统",新建"喷淋系统"。如图3-6-2所示。

2021年第六期“1+X”建筑信息模型（BIM）职业技能等级考试——初级——实操试题　　第10页，共17页

考题二：根据以下要求和给出的图纸，创建建筑及机电模型。在本题文件夹下新建名为“第三题输出结果-考生姓名”的文件夹，将本题结果文件保存至该文件夹中。（40分）

要求：（未明确处考生可自行确定）

1.创建视图名称为“建筑平面图”，根据“建筑平面图”创建建筑模型，已知建筑位于首层，层高6.0m，其中门底高度0m，窗底高度2.5m，柱尺寸800mmx800mm，外墙厚度300mm，内墙厚度200mm，楼板厚度150mm。（4分）

2.创建视图名称为“暖通平面图”的平面视图，规程为“机械”，子规程为“HVAC”，并根据“暖通平面图”创建暖通风管模型，风管底对齐，风管安装底高度5.0m，送风管风口为D315的“散流器-圆形-旋流”，安装高度为4.7m，排烟风口类型自定，安装在风管上（风机、风阀等均需建模）。（8分）

3.创建视图名称为“消火栓平面图”的平面视图，规程为“卫浴”，子规程为“卫浴”，并根据“消火栓平面图”创建消火栓模型，其中消火栓管道中心对齐，消火栓管道中心标高4.85m；消火栓箱采用室内消火栓箱，尺寸、放置高度自定义；其中管道、阀门、消火栓箱（明装）均需建模，管道与消火栓箱需正确连接。（6分）

4.创建视图名称为“喷淋平面图”的平面视图，规程为“卫浴”，子规程为“卫浴”，并根据“喷淋平面图”创建喷淋模型，其中喷淋管道中心对齐，喷淋管道中心标高4.7m；喷头与管道要求正确连接。（8分）

系统名称及颜色编号

系统类型	系统缩写	颜色编号（RGB）
送风	SF	0,0,255
排烟	PY	255,128,0
照明	EL	0,255,0
消火栓管	XH	255,0,0
喷淋管	PL	255,0,255

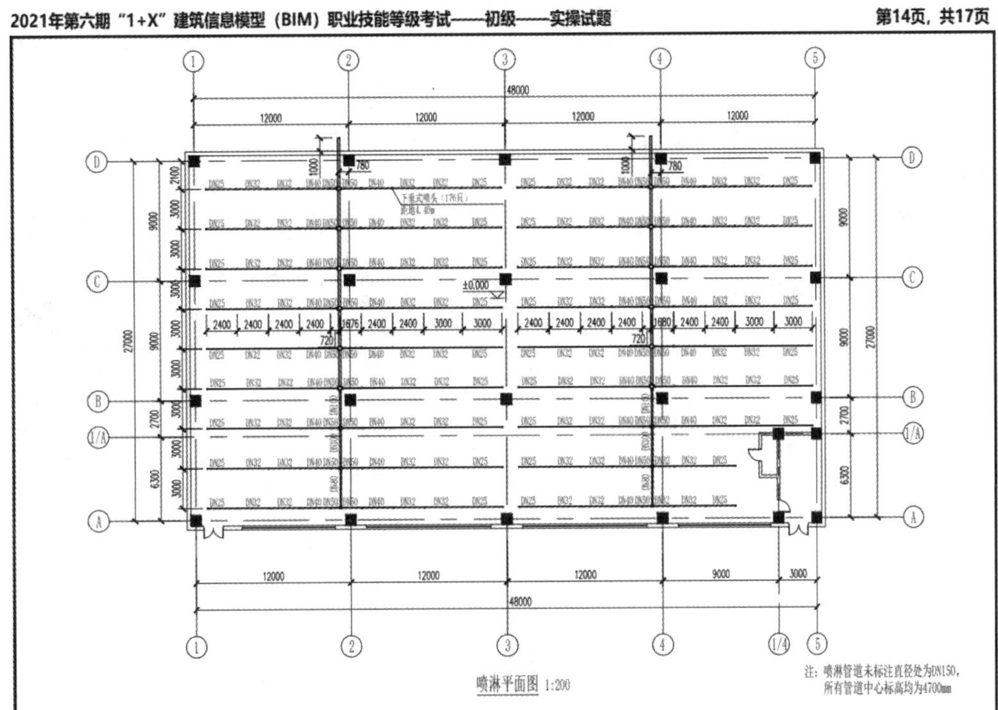

图 3-6-1

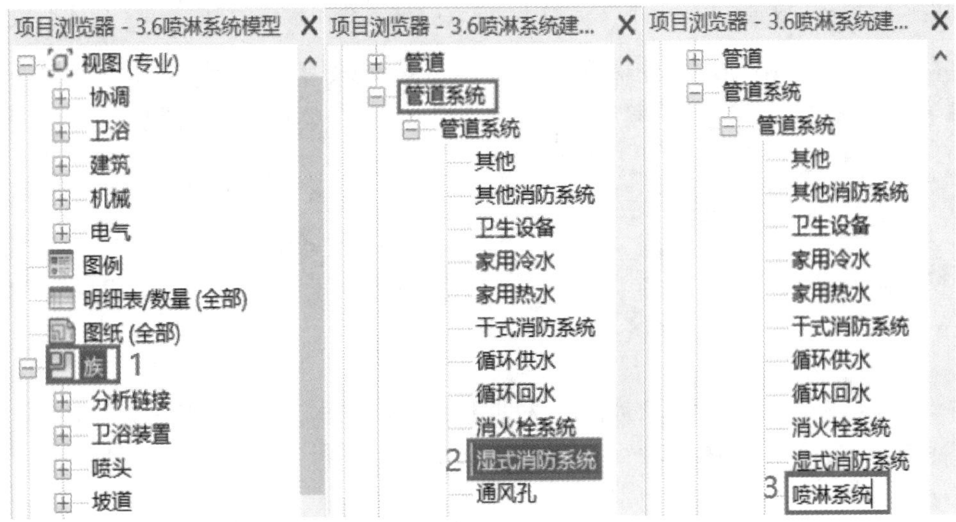

图 3-6-2

(3)点击“喷淋系统”,显示“类型属性”对话框。修改对话框标识数据参数列表的“系统缩写”为“PL”,点击“编辑”按钮进入“线图形”对话框,点击“颜色”按钮,进入“颜色”对话框,修改颜色R-G-U参数为“255-0-255”,点击“确定”按钮,退出“类型属性”对话框,如图3-6-3所示。

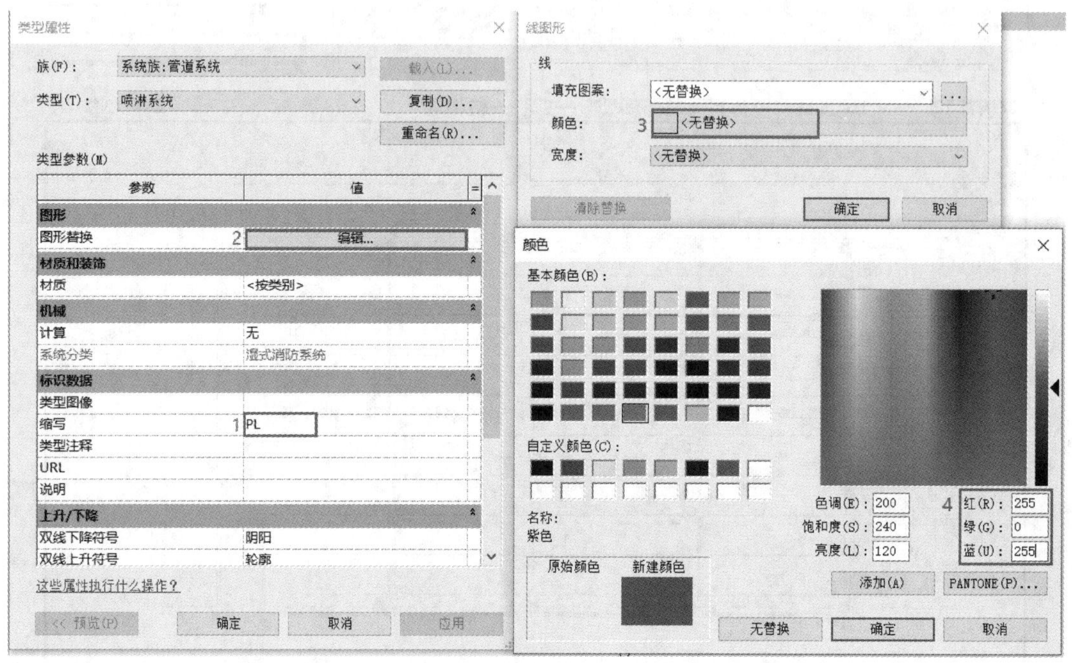

图3-6-3

(4)至此,完成喷淋系统类型的创建,保存项目文件。

3.6.2 管道类型定义

(1)切换当前视图为“喷淋平面图”,点击“系统”选项卡-“卫浴和管道”面板-“管道”工具,自动切换至“修改|放置管道”上下文选项卡,进入喷淋管绘制模式,如图3-6-4所示。

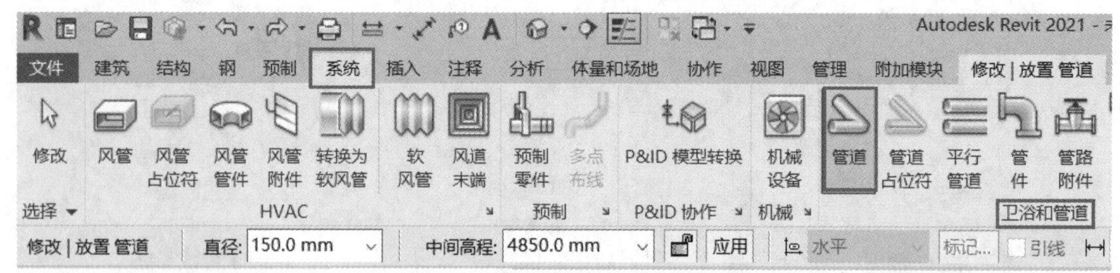

图3-6-4

(2)点击“属性”面板中“类型选择器”右侧下拉三角,显示当前可用管道类型有“PVC-U-排水”和“标准”。选择“标准”复制新建名称为“喷淋管”,如图3-6-5所示。

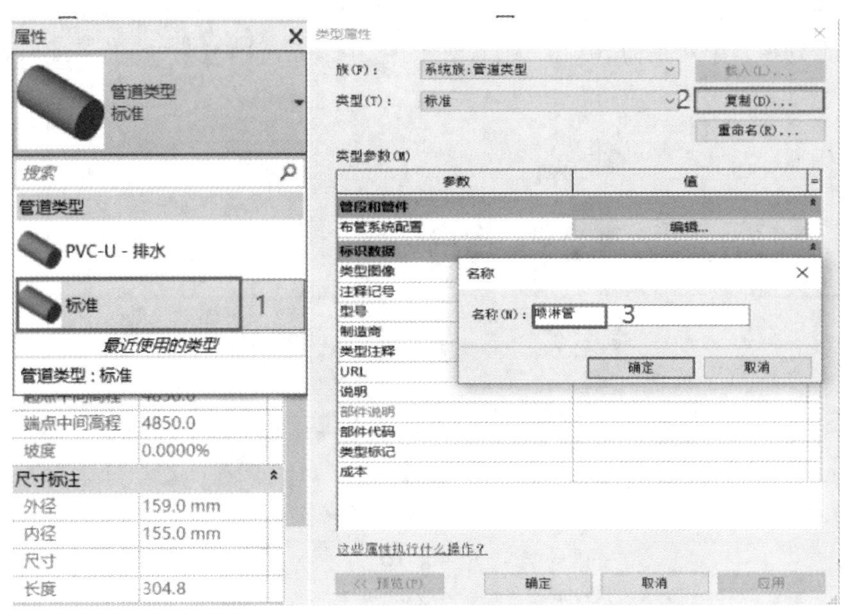

图 3-6-5

(3)至此，完成喷淋管管道类型定义，保存本项目文件。

3.6.3　绘制喷淋管道

(1)根据喷淋平面图上的尺寸标注，利用参照平面绘制喷淋管定位线，如图 3-6-6 所示。

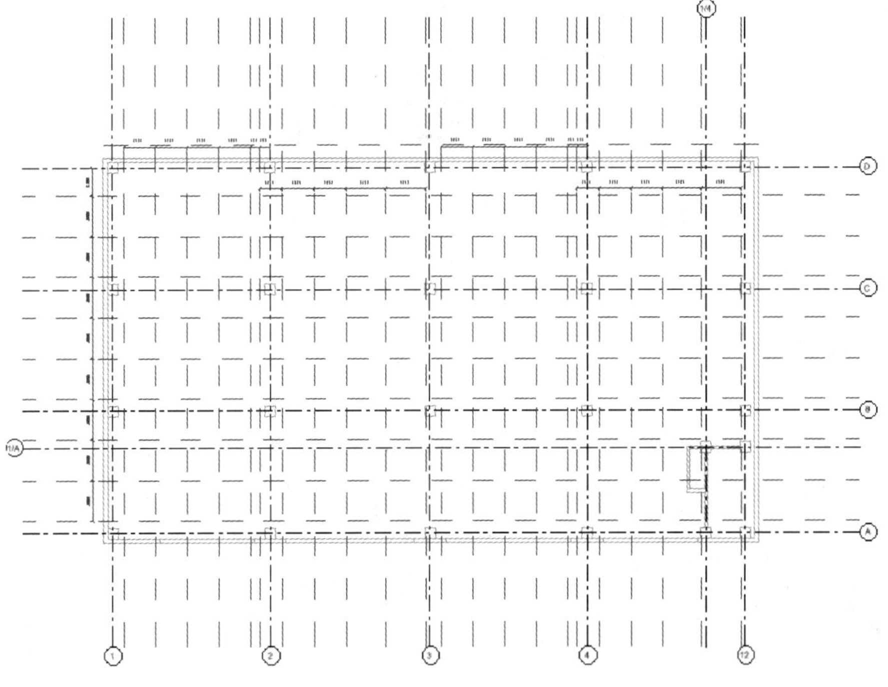

图 3-6-6

(2)点击“系统”选项卡-“卫浴与管道”面板-“管道”工具,进入喷淋管绘制命令,设置管道类型为“喷淋管”,水平对正为“中心”,垂直对正为“中”,系统类型为“喷淋系统”,如图 3-6-7 所示。

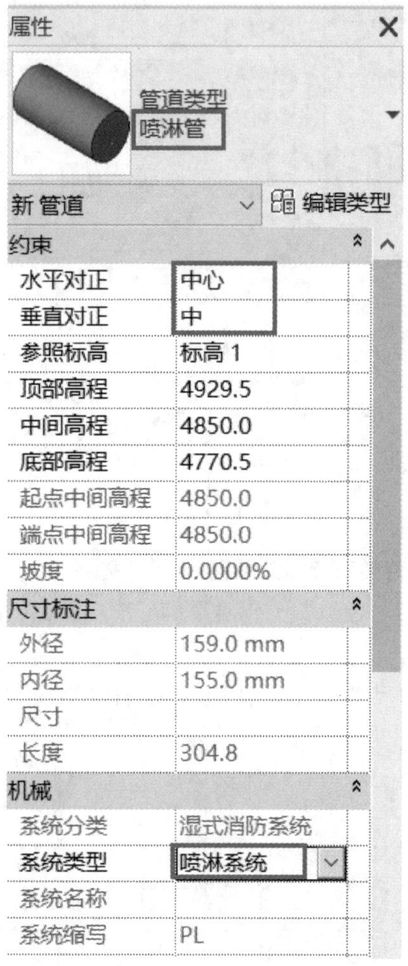

图 3-6-7

(3)设置选项栏管道直径为 150 mm,中间高程为 4700 mm,如图 3-6-8 所示。以 2 轴左边第一条参照平面与 D 轴上参照平面的交线为起点,向下绘制喷淋主管,如图 3-6-9 所示,修改管道直径为 100 mm 和 80 mm。至此完成左边喷淋主管的绘制。

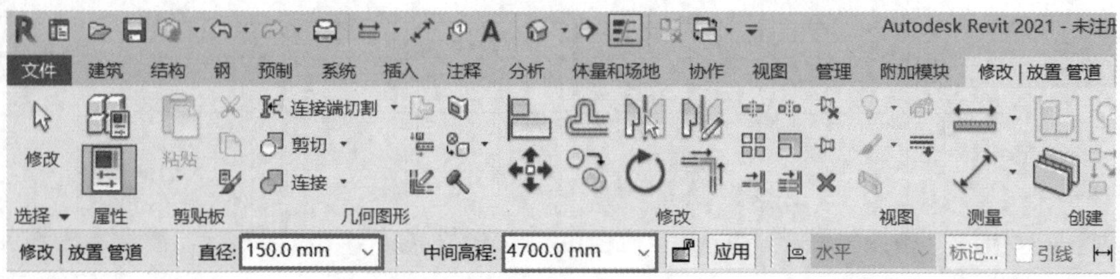

图 3-6-8

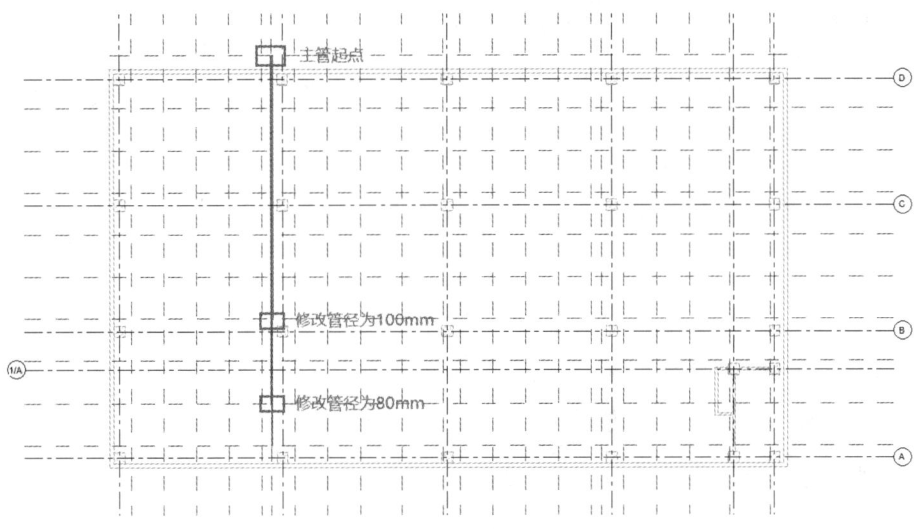

图 3-6-9

（4）根据图纸和参照平面绘制上面第一段支管（左侧支管），如图 3-6-10 所示。接着选中三通，点击“＋”号三通即变成四通，如图 3-6-11 所示。然后绘制右侧支管，如图 3-6-12 所示。

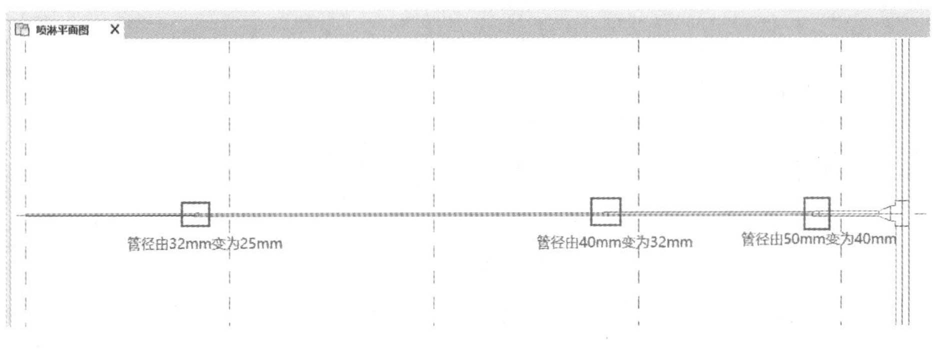

图 3-6-10

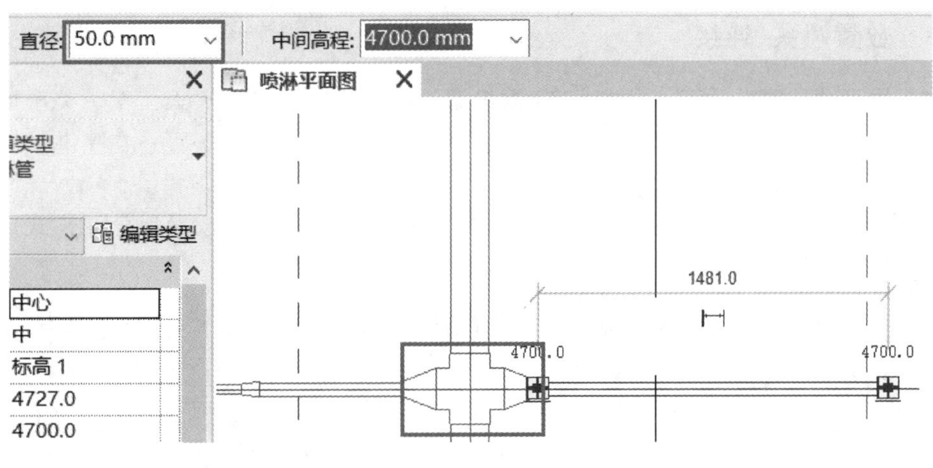

图 3-6-11

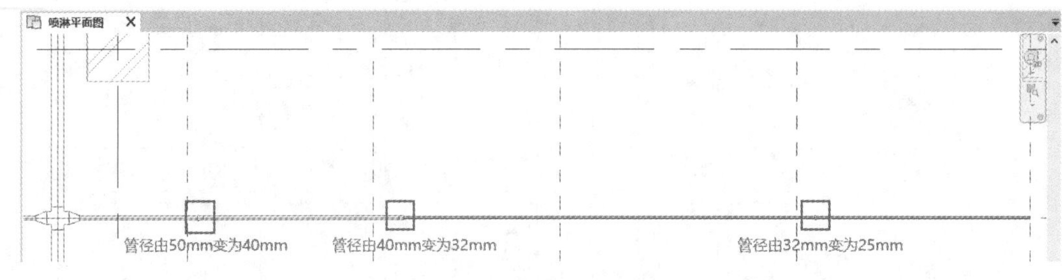

图 3-6-12

提示:因参照平面相交处要放置喷头,而径管和喷头不能放置在同一位置,所以管道要经过参照平面相交点后再变径。

(5)至此,完成左侧喷淋主管和第一段支管的绘制,如图 3-6-13 所示,保存该项目文件。

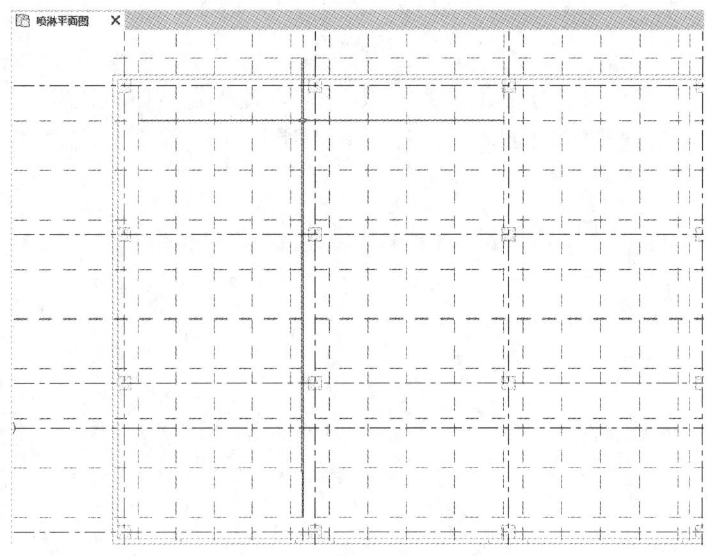

图 3-6-13

3.6.4 放置喷头、连接

喷头用于消防喷淋系统。发生火灾时,水通过喷淋头喷出进行灭火。喷头类型可分为下垂型洒水喷头、直立型洒水喷头、普通型洒水喷头、边墙型洒水喷头等。本喷淋系统模型为下垂型喷头,距地 4.40m。

(1)点击"系统"选项卡-"卫浴和管道"面板-"喷头"工具,进入"放置|喷头"模式。如图 3-6-14所示。

图 3-6-14

(2)在“属性”对话框中选中下垂型喷头,默认型号“ZSTX-15-57°C”,设置“标高中的高程”为“4400”,然后把喷头逐一放置在支管中心与参照平面相交点上,如图 3-6-15 所示。

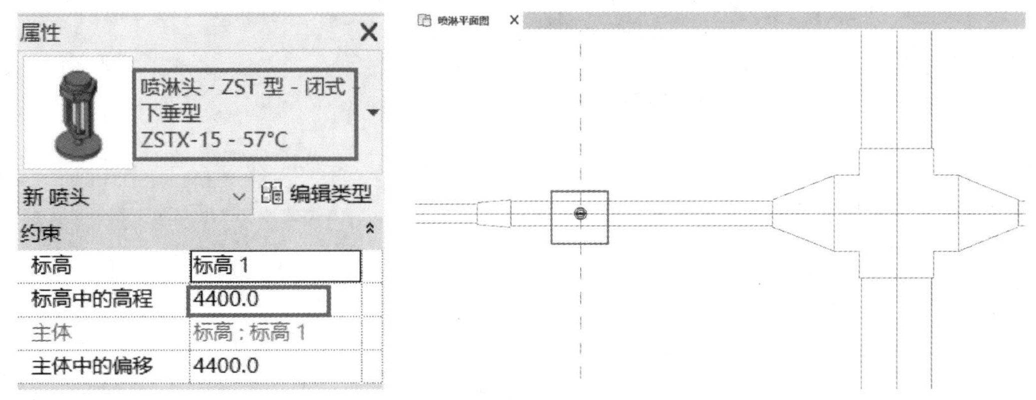

图 3-6-15

(3)框选喷头,进入“修改|喷头”模式,点击“连接到”命令,然后选中喷头需要连接的喷淋管,完成喷头与管道的连接,如图 3-6-16 所示。

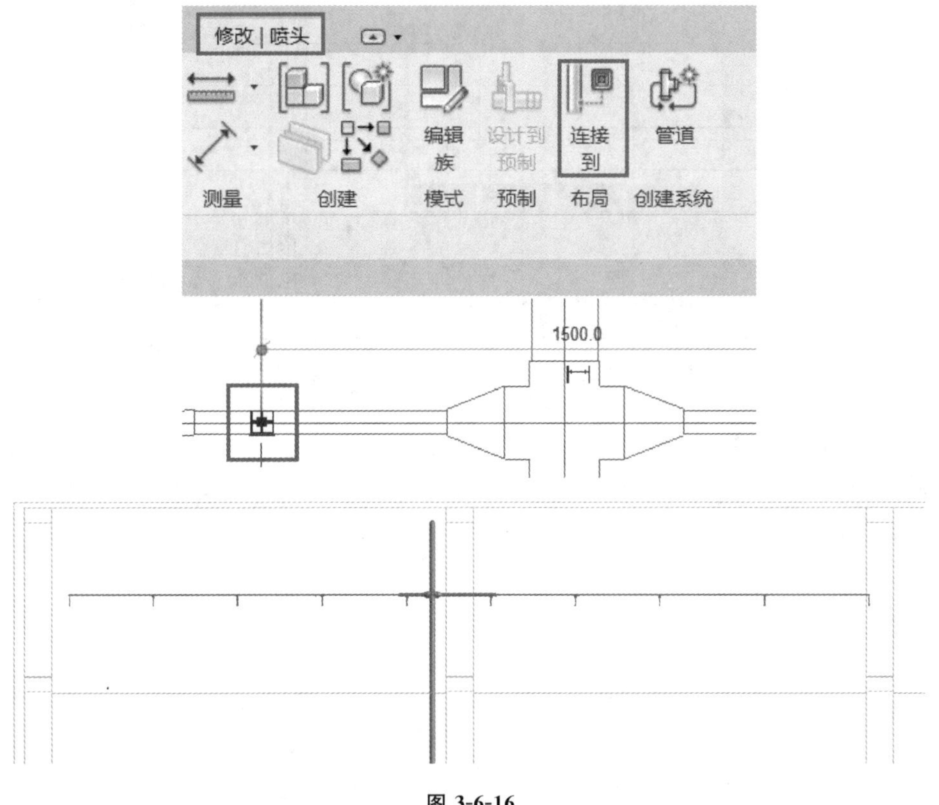

图 3-6-16

(4)框选喷淋支管,通过“阵列”完成其他支管的绘制,然后根据“先四通后变径”原则连接喷淋主管和支管,完成左侧喷淋主管和支管的绘制,如图 3-6-17 所示。

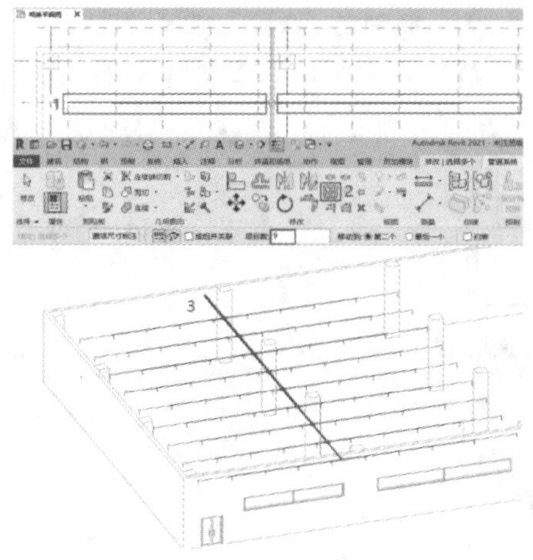

图 3-6-17

(5)通过“复制”把左侧喷淋管复制到右侧,然后根据图纸调整右侧第一个喷头和变径管的位置,修改右下角两段管道,如图 3-6-18 所示。

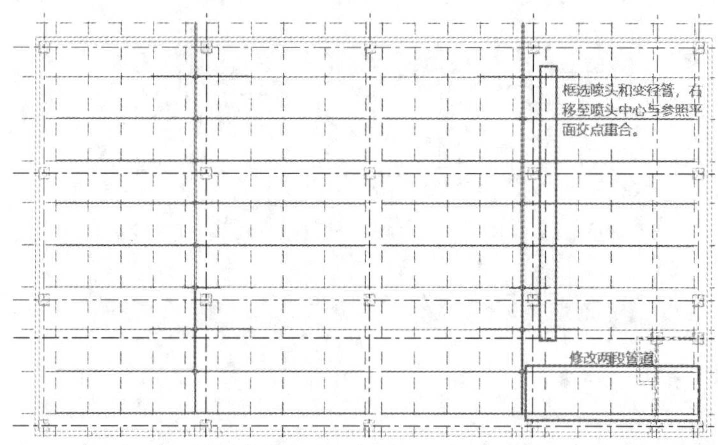

图 3-6-18

(6)至此,完成喷淋系统模型的创建,如图 3-6-19 所示。将文件保存至指定路径,可打开“学习资料\第三章\3.6 喷淋系统模型.rvt”项目文件查看最终结果。

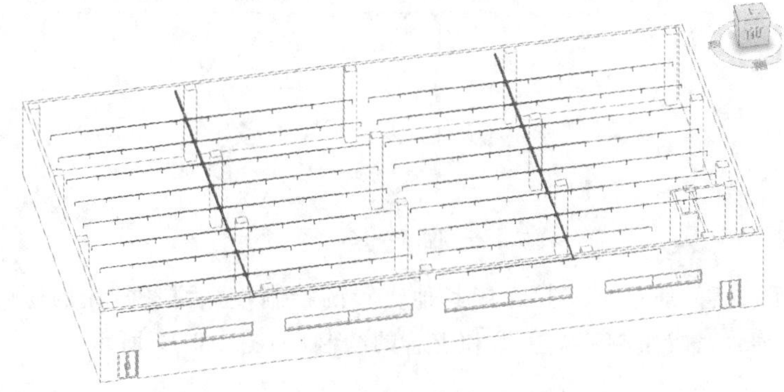

图 3-6-19

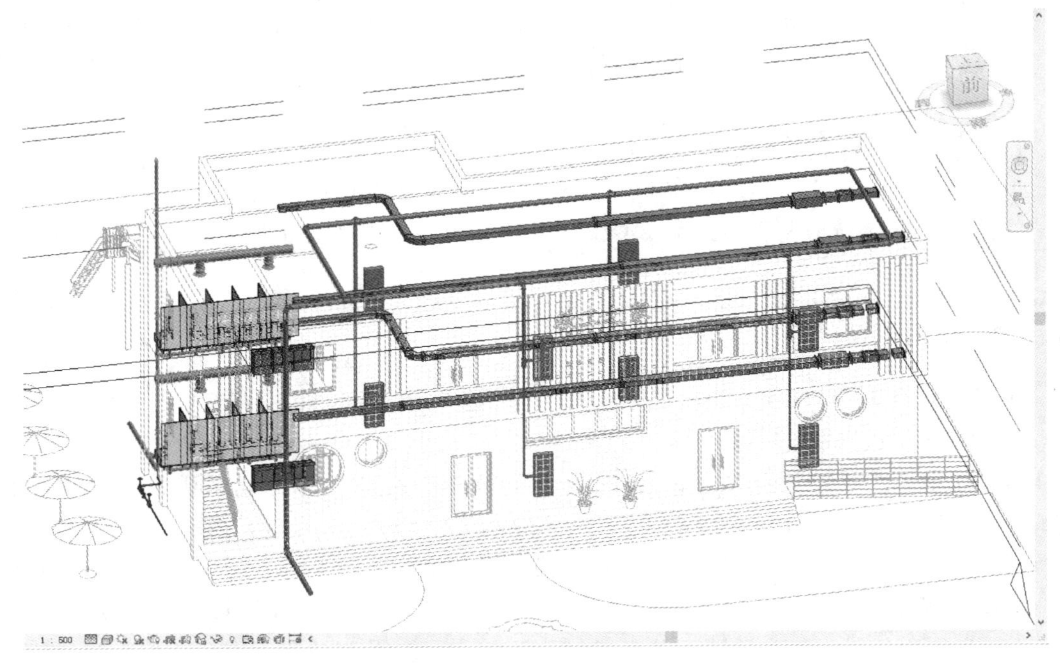

第四章　暖通系统创建

教学目标

通过本章的学习，了解暖通系统的建模基础，熟悉与掌握风管、风管附件、机械设备、风道末端创建、编辑和修改。

教学要求

能力目标	知识目标	权重
了解暖通系统的建模基础	(1)视图创建； (2)风管系统创建	20%
熟悉与掌握风管、风管附件、机械设备、风道末端等创建、编辑和修改	(1)风管的绘制； (2)风管附件创建； (3)机械设备创建； (4)风道末端创建	80%

在 Revit 中可实现暖通系统的三维可视化。暖通系统的主要功能是满足建筑的供热、制冷和通风需求。基于第三章完成的给排水系统模型,本章学习创建暖通系统。

4.1 送风系统布置

在创建送风系统时基于给排水模型继续创建,需要先创建对应的暖通视图,并对视图进行设置。

4.1.1 视图创建

(1)打开“学习资料-第三章-3.5 消火栓系统布置.rvt”项目文件,并将文件另存为指定路径,命名为“4.1 送风系统布置.rvt”。

(2)打开项目浏览器卫浴楼层平面视图,分别从弹出列表中选择“复制视图”选项,生成 F1 副本 1、F2 副本 1 的平面视图,如图 4-1-1 所示。

(3)修改副本平面视图规程和子规程,切换至 F1 副本 1、F2 副本 1 平面视图,并修改属性面板的规程和子规程,将规程调整为“机械”,子规程调整为“HVAC”,如图4-1-2所示。此时,右侧视图中复制的副本视图调整至机械-HVAC 视图,并修改视图名称为“F1-暖通”和“F2-暖通”,如图 4-1-3 所示。

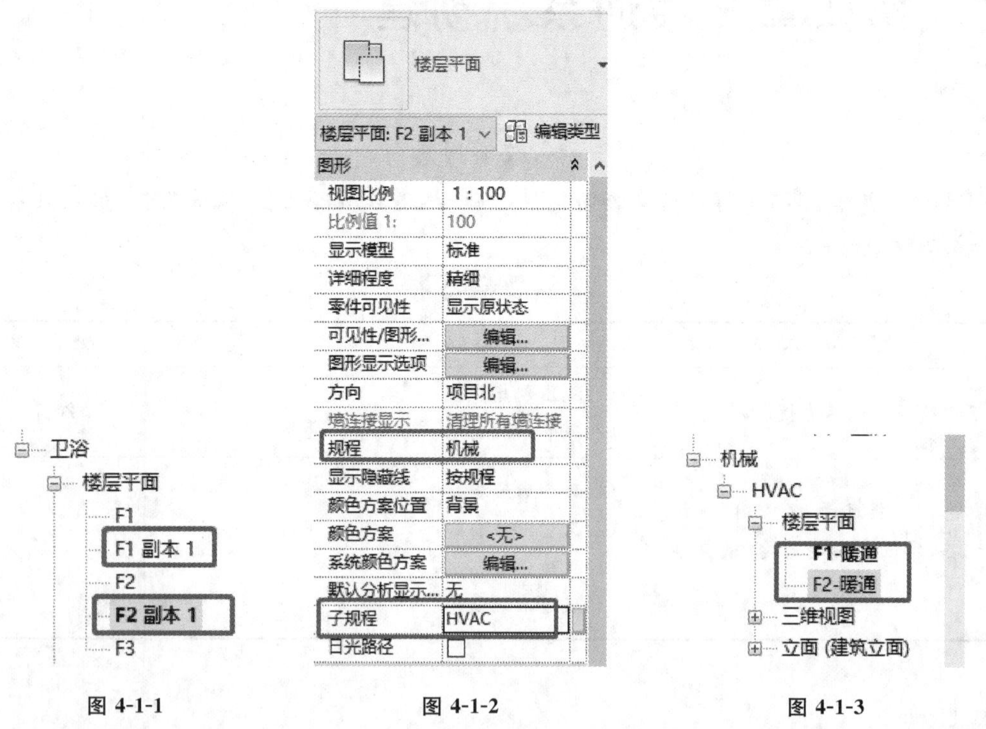

图 4-1-1　　图 4-1-2　　图 4-1-3

(4)设置当前视图可见性,切换至 F1-暖通平面视图,点击“视图”选项卡-“图形”面板“可见性/图形”工具,在弹出的“可见性/图形替换”对话框中选择“模型类别”,在可见性列表中清除已完成的给排水模型相关内容(包括卫浴装置、管件、管道、管道附件等)。同时在可见性列表中添加暖通模型相关内容(包括风管、风口、风管管件、风管附件等)。点击“确定”按钮退出当前对话框。

(5)利用 Ctrl 键选中 F1-暖通平面视图中消火栓，从弹出的对话框列表中选择“在视图中隐藏-图元”，如图 4-1-4 所示，完成 F1-暖通平面视图设置，利用同样的操作步骤完成 F2-暖通平面视图设置。

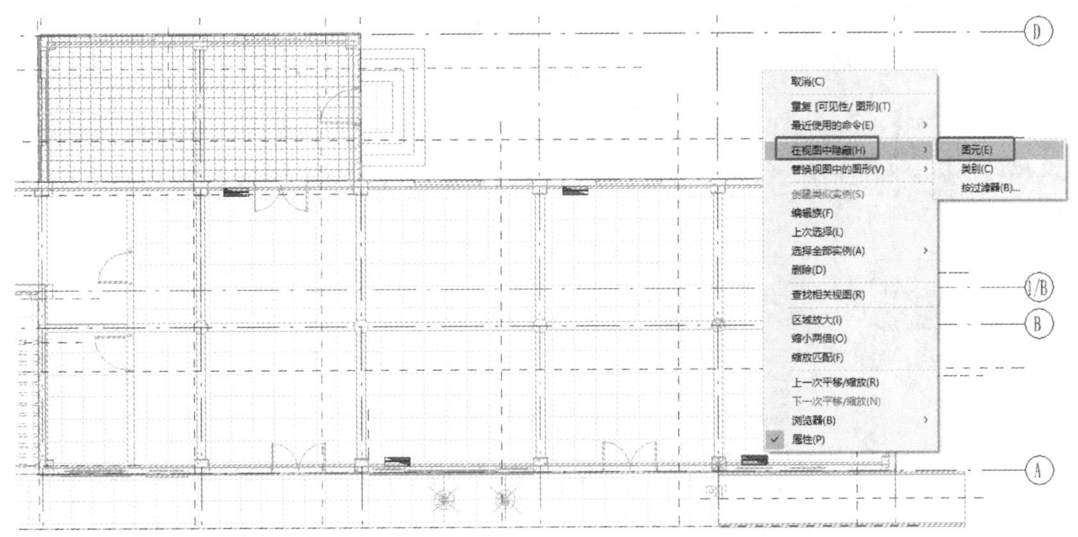

图 4-1-4

(6)保存该项目文件，查看最终操作成果，如图 4-1-5 所示。

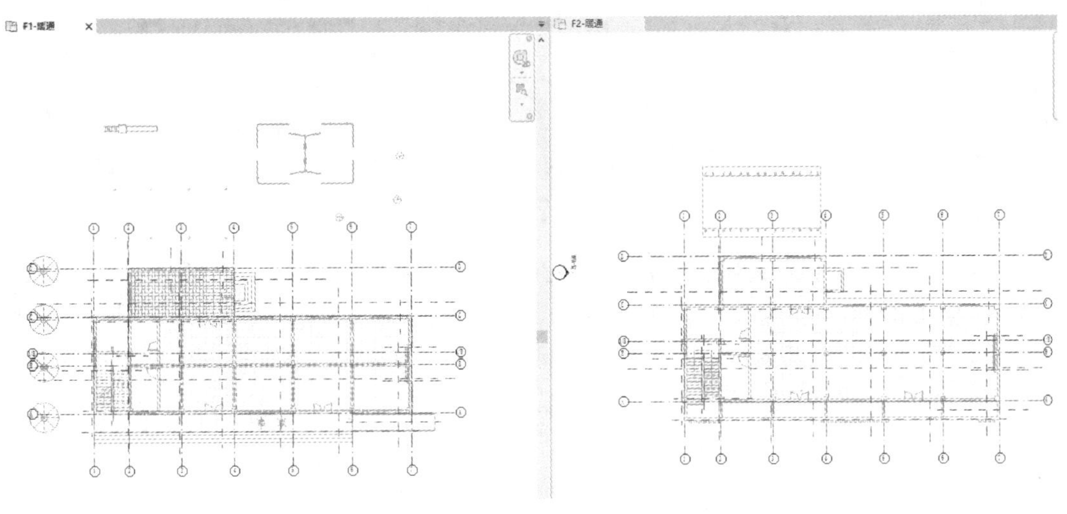

图 4-1-5

4.1.2　风管类型定义

在工程项目中，风管是用于空气输送和分布的管道系统，有复合风管和无机风管两种。风管按截面形状可分为圆形风管、矩形风管、扁圆风管等。风管按材质可分为金属风管、复合风管和高分子风管等。绘制风管前，同样需要对风管的类型进行设置，以便对不同类型的风管进行管理，此处学习风管类型设置。

(1)切换当前视图为“F1-暖通”平面视图，点击“系统”选项卡-“HVAC”面板-“风管”工具，进入风管绘制模式，自动切换至“修改|放置风管”上下文选项卡，如图 4-1-6 所示。

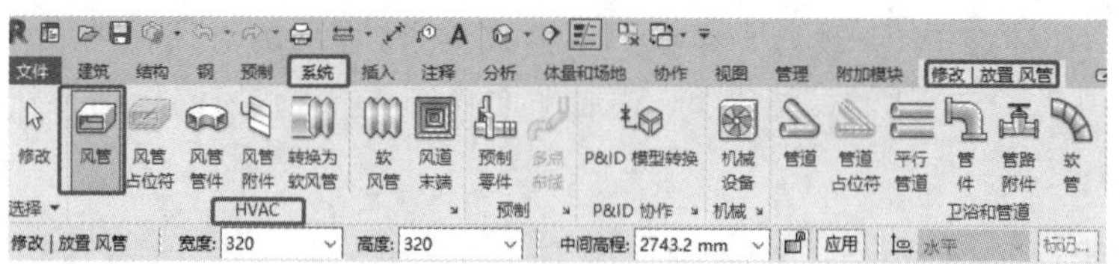

图 4-1-6

(2)点击“属性”面板中“类型选择器”右侧下拉三角，显示当前可用风管类型有圆形风管、椭圆形风管和矩形风管，如图 4-1-7 所示。在此以矩形风管中的“半径弯头/T 形三通”举例，如图 4-1-8 所示。

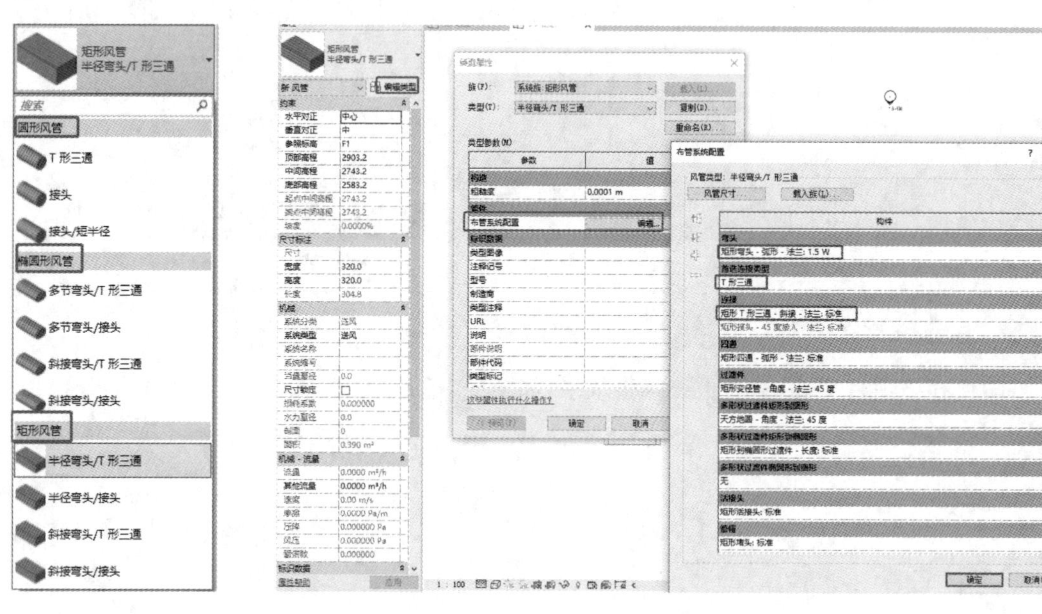

图 4-1-7　　　　图 4-1-8

(3)设置当前属性面板类型选择器为“矩形风管-半径弯头/T 形三通”类型，点击“编辑类型”按钮，在弹出的“类型属性”对话框点击“复制”按钮，新建名称“送风系统”的风管类型，如图 4-1-9 所示，点击“确定”按钮退出类型属性对话框，同时确认当前属性面板中机械参数中系统类型为“送风”。

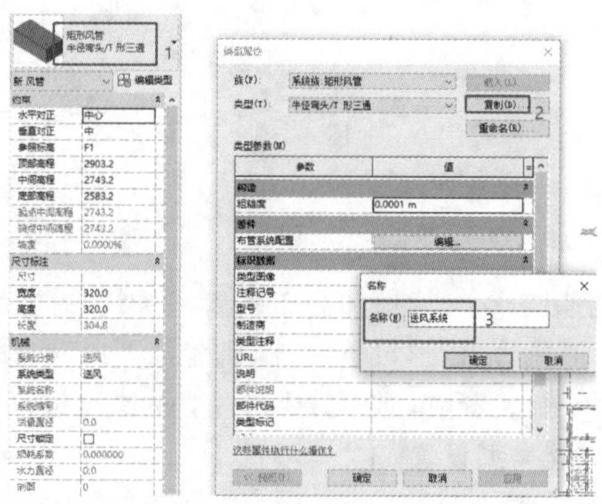

图 4-1-9

(4)至此,完成送风管道类型定义,保存该项目文件,查看最终操作成果。

4.1.3　绘制送风风管

(1)切换当前视图为F1-暖通平面图,点击“系统”选项卡-“HVAC”面板-“风管”工具,进入风管绘制命令,确认当前属性面板中风管类型为送风系统,水平对正为“中心”,垂直对正为“中”,系统类型为“送风”,如图4-1-10所示。

(2)设置风管宽度为400 mm,高度为200 mm,中间高程为3600 mm,如图4-1-11所示,沿BC轴中心位置与7轴墙体核心层表面为风管起点位置,向左侧绘制,经过5轴600 mm调整风管宽度为320 mm,继续向左侧绘制,经过4轴2500 mm,调整风管宽度为250 mm,向上侧绘制4000 mm,向左侧绘制4000 mm,完成上端区域送风管道的创建,如图4-1-12所示。

图 4-1-10

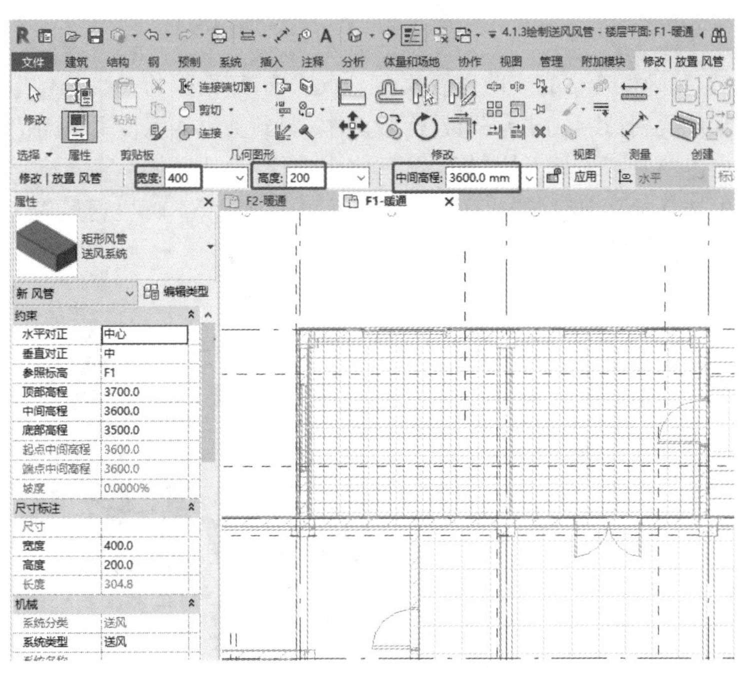

图 4-1-11

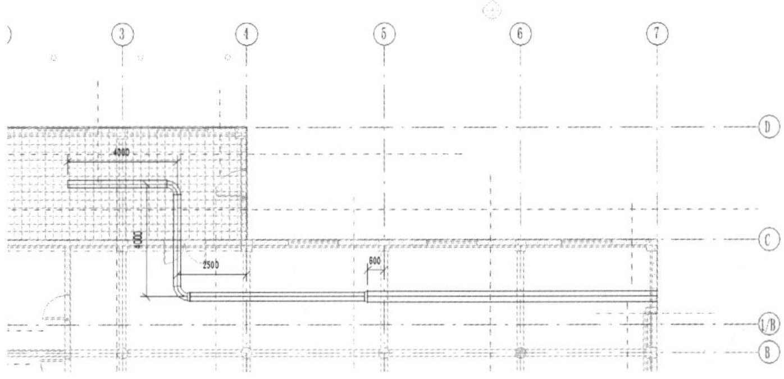

图 4-1-12

(3)按上述步骤(2)绘制下侧送风管道,其中风管起端尺寸为400 mm×200 mm,中间为

320 mm×200 mm，末端为 250 mm×200 mm，中间高程均为 3600 mm，风管绘制完成后如图 4-1-13 所示。

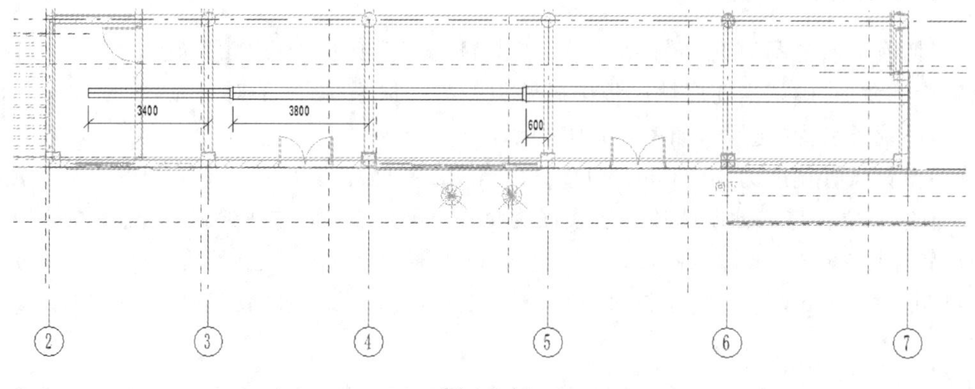

图 4-1-13

(4)框选已完成的风管模型，通过“选择”面板的“过滤器”工具，选择已完成的风管、风管管件类别，并点击“剪贴板”面板的“复制到剪贴板”工具，激活“剪贴板”面板的“粘贴”工具，点击“粘贴”工具下拉三角，从列表中选择“与选定的标高对齐”，在弹出的“选择标高”对话框中选择标高 F2，点击“确定”按钮，将已完成的 F1 暖通送风管复制到 F2，完成后可切换至三维视图查阅创建结果，如图 4-1-14 所示。

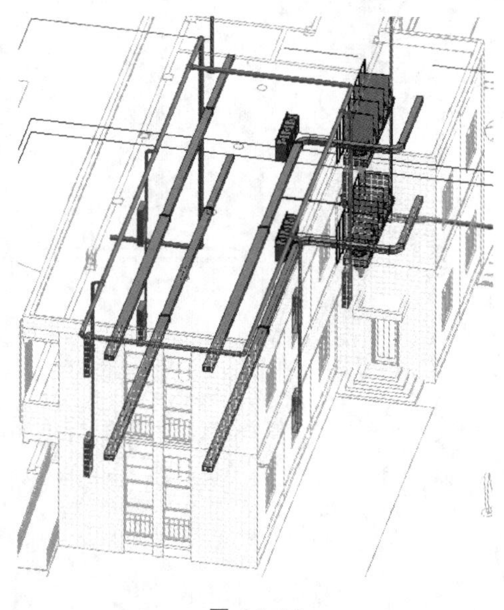

图 4-1-14

(5)至此，完成送风系统风管绘制。保存该文件至指定路径，可打开学习资料“第四章-4.1 送风系统布置.rvt”项目文件查看最终操作成果。

4.2 排风系统布置

Revit 默认根据风管系统类型定义。风管系统根据功能分为送风系统、排风系统和排烟系统。

4.2.1 排风风管类型定义

(1)打开“学习资料-第四章-4.1 送风系统布置.rvt”项目文件,另存为“4.2 排风系统布置.rvt”项目文件至学习资料第四章。

(2)切换当前视图为 F1-暖通楼层平面视图,点击“系统”选项卡-“HVAC”面板-“风管”工具,进入风管绘制模式,自动切换至“修改|放置风管”上下文选项卡,设置当前“属性”面板类型选择器为“圆形风管-T 形三通”,点击“编辑类型”按钮,在弹出的“类型属性”对话框中点击“复制”按钮,复制并新建名称为“排风系统”的风管类型,如图 4-2-1 所示。

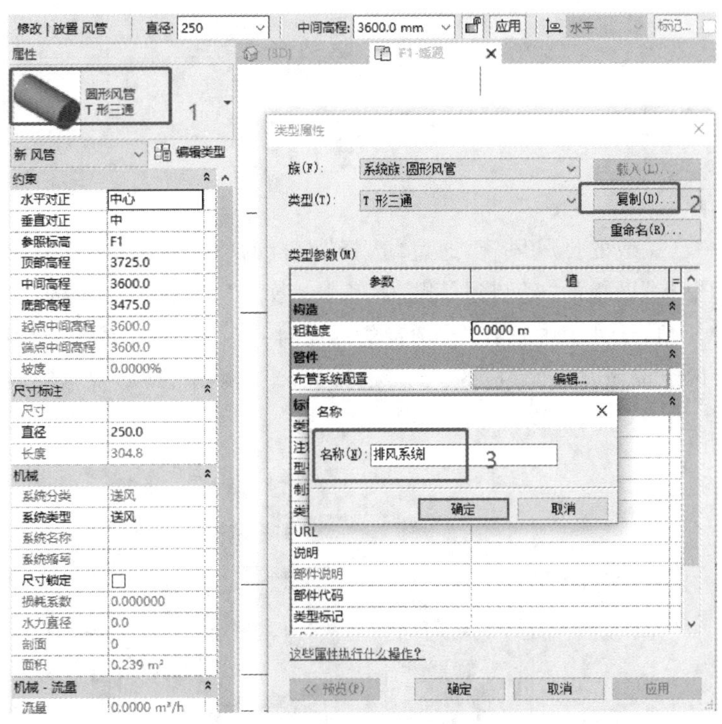

图 4-2-1

(3)至此,完成排风系统风管类型定义,保存该文件至指定路径。

4.2.2 绘制排风风管

(1)确认当前视图为 F1-暖通楼层平面视图,点击“系统”选项卡-“HVAC”面板-“风管”工具,进入风管绘制模式。核对当前“属性”面板风管类型为“排风系统”,属性面板中“约束”参数分组方式下“垂直对正”为“中”,“机械”参数分组方式下“系统类型”为“排风”。选项栏中风管直径为 300 mm,中间高程为 3500 mm,如图 4-2-2 所示。

(2)鼠标光标移至 1/C 轴轴线下侧,以墙体外核心表面与 1 轴交点为起点向右侧绘制风管,绘制总长度为 5200 mm,绘制完成后利用临时尺寸标注修改风管中心距离 C 轴为 1300 mm,完成 F1 排风风管绘制,如图 4-2-3 所示。

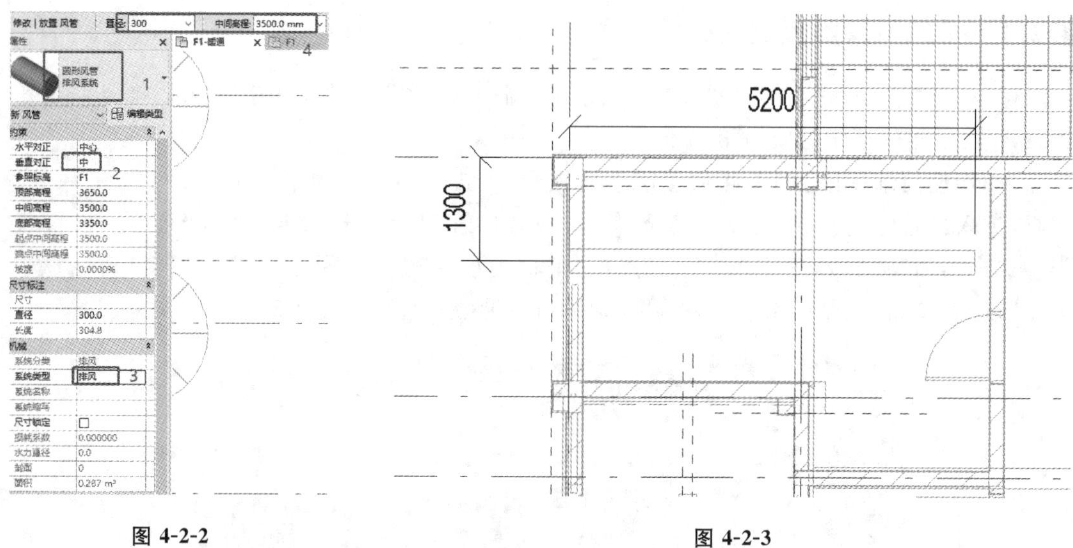

图 4-2-2　　　　　　　　　　　　　　　　图 4-2-3

(3)点击选中已完成的排风风管，通过“选择”面板的“过滤器”工具，选择已完成的风管图元，并点击“剪贴板”面板的“复制到剪贴板”工具，激活“剪贴板”面板的“粘贴”工具，点击“粘贴”工具下拉三角，从列表中选择“与选定的标高对齐”，在弹出的“选择标高”对话框中选择标高 F2，点击确定按钮，将已完成的 F1 暖通排风风管复制到 F2，完成后可切换至三维视图查阅放置结果，如图 4-2-4 所示。

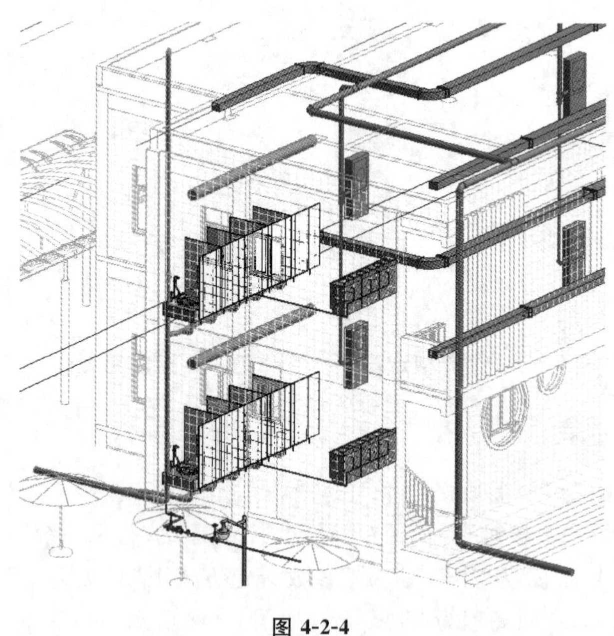

图 4-2-4

(4)至此，完成排风系统排风风管绘制。保存该文件至指定路径，可打开学习资料“第四章-4.2 排风系统布置.rvt”项目文件查看最终操作成果。

4.3　风管系统附属构件创建

风管系统用于输送空气，包含风管、风机、配件、各类阀门、静压及消声装置、柔性连接、风口等构件。前面两节讲述了风管的创建，下面将创建风机、风管附件和风口等构件。

4.3.1　风机创建

(1)打开“学习资料-第四章-4.2 排风系统布置.rvt”项目文件，并将该文件保存至指定路径，命名为“4.3 风管系统附属构件创建.rvt”。

(2)将当前视图切换至 F1-暖通楼层平面视图，点击“系统”选项卡-“机械”面板-“机械设备”工具，进入“修改|放置机械设备”上下文选项卡，点击“模式”面板“载入族”工具，以路径“China\机电\通风除尘\风机”载入“离心式风机-风管式.rfa”，如图 4-3-1 所示。设置当前属性面板类型选择器为“离心式风机-风管式 560-800 CMH”，鼠标光标移至 7 轴上侧风管中心线位置放置风机，放置完成后利用临时尺寸标注修改风机左侧距离 7 轴线为 1500 mm，如图 4-3-2 所示。

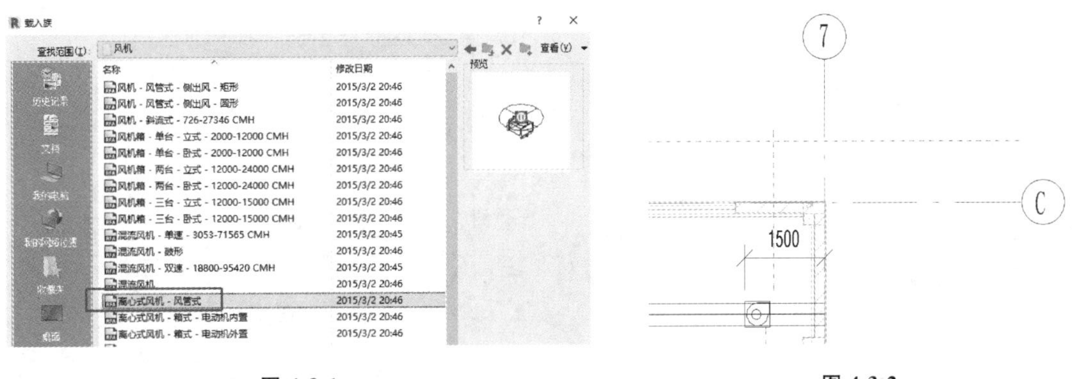

图 4-3-1　　　　图 4-3-2

提示：放置风机后，如果显示样式不一样，设置当前视图详细程度即可，当风机方向不对时，选中风机，结合空格键调整风机方向。

(3)放置风机后，风机未直接连接风管，需要手动创建剖面视图，将风机连接至风管，点击“视图”选项卡-“创建”面板-“剖面”工具，如图 4-3-3 所示，进入“修改|剖面”上下文选项卡，鼠标光标移至已完成的风机位置，沿风管方向创建剖面视图，并利用剖面视图框的拖曳箭头，调整剖面视图范围，如图 4-3-4 所示。

图 4-3-3

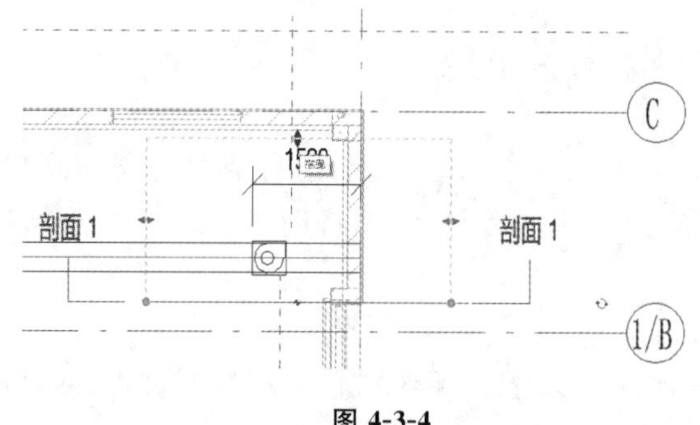

图 4-3-4

(4)选中绘制剖面，在弹出的列表中选择“转到视图”选项，修改当前剖面视图的详细程度为“精细”，视觉样式为“线框”，如图 4-3-5 所示。

(5)选择“修改”选项卡-“修改”面板-“拆分图元”工具，将风机顶部区域的风管拆分，拆成三段，框选拆分完成的中间区域，并将其删除，如图 4-3-6 所示。选择“对齐”命令，先拾取风管中心线为对齐目标位置，再捕捉风机位置，当风机处出现矩形框时(图 4-3-7)调整风机安装高度，使风机连接件中心与风管中心对齐，如图 4-3-8 所示。

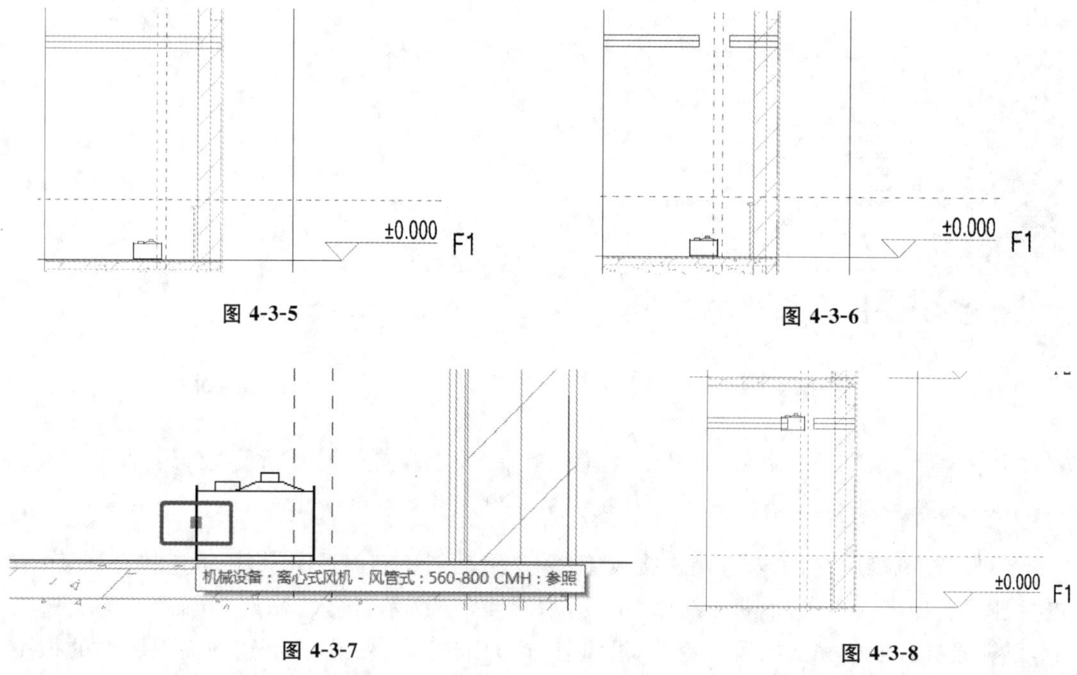

图 4-3-5

图 4-3-6

图 4-3-7

图 4-3-8

(6)选中风机左端风管，拖曳至风机左边的连接件位置，当出现“”时将左侧风管与风机连接；执行同样的操作将右侧的风管与风机连接，如图 4-3-9 所示。

(7)重复上面的(2)、(3)、(4)、(5)步骤，完成首层下侧的送风管道的风机和二层位置的风机，完成后可以转至三维视图查阅放置结果，如图 4-3-10 所示。至此，完成送风系统风机创建。

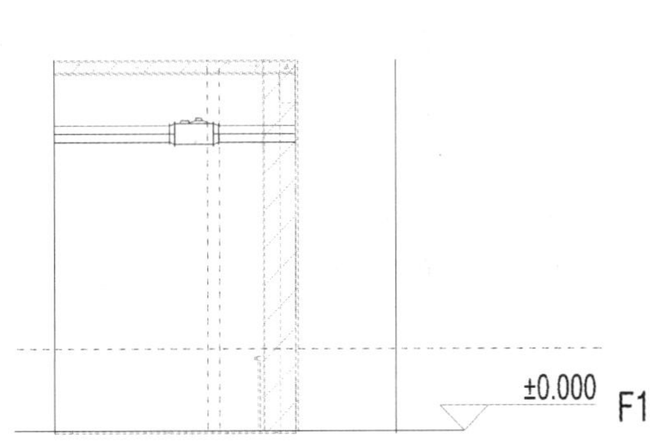

图 4-3-9

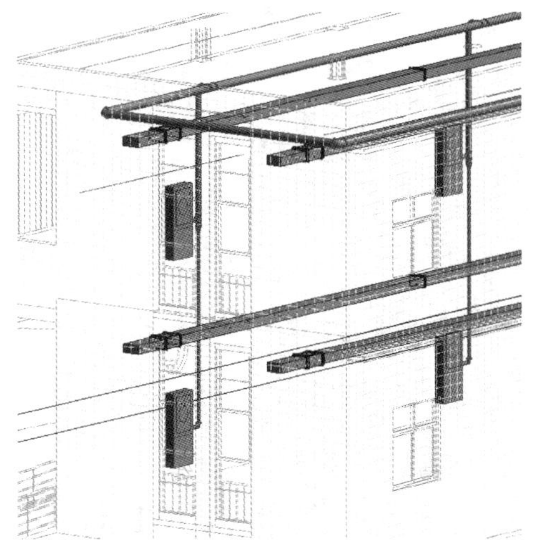

图 4-3-10

(8)将当前视图切换至 F1-暖通楼层平面视图，点击“系统”选项卡-“机械”面板-“机械设备”工具，进入“修改|放置机械设备”上下文选项卡，点击“模式”面板“载入族”工具，以路径“China\机电\通风除尘\风机”载入“轴流式风机-风管安装. rfa”，如图 4-3-11 所示。设置当前属性面板类型选择器为“轴流式风机-风管安装-2000 mm. rfa”，鼠标光标移至卫生间区域排风管中心放置排风风机，放置完成后利用临时尺寸标注修改风机左侧距离 1 轴线为 600 mm，如图 4-3-12 所示。

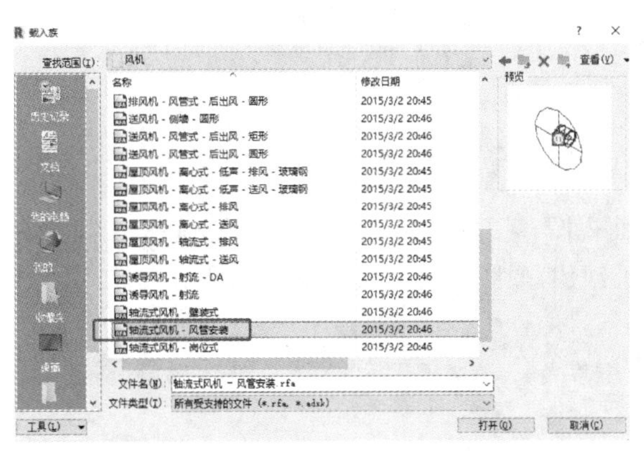

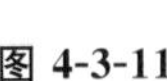
图 4-3-11

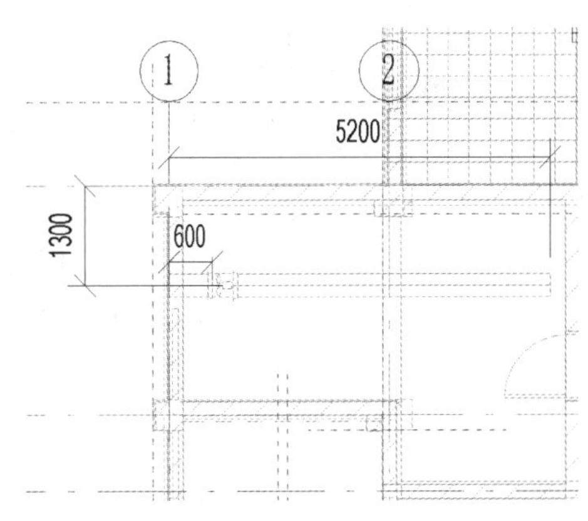

图 4-3-12

(9)按照送风机械设备与风管连接的方法，将排风风机与排风管连接。在对应的排风机位置做剖面视图，切换至对应的剖面视图，调整视图精细程度为“精细”，视觉样式为“线框”，如图 4-3-13 所示。利用“拆分图元”工具，将排风机对应顶部风管进行拆分，如图 4-3-14 所示。然后，利用“对齐”工具，以风管中心为目标参照线，将排风风机对齐至风管位置，如图 4-3-15所示。最后分别选中排风机两端的风管，拖曳至风机连接件位置，将排风机与风管连接，连接完成如图 4-3-16 所示。

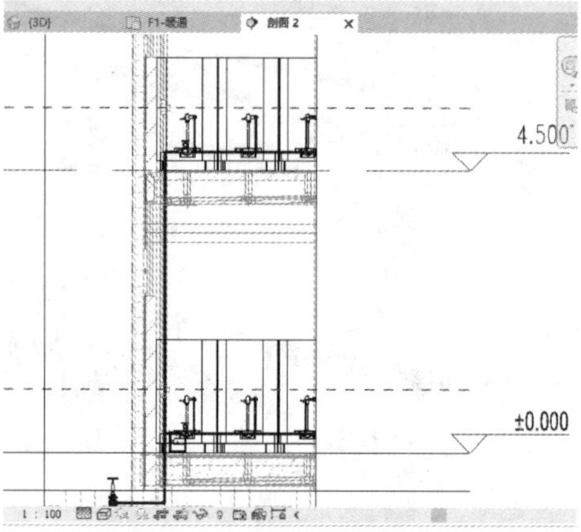

图 4-3-13

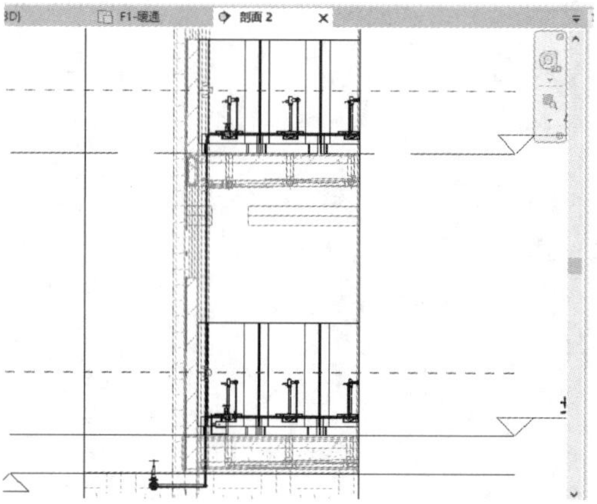

图 4-3-14

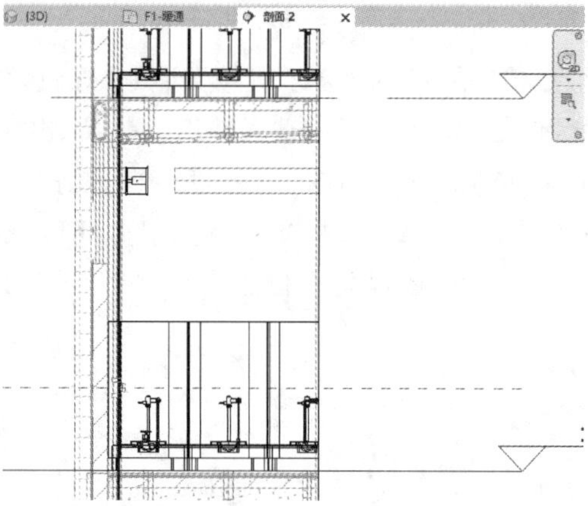

图 4-3-15

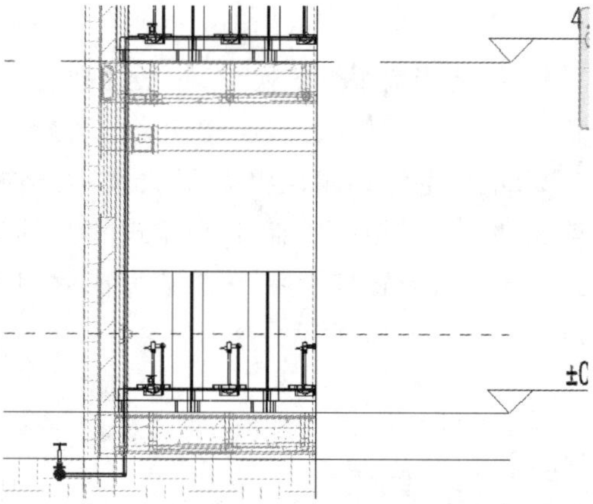

图 4-3-16

(10)将当前视图切换至F2-暖通楼层平面视图,重复第(8)、(9)操作步骤,完成二层排风机的创建。至此,完成排风系统机械设备风机创建,如图4-3-17所示,保存该项目文件。

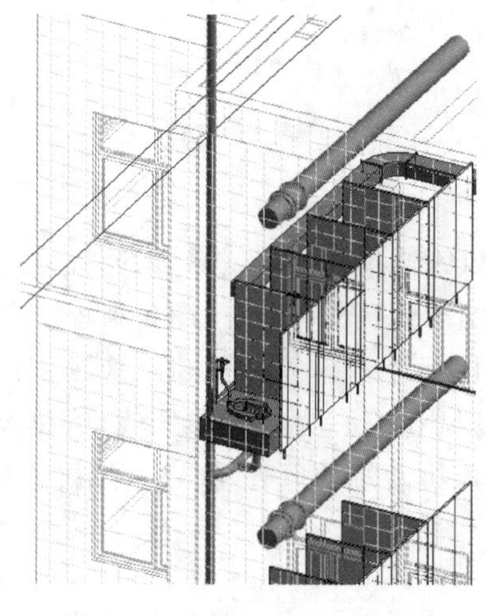

图 4-3-17

4.3.2 风管附件创建

(1)将当前视图切换至F1-暖通楼层平面视图,点击“系统”选项卡-“HVAC”面板-“风管附件”工具,进入“修改|放置风管附件”上下文选项卡,点击“模式”面板“载入族”工具,以路径“China/机电/风管附件/风阀”载入“止回阀-矩形.rfa”,在弹出的“指定类型”对话框中选中任意一种类型载入当前项目(图4-3-18)。基于导入的止回阀类型,点击“编辑类型”按钮,复制新建名称为“400＊200”的止回阀,并设置风管宽度为400 mm,风管高度为200 mm,如图4-3-19所示。点击“确定”按钮,退出类型属性对话框。

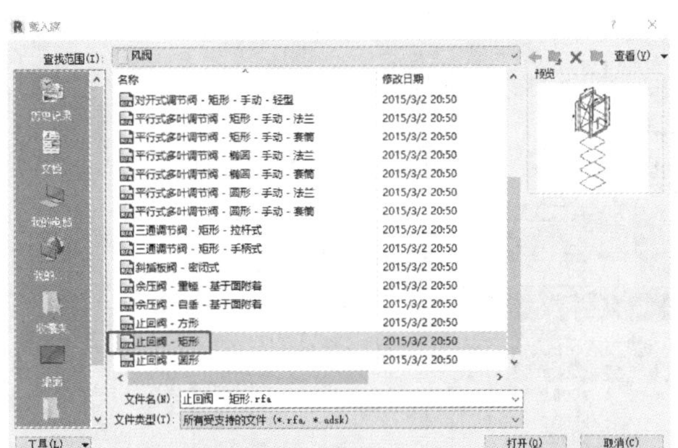

图 4-3-18

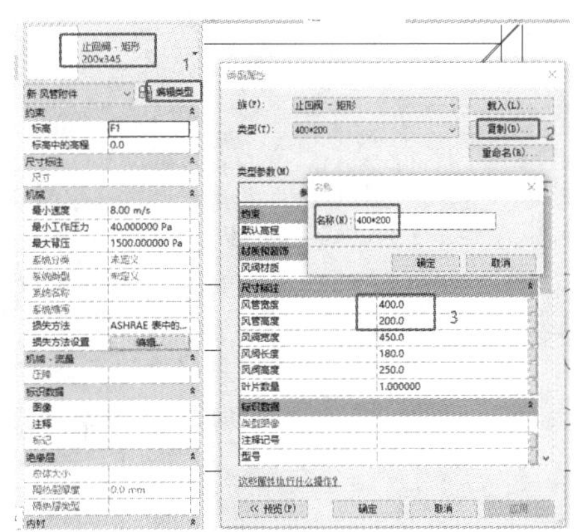

图 4-3-19

(2)鼠标光标移至已完成送风风机右侧位置,放置风管附件风阀,并利用临时尺寸修改风管附件距离7轴为400 mm,放置完成后风阀自动与风管连接,呈现所连风管系统颜色,如图4-3-20所示。

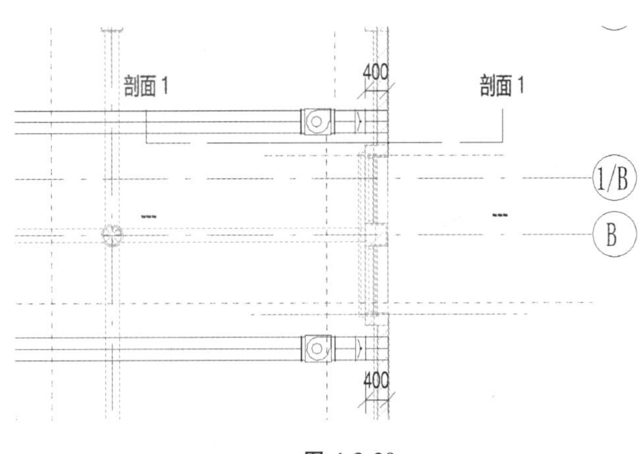

图 4-3-20

(3)将视图切换至F2-暖通楼层平面视图,重复(1)、(2)步骤,完成二层送风系统风管附件止回阀的创建。

提示:F2层风管附件放置时如果未能与风管连接,利用“可见性/图形替换”将楼板隐藏即可。风管附件F1创建完成后不能直接将其复制至F2(因为复制不能使附件直接与已有风管连接,后续运行碰撞将形成碰撞点),需要分层手动放置。

(4)将当前视图切换至 F1-暖通楼层平面视图,点击“系统”选项卡-“HVAC”面板-“风管附件”工具,进入“修改|放置风管附件”上下文选项卡,点击“模式”面板“载入族”工具,以路径“China\机电\风管附件\消声器”载入“消声器-ZP100 片式.rfa”,在弹出的“指定类型”对话框中选中任意一种类型载入当前项目,基于导入的消声器类型,点击“编辑类型”按钮,复制新建名称为“400 * 200”的消声器,并修改尺寸标注参数中的 A 为 400 mm,B 为 200 mm,如图 4-3-21 所示。点击“确定”按钮,退出“类型属性”对话框。

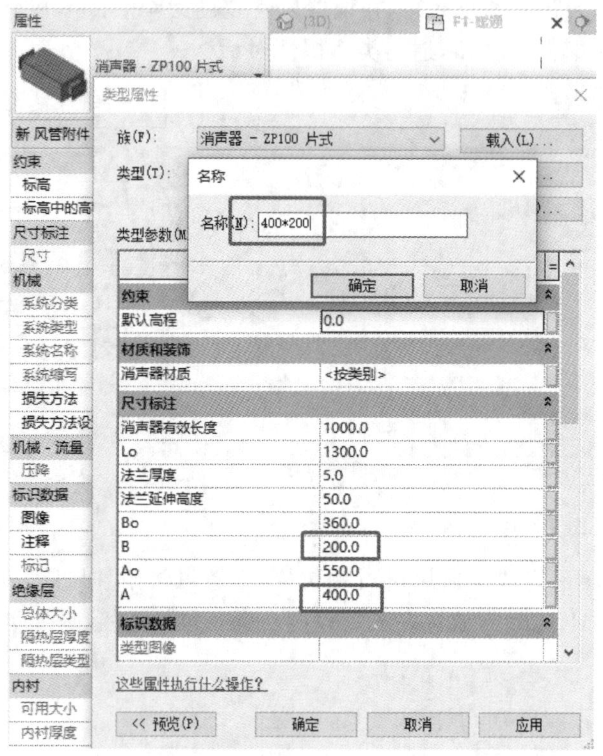

图 4-3-21

(5)鼠标光标移至送风风机左侧风管中心位置,放置消声器,创建完成后消声器自动与风管连接,利用临时尺寸修改消声器右侧距离 7 轴为 2000 mm,放置完成后如图 4-3-22 所示。

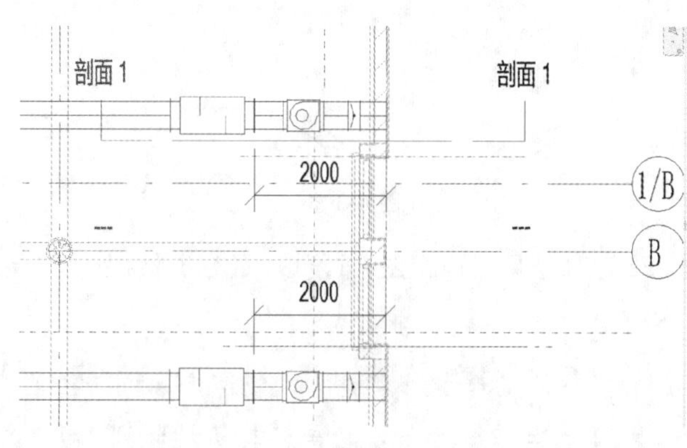

图 4-3-22

提示：如果当前项目中有楼板图元，放置时鼠标光标需要移至消声器的右侧才能与风管正常连接。如果不能连接可以利用“VV”，将楼板隐藏即可。

(6)切换视图至 F2-暖通楼层平面视图，重复(5)步骤，完成 F2 送风系统消声器的创建。

(7)将当前视图切换至 F1-暖通楼层平面视图，点击“系统”选项卡-“HVAC”面板-“风管附件”工具，进入“修改|放置风管附件”上下文选项卡，点击“模式”面板“载入族”工具，找到“学习资料-族文件-第四章”载入“THS_防火阀-圆形.rfa”。将当前属性面板类型选择器设置为“70℃-手动”，修改属性面板中尺寸标注参数列表中“阀门长度”为 200 mm，“风管直径”为 300 mm，如图 4-3-23 所示。鼠标光标移至卫生间区域风机左侧排风管道中心位置放置防火阀，然后利用临时尺寸标注，修改防火阀中心距离 1 轴为 350 mm，如图4-3-24所示。

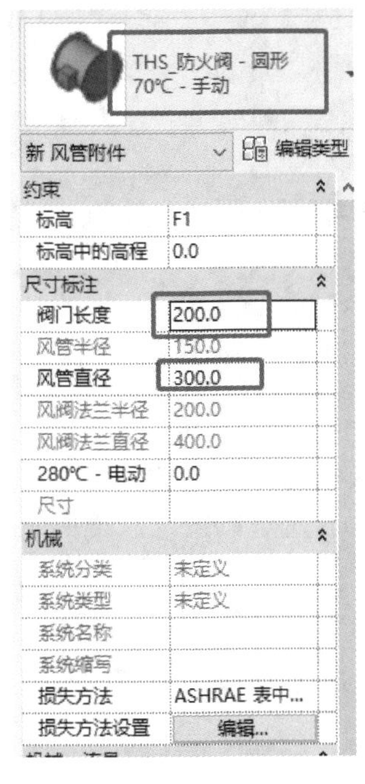

图 4-3-23

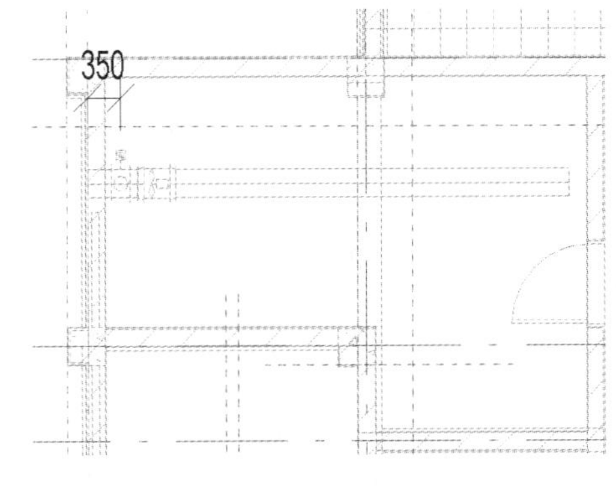

图 4-3-24

(8)切换视图至 F2-暖通楼层平面视图，重复(7)步骤，完成 F2 排风系统风管附件的创建。至此，完成风管附件的创建，可以切换至三维视图查阅结果，保存该项目文件。

4.3.3 风道末端创建

(1)将当前视图切换至 F1-暖通楼层平面视图，点击“系统”选项卡-“HVAC”面板-“风道末端”工具，进入“修改|放置风口装置”上下文选项卡，点击“模式”面板“载入族”工具，以路径“China\机电\风管附件\风口”载入“百叶窗-矩形-自垂-主体.rfa”，在弹出的“指定类型”对话框中选中任意一种类型载入当前项目。基于导入的“百叶窗-矩形-自垂-主体”类型，点击“编辑类型”按钮，复制新建名称为“400 * 200”的风口，并修改尺寸标注参数中的“风管宽度”为 400 mm，“风管高度”为 200 mm，如图 4-3-25 所示。点击“确定”按钮，退出“类型属性”对话框。

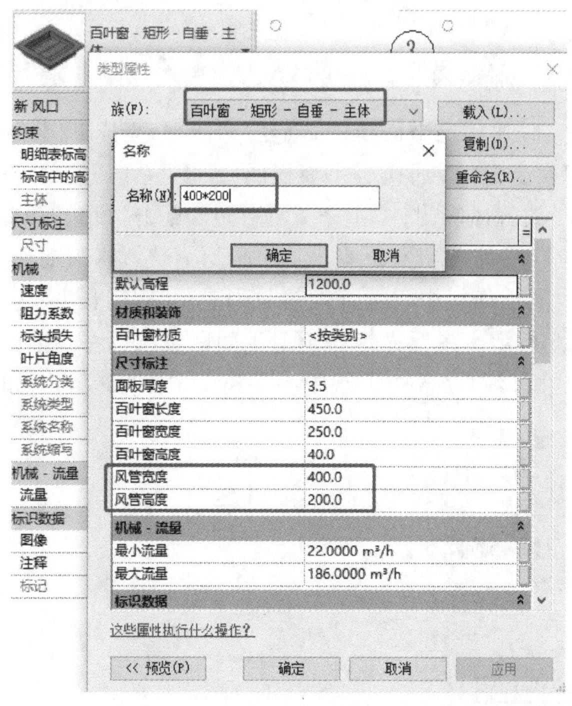

图 4-3-25

(2)设置属性面板约束列表中参数“标高中的高程”为 3600 mm,确定当前“修改|放置风口装置”选项卡下“放置”面板工具为“放置在垂直面上”,鼠标光标移至送风管起点中心位置,放置垂直方向风口,如图 4-3-26 所示。采用同样的方法创建送风系统起端的风口的放置,F1、F2 共四个垂直放置的风口。

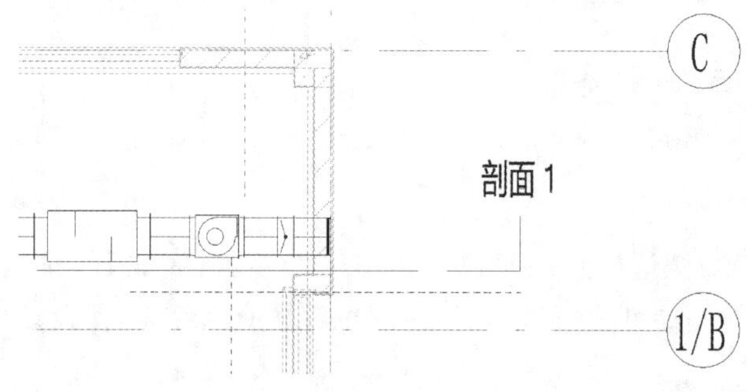

图 4-3-26

提示:若放置风口后风口中心未与风管中心对齐,可以选中风口,上下拖动风口,当出现紫色矩形框时完成拖动,此时风口与风管中心线对齐,也可以利用对齐命令完成。

(3)放置送风系统其他位置的风口,点击“系统”选项卡-“HVAC”面板-“风道末端”工具,将当前属性面板类型选择器设置为“百叶窗-矩形-自垂-主体-400 * 200”,确定当前“修改|放置风口装置”选项卡下“放置”面板工具为“放置在垂直面上”,如图 4-3-27 所示。鼠标光标移至 1/B 轴上侧完成的消声器左边送风管道的中心位置放置风口,如图 4-3-28 所示。

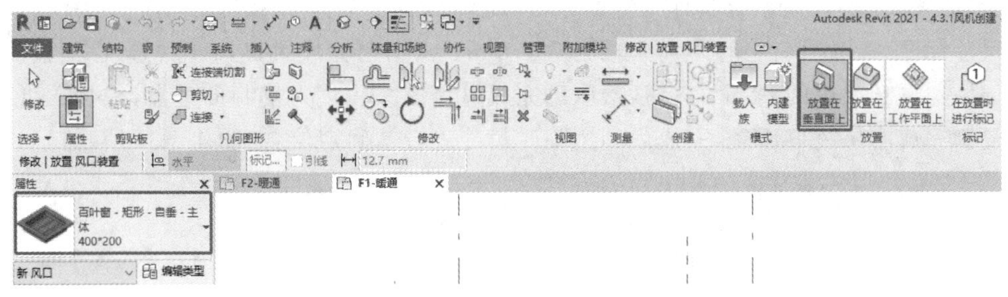

图 4-3-27

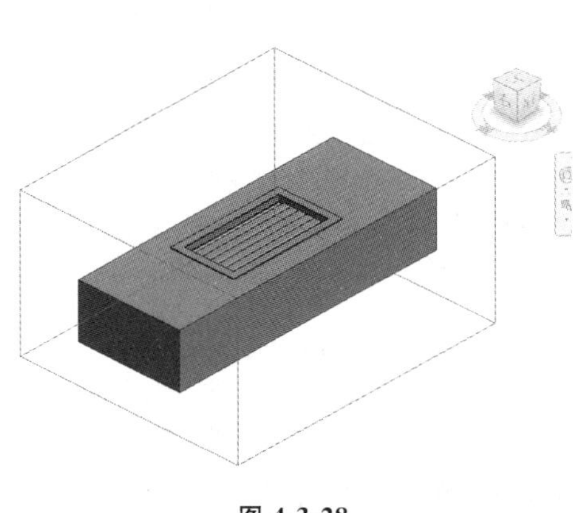

图 4-3-28

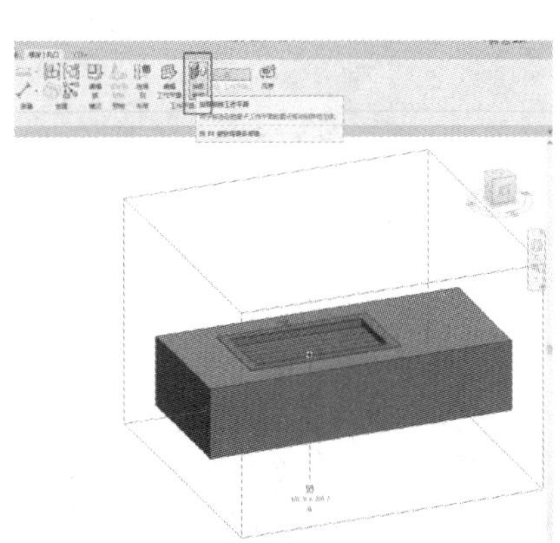

图 4-3-29

提示：选中已完成风管上部风口，进入"修改|风口"上下文选项卡，点击"视图"面板的"选择框"工具，退出当前命令，双击鼠标滚轮，切换至局部三维视图，点击局部三维视图中风口，激活"放置"面板的"拾取新的工作平面"工具，如图 4-3-29 所示，长按 Shift 键，拖动鼠标滚轮，切换局部三维视图，切换至风管上方，拾取风管中心位置，当出现蓝色虚线时，放置风口，如图 4-3-30 所示。采用此方法可以将风口调整至风管下侧位置。

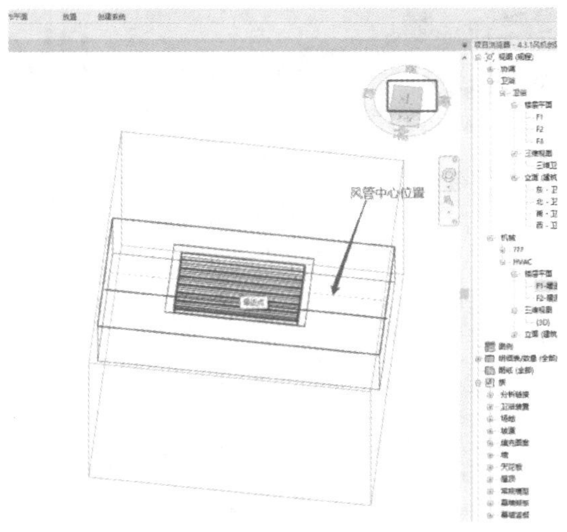

图 4-3-30

(4)放置 F1 层送风系统其他位置的风口,切换当前视图为 F1-暖通楼层平面视图,利用临时尺寸标注,修改风口中心距离 6 轴为 700 mm。点击已完成风口,激活“修改”面板的“复制”工具,勾选选项栏的“多个”按钮,拾取已完成风口的“中心”为复制的基点,根据图纸风口位置复制完成本层风口创建,完成后利用临时尺寸进行精确定位,如图 4-3-31 所示。

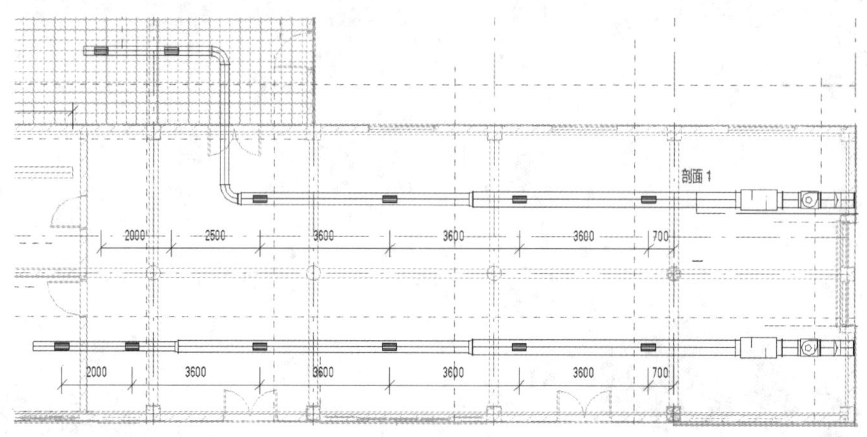

图 4-3-31

(5)框选 F1 送风系统,利用“选择”面板“过滤器”工具,在弹出的“过滤器”对话框中勾选“风口”,选中已完成的 F1 风口,长按 Shift 键,鼠标光标移至风管起点位置,点击垂直放置的风口取消选择,因前面此处 F2 已放置风口。点击“剪切板”的“复制到剪切板工具”激活“粘贴”工具,点击“粘贴”工具下拉三角列表中的“与选定的标高对齐”选项,在弹出的“选择标高”对话框中选择 F2,点击“确定”按钮,退出当前对话框,完成 F2 送风系统风口的创建,如图 4-3-32 所示。

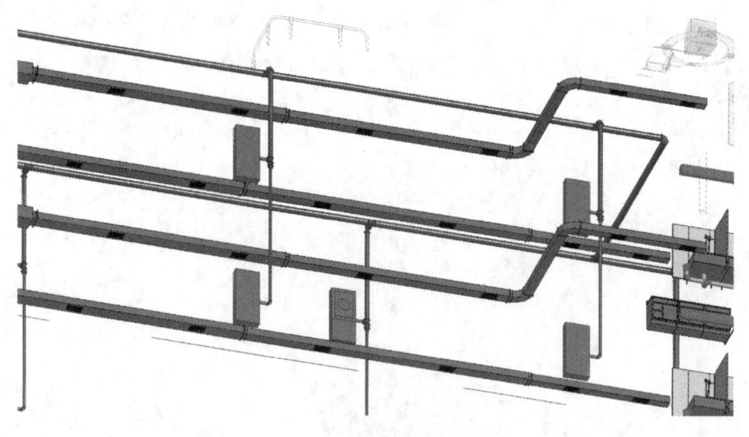

图 4-3-32

(6)切换当前视图为 F1-暖通楼层平面视图,点击“系统”选项卡-“HVAC”面板-“风道末端”工具,进入“修改|放置风口装置”上下文选项卡,点击“模式”面板“载入族”工具,以路径“学习资料\族文件\第四章”载入“散流器-圆形-旋流. rfa”。设置属性面板类型选择器为 D315,此处 D315 类型表示散流器与风管连接处的连接件的尺寸。设置属性面板约束参数中“标高中的高程”为 2900 mm,鼠标光标移至卫生间区域风机右侧的风管中心,放置排风口,选中排风口利用临时尺寸修改排风口位置,完成后如图 4-3-33 所示。

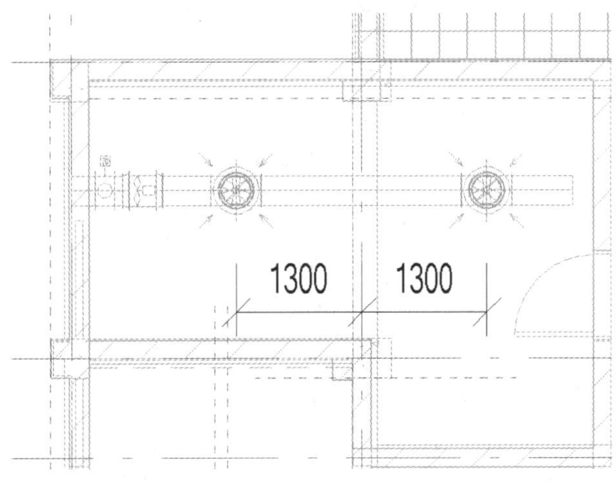

图 4-3-33

(7)切换视图至 F2-暖通楼层平面视图,重复第(6)步,完成 F2 排风系统风口的创建。至此,完成本项目风管系统附属构建的创建,保存该文件至指定路径,可打开学习资料“第四章-4.3 风管系统附属构建创建.rvt”项目文件查看最终操作成果。

4.3.4 真题练习

如图 4-3-34 所示,打开“学习资料-第三章-3.5.5 真题练习-消火栓模型.rvt”完成暖通系统的创建,要求对风机、消声器、百叶、阀门、风口进行建模,并将完成模型命名为“4.3.4 真题练习-暖通模型.rvt”,保存至指定路径。

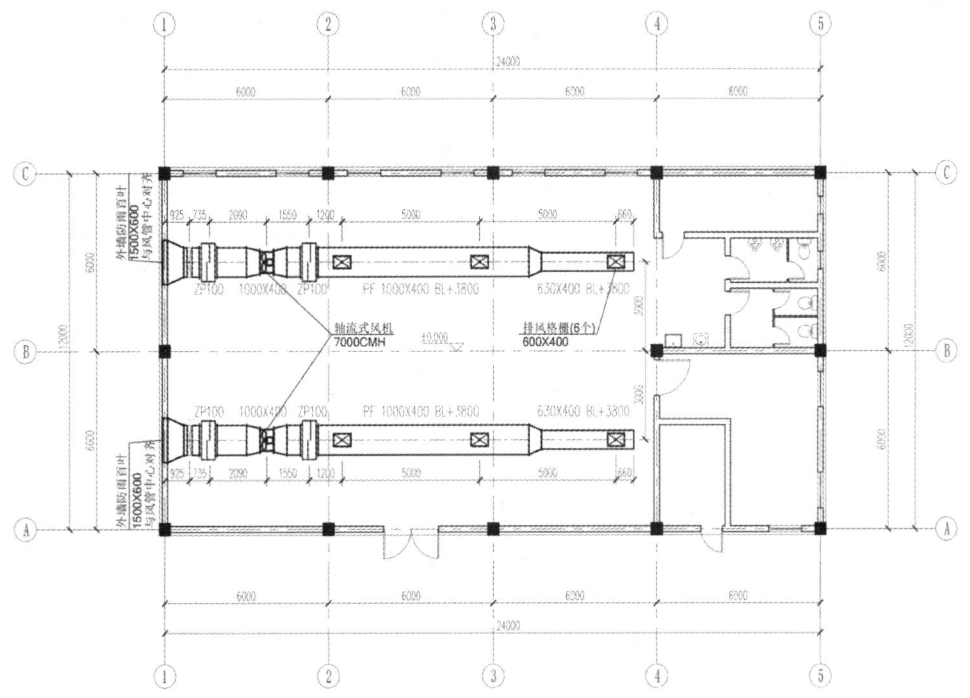

图 4-3-34

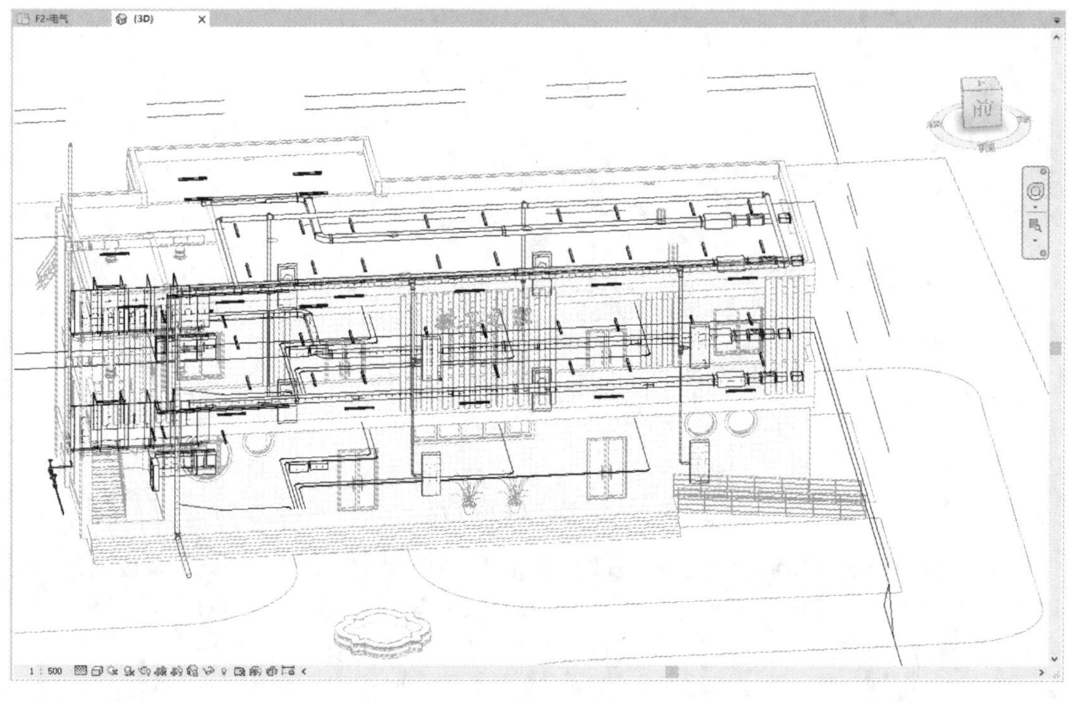

第五章　电气系统创建

教学目标

通过本章的学习，了解电气系统的建模基础，掌握桥架、附件、连接件、电气设备的创建、编辑、修改。

教学要求

能力目标	知识目标	权　重
了解电气系统的建模基础	CAD图形的链接	20%
掌握桥架、附件、连接件、电气设备的创建、编辑、修改	(1)电缆桥架绘制； (2)照明灯具绘制； (3)开关插座绘制	80%

电气系统是指直接用于生产、输送和分配电能的生产过程的电气设备。项目以创建电缆桥架为主，本章以“教工之家”项目电气系统为例，学习如何在 Revit 中实现三维电气系统的创建。因电气系统点位较多，因此本章将电气系统 CAD 图纸作为底图，桥架、灯具、插座等图元的位置就容易确定，可以提高建模效率。

5.1　链接电气系统 CAD 图纸

CAD 图纸链接与模型链接的方法基本相同，但是 CAD 图纸在链接前需要先进行处理，才能满足后续的建模要求。

5.1.1　图纸分割处理

此处选用电气系统的两类图纸（电气平面图和照明平面图），其中包括首层和二层的图形，涵盖电气系统中的强电系统和照明系统，如图 5-1-1 所示。

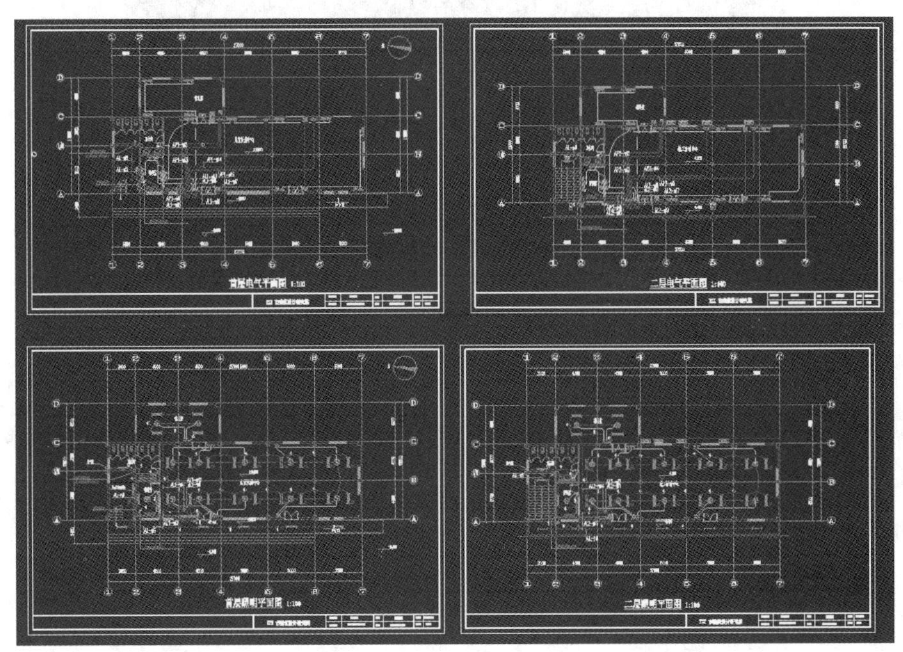

图 5-1-1

（1）在链接 CAD 图纸之前需要将项目原图进行相应的分割和修改，删除无关内容，打开“学习资料-图纸”文件夹，找到“教工之家-机电总图”，并用 CAD 软件方式打开文件。

（2）该图包含了所有的图纸，在导入图纸的时候不能全部一起导入，需要将不同楼层、不同类型图纸分割出来。首先在 CAD 中利用“Ctrl＋N”键新建“首层电气平面图”“二层电气平面图”“首层照明平面图”和“二层照明平面图”等 CAD 文件，保存至“学习资料-图纸-图纸分割”目录下，如图 5-1-2 所示，并利用“Ctrl＋C”和“Ctrl＋V”键将电气总图中的各个图形复制粘贴到新建对应的 CAD 各文件内。

提示：新建图纸时，选择“无样板-公制”的样板新建文件。

学习资料 › 图纸 › 图纸分割

名称	修改日期	类型	大小
二层电气平面图.dwg	2022/11/15 14:12	DWG 文件	61 KB
二层照明平面图.dwg	2022/11/15 14:12	DWG 文件	61 KB
首层电气平面图.dwg	2022/11/15 14:12	DWG 文件	61 KB
首层照明平面图.dwg	2022/11/15 14:12	DWG 文件	61 KB

图 5-1-2

(3)对各个分割图纸进行修改,删除不必要的内容,例如图框、文字等,并利用"移动"命令将图纸内的内容进行移动,以 A 轴线和 1 轴线的交点为移动的基点,将该基点移动至 CAD 绘图界面的(0,0)点,即坐标原点。如图 5-1-3 所示。

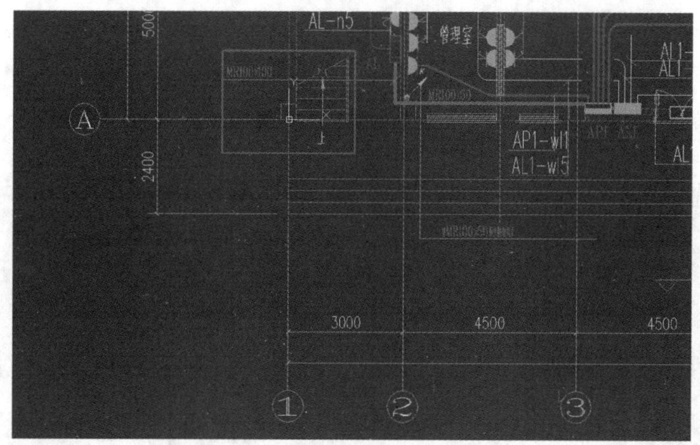

图 5-1-3

提示:分割图纸复制出来时可以进行内容选择,复制时利用基点进行复制,基点选择 A 轴与 1 轴的交点进行复制,粘贴到对应 CAD 文件时输入"0,0",可以省略上面第三步对图纸后续的移动内容。

(4)至此,完成对电气总图中相关电气图纸的分割处理。

5.1.2 导入 CAD 底图

(1)打开"学习资料-第四章-4.3 风管系统附属构建创建.rvt"项目文件,将文件保存至"学习资料-第五章"文件夹,重命名为"5.1 链接电气系统 CAD 图纸.rvt"项目文件。

(2)导入图纸时,需要提前确定图纸导入的位置,本项目涉及 F1、F2 的电气和照明图纸,因此图纸导入位置为对应的 F1、F2 平面视图。

(3)分别复制 F1、F2 对应视图,并将视图名称修改为 F1-电气、F2-电气,如图 5-1-4 所示。

(4)进入"F1-电气""F2-电气"平面视图,并修改对应视图"属性"面板图形列表参数中的规程为"电气",子规程为"电力",设置完成后,将 F1-电气、F2-电气设置在以电气为一级目录、电力为二级目录的视图浏览器中,如图 5-1-5 所示。

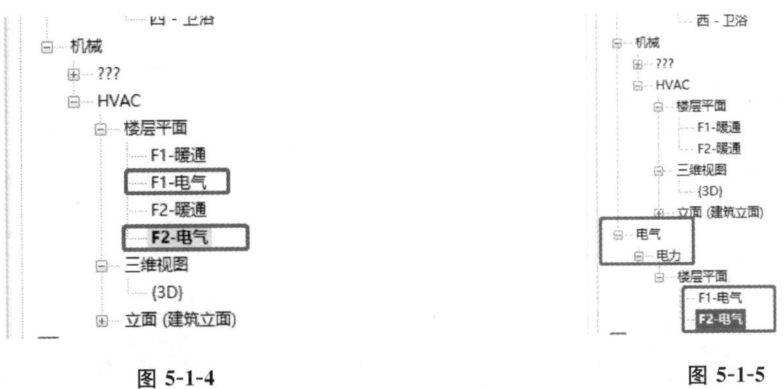

图 5-1-4　　　　图 5-1-5

♡**提示**：可以直接结合 Ctrl 键，选中 F1-电气、F2-电气，修改规程和子规程，完成上述步骤(4)内容。

(5)切换视图至 F1-电气、F2-电气，利用“VV”命令，打开“可见性/图形替换”对话框，勾选过滤列表中“机械”“电气”，并在可见性列表中清除勾选机械设备、风口、风管、风管管件、风管附件等涉及暖通系统图元，勾选添加灯具、照明设备、电气装置、电气设备、电缆桥架、电缆桥架配件、线管、线管配件等涉及电气系统图元，如图 5-1-6 所示，完成设置后点击“确定”按钮退出当前对话框。

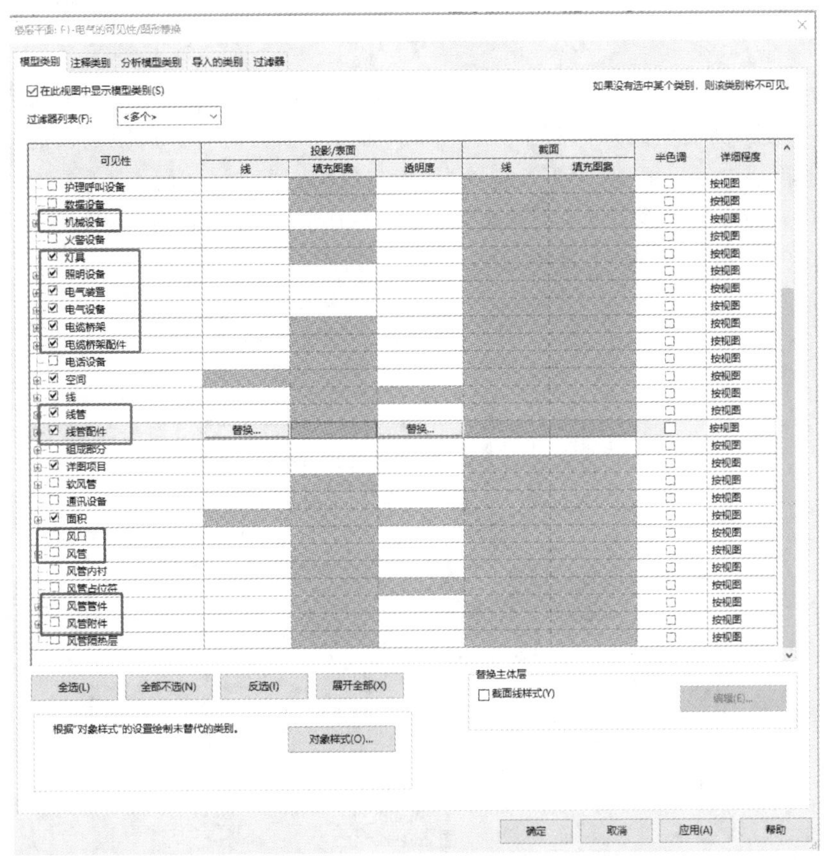

图 5-1-6

(6)切换当前视图至 F1-电气,点击“插入”选项卡-“链接”面板的“链接 CAD”工具,打开“链接 CAD 格式”对话框,以路径“学习资料-图纸-图纸分割”,选择“首层电气平面图. dwg”文件,对话框中勾选“仅当前视图”,设置图层/标高为“可见”,导入单位为“毫米”,定位为“自动-原点到内部原点”,如图 5-1-7 所示,设置完成后点击“打开”按钮,将首层电气平面图导入到项目中。

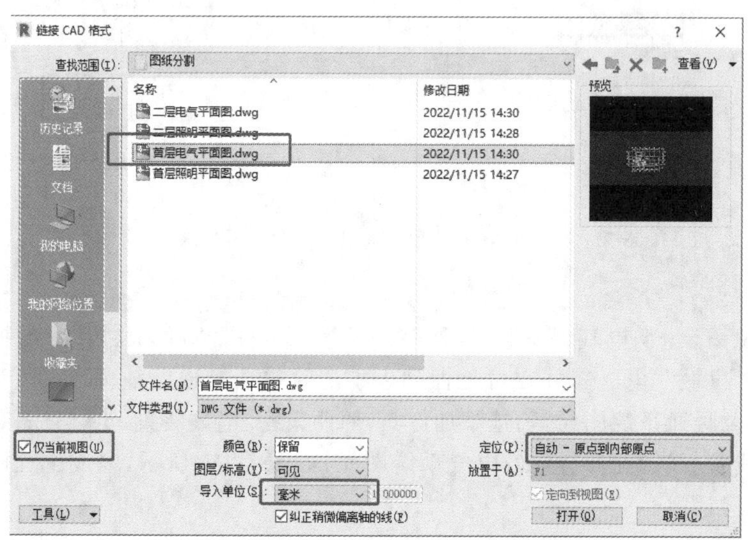

图 5-1-7

(7)导入完成的项目如图 5-1-8 所示,需要将导入的 CAD 与项目轴网对齐锁定,利用“修改”选项卡-“修改”面板里的“对齐”工具将 CAD 图纸与项目对齐。选中导入的 CAD 图纸,进入“修改丨首层电气平面图”上下文选项卡,点击“修改”面板的“解锁”工具,将 CAD 图纸解锁,使用对齐命令对齐移动 CAD 图纸,如图 5-1-9 所示,对齐后为防止误操作,可选中底图,利用“修改”面板的“锁定”工具将 CAD 图纸重新锁定。

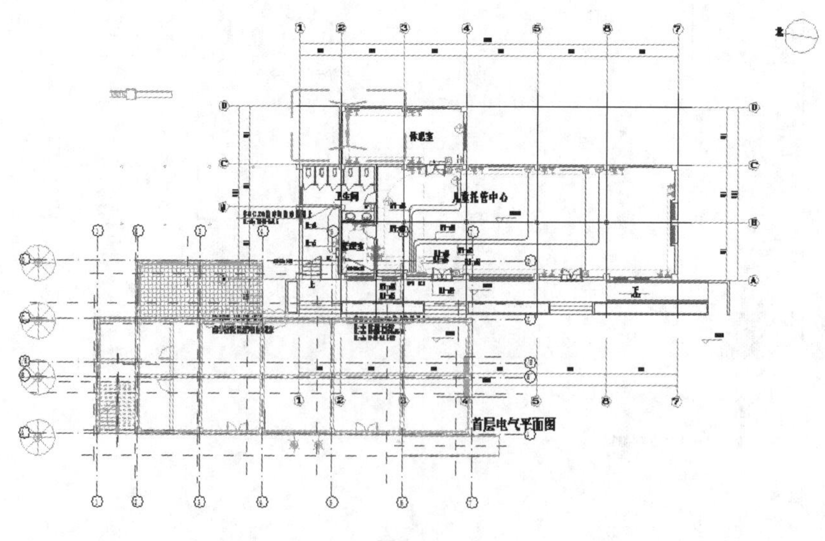

图 5-1-8

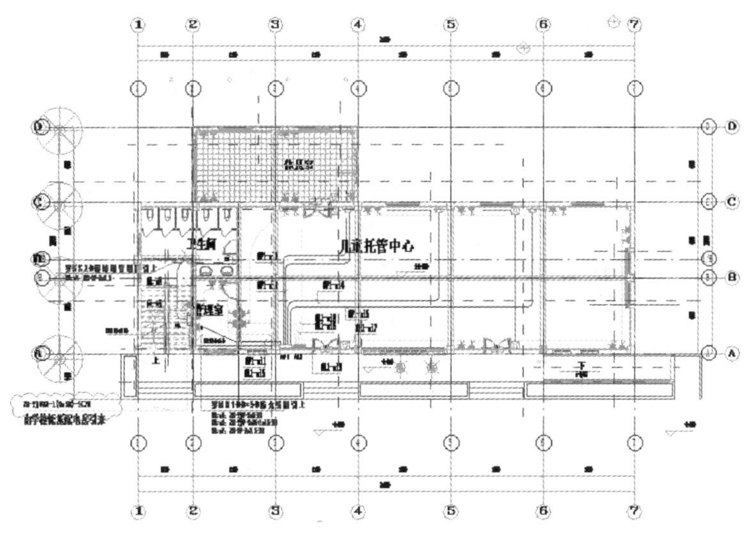

图 5-1-9

♡**提示**:CAD 导入之后,为了便于后期的电气系统的创建,需要将原模型的图元或 CAD 图层的一些图元进行隐藏。

(8)导入的 CAD 底图有很多图层,可以通过点击平面视图属性面板“图形”参数中的“可见性/图形替换”按钮,在“可见性/图形替换”对话框中的“导入的类别”选项卡下,点击导入图纸前对应的“+”符号,可以打开图纸对应的图层列表,如图 5-1-10 所示。可以通过取消勾选隐藏对应的图层,如图 5-1-11 所示。

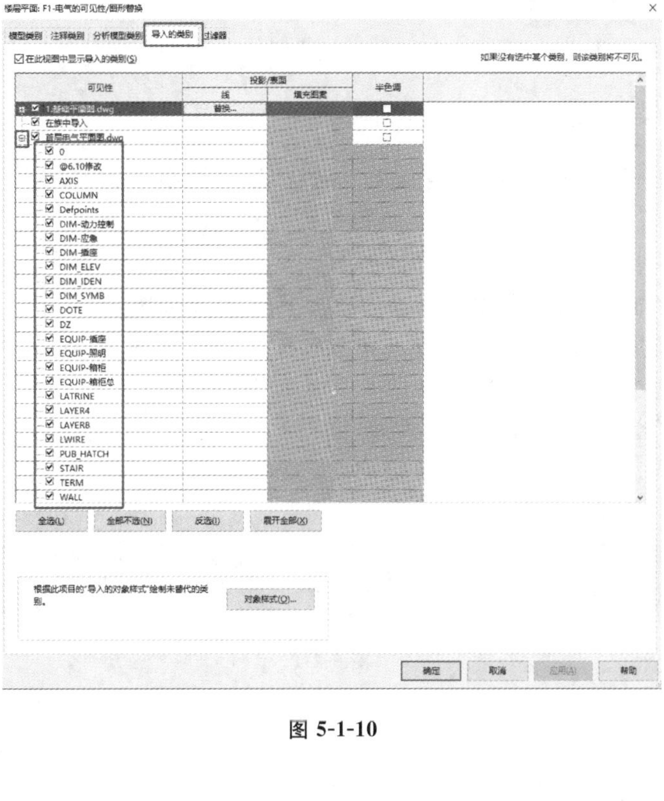

图 5-1-10

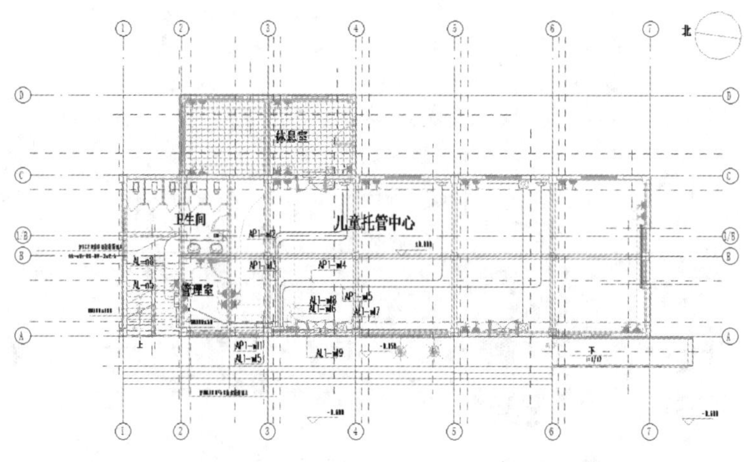

图 5-1-11

提示:CAD 导入之后,选中对应的 CAD 底图,点击“修改|图纸”选项卡“导入实例”面板“查询”工具,在弹出的导入实例查询对话框中,点击“在视图中隐藏”按钮,可以将选中的图元所在的图层隐藏。如果后续想要打开对应的图层,需要利用步骤(8),将对应的图层打开即可。

(9)至此完成首层电气平面图 CAD 底图的导入,重复(6)、(7)、(8)步骤完成首层照明平面图、二层电气平面图、二层照明平面图的图纸导入。完成导入后将文件保存至指定路径,可打开“学习资料-第五章-5.1 链接电气系统 CAD 图纸. rvt”项目文件查阅最终结果。

5.2 电气桥架布置

5.2.1 电缆桥架布置

(1)打开“学习资料-第五章-5.1 链接电气系统 CAD 图纸. rvt”项目文件,将文件保存至“学习资料-第五章”文件夹,重命名为“5.2 电气桥架布置. rvt”项目文件。

(2)切换当前视图为 F1-电气平面图,利用“VV”视图可见性设置将“导入的类别”选项下的首层照明平面图清除,当前视图仅显示 CAD 首层电气平面图。

(3)点击“系统”选项卡-“电气”面板-“电缆桥架”工具,如图 5-2-1 所示。设置属性面板类型选择器为“带配件的电缆桥架”,点击“编辑类型”按钮,弹出“类型属性”对话框,点击“复制”按钮,复制名称为“金属线槽”电缆桥架,如图 5-2-2 所示。点击“确定”按钮退出当前对话框。

图 5-2-1

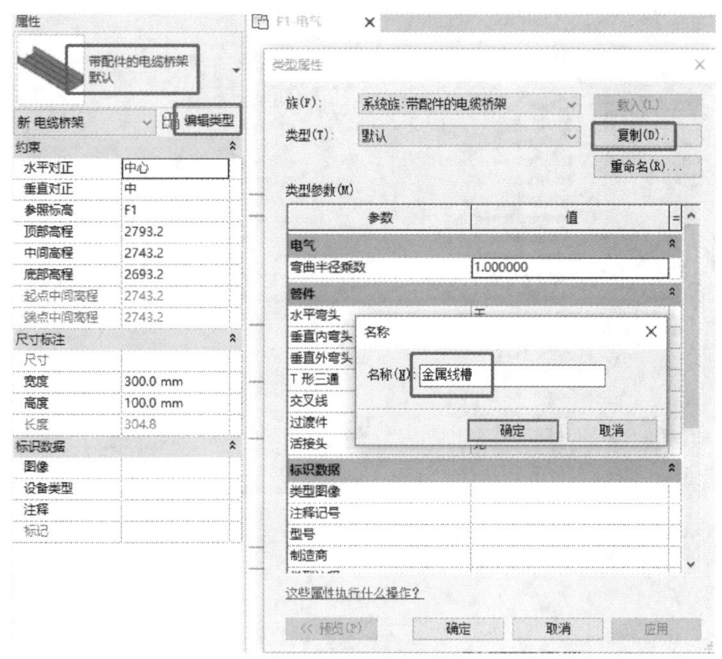

图 5-2-2

(4)设置选项栏电缆桥架宽度为“100”,高度为“50”,中间高程为“4000”,如图 5-2-3 所示。

图 5-2-3

基于 CAD 底图,捕捉 3 轴与 A 上侧桥架起点往左进行绘制。绘制至图纸左侧边线继续向上绘制,此时不能继续创建,光标显示禁止创建符号,如图 5-2-4 所示。

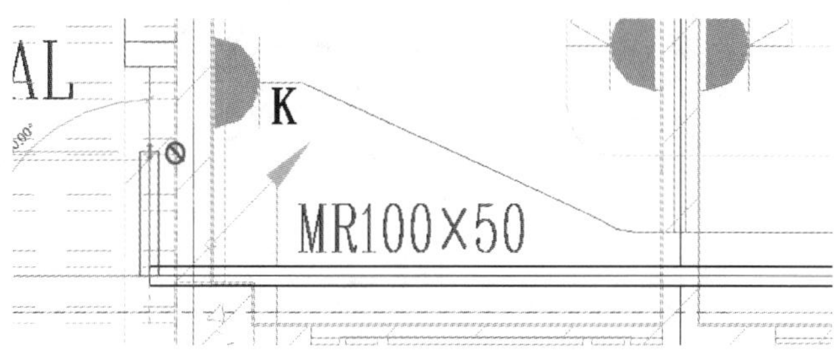

图 5-2-4

提示:因为样板问题,桥架配件在当前项目中未加载进入桥架,因此出现禁止连续向上绘制情况。

(5)按 Esc 键退出当前创建电缆桥架命令,点击“插入”选项卡-“从库中载入”面板的“载入族”工具,以路径“China\机电\供配电\配电设备\电缆桥架配件”,选中槽式电缆桥架所有配件,点击“打开”按钮,将槽式电缆桥架所有配件载入当前项目中。如图 5-2-5 所示。

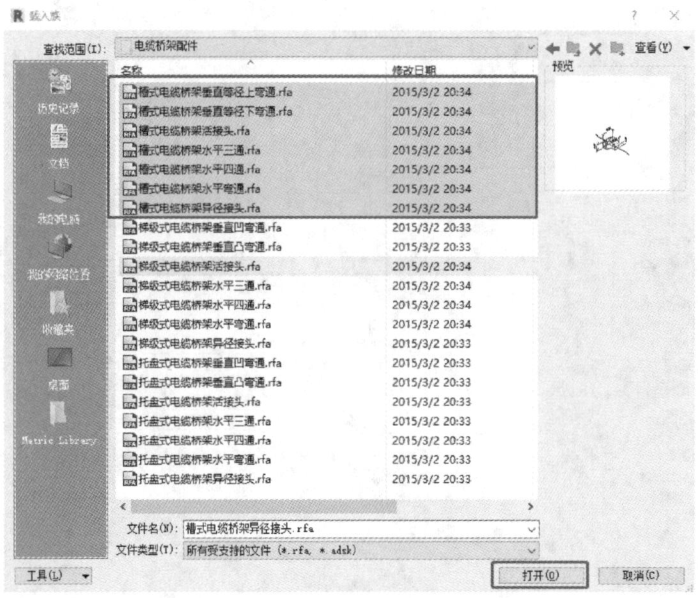

图 5-2-5

(6)点击“系统”选项卡-“电气”面板上-“电缆桥架”工具,点击“属性”面板编辑类型按钮,弹出“类型属性”对话框,如图 5-2-6 所示,添加管件参数,包含水平弯头、垂直内弯头、外弯头、T 形三通、过度件、活接头等桥架配件。点击“确定”按钮退出当前对话框。

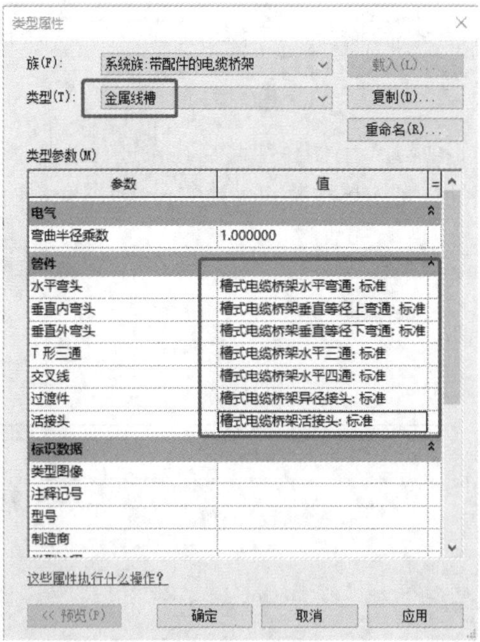

图 5-2-6

(7)修改当前选项栏桥架的高度为 100 mm,其他参数设置不变,捕捉第一次绘制桥架的终点为起点继续向上绘制第二段桥架,此时第一段完成桥架和第二段桥架之间自动形成水平弯通和异径接头,如图 5-2-7 所示。

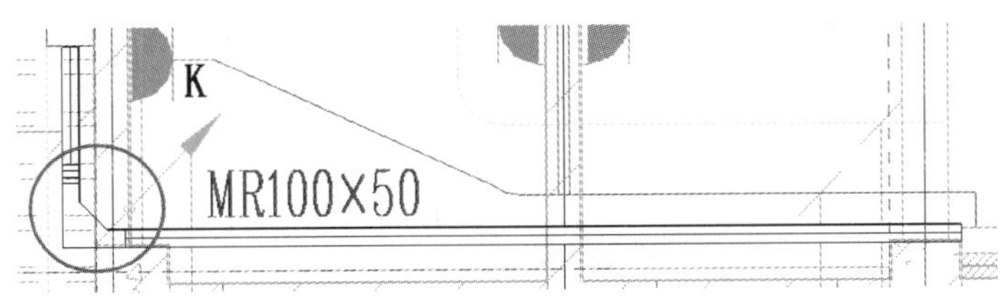

图 5-2-7

(8)切换当前视图至 F2-电气，利用"VV"将照明平面图隐藏，点击"系统"选项卡-"电气"面板-"电缆桥架"工具，设置属性面板类型选择器为"金属线槽"，选项栏电缆桥架的宽度为 100 mm，高度为 50 mm，中间高程为 4000 mm，基于 CAD 底图桥架位置创建金属线槽，如图 5-2-8 所示。

提示：F2-电气平面图中显示 F1 的电缆桥架，因前面创建给排水系统设置了视图范围，在此可以把平面视图的视图范围底部偏移和视图深度偏移修改为"0"即可。

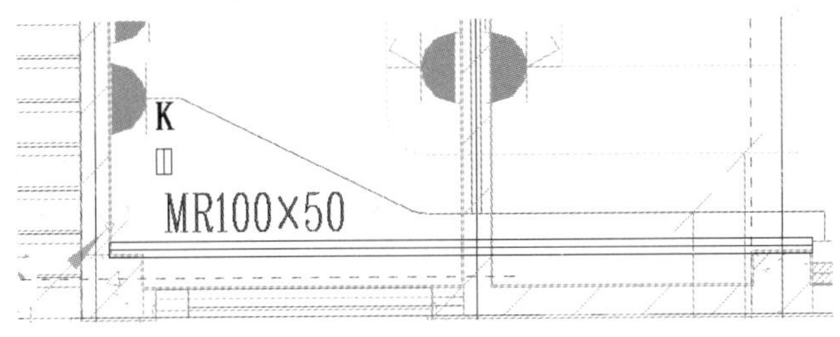

图 5-2-8

(9)创建 F1-F2 垂直方向防火桥架，因为垂直方向桥架距离水平桥架较近，不能正常生成对应的配件，在此仅绘制垂直方向桥架即可。点击"电缆桥架"工具，设置选项栏桥架宽度为 100 mm，高度为 50 mm，中间高程为 4025 mm，如图 5-2-9 所示，鼠标光标移至桥架从下引上标注中心点位置，修改选项栏中间高程为－525 mm，点击选项栏的"应用"按钮，如图 5-2-10所示，完成垂直方向桥架的绘制。

图 5-2-9

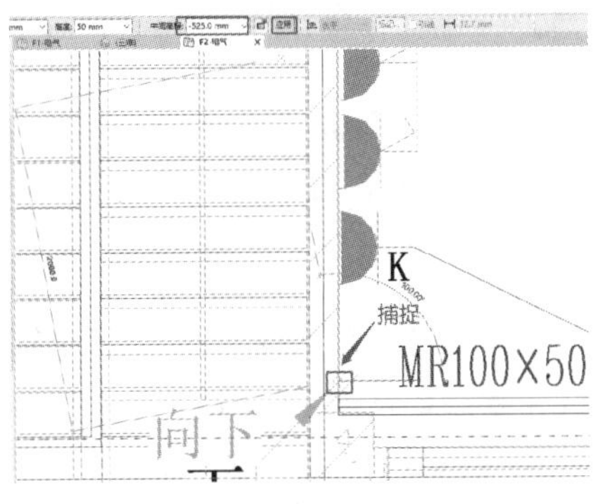

图 5-2-10

(10)至此已完成电缆桥架的创建,可以从左上角向右下角选择已完成的桥架,利用“视图”面板-“选择框”工具,切换至局部三维视图,查阅已完成桥架,如图 5-2-11 所示。

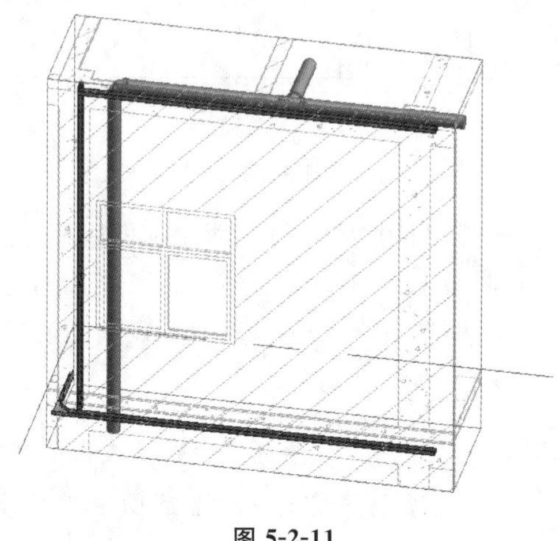

图 5-2-11

5.2.2 线管布置

(1)切换当前视图至 F1-电气平面图,点击“系统”选项卡-“电气”面板“线管”工具,基于“刚性非金属导管(RNC Sch 40)”线管编辑类型,新建名称为“动力线管”,如图 5-2-12 所示。点击“确定”按钮退出当前对话框。

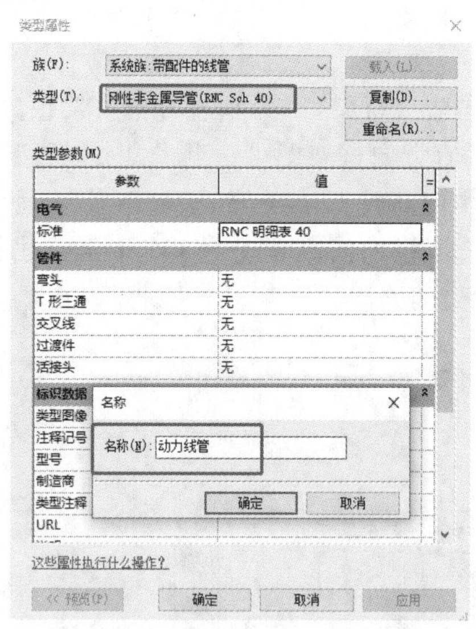

图 5-2-12

(2)点击“插入”选项卡-“从库中载入”面板“载入组”工具,切换当前视图至 F1-电气,点击“系统”选项卡-“电气”面板“线管”工具,以路径“China\机电\供配电\配电设备\线管配件-RNC”,选中线管弯头-无配件、线管接线盒-T 形三通等载入项目,如图 5-2-13 所示。

(3)进入“修改|放置线管”命令,点击属性面板“编辑类型”,弹出“类型属性”,设置参数类型,如图 5-2-14 所示,点击“确定”按钮退出当前对话框。

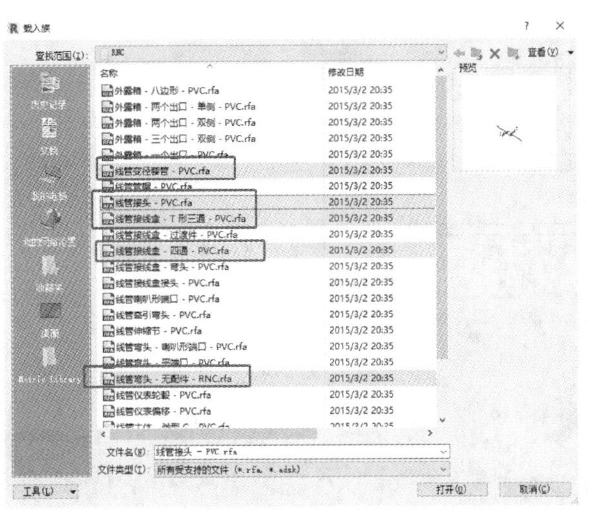

图 5-2-13

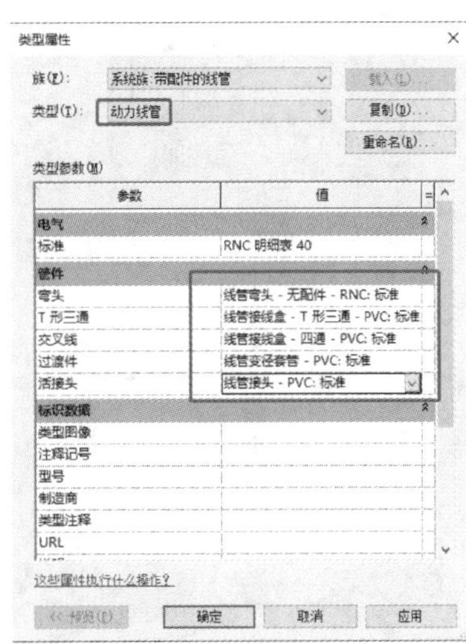

图 5-2-14

(4)设置选项栏直径为 21 mm,中间高程为－25 mm,如图 5-2-15 所示。基于 CAD 底图完成“AP1-wl1”线管的创建,创建完成后修改当前视图详细程度为“精细”,如图 5-2-16 所示。

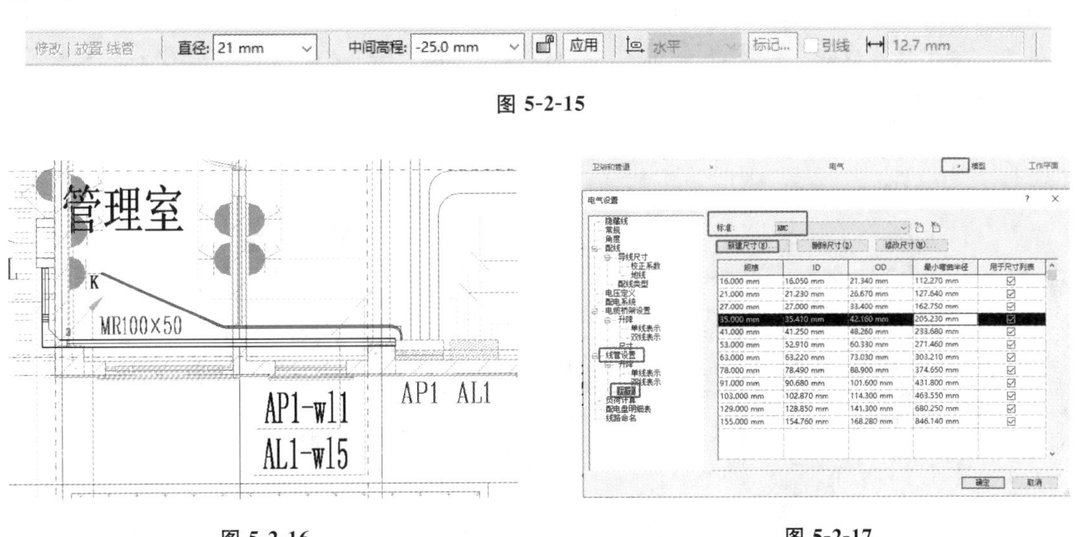

图 5-2-15

图 5-2-16

图 5-2-17

提示:此处线管的尺寸为系统样板自带尺寸,如果需要修改或添加尺寸,可以点击“系统”选项卡-“电气”面板,弹出“电气设置”对话框,设置线管设置列表中的尺寸,选择对应标准线管,新建尺寸,如图 5-2-17 所示。

(5)重复(1)、(2)、(3)、(4)步骤,基于 CAD 图纸完成“AP1-wl2”“AP1-wl3”“AP1-wl4”“AP1-wl5”线管的创建,线管直径为 27 mm,中间高度为－30 mm。如图 5-2-18 所示。

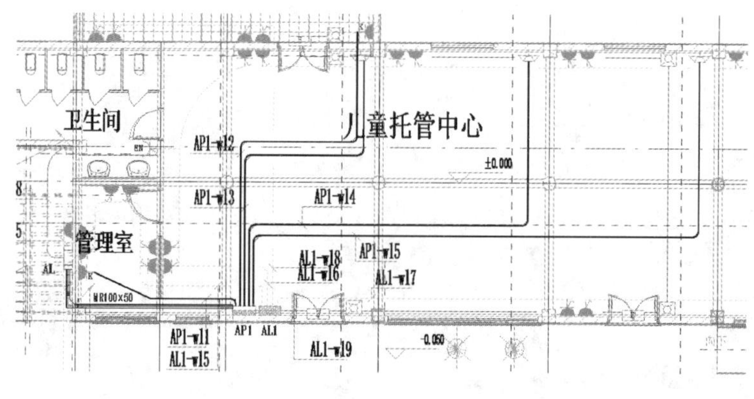

图 5-2-18

提示:线管绘制完成后,如果难以保证完成线管与 CAD 底图位置一致,可以调整当前视觉样式为“线框”,利用对齐命令,以 CAD 底图线管位置为目标位置,调整模型中线管位置,使模型中线管的中心与底图对齐。

(6)配合“过滤器”工具,选中已完成 F1-电气的线管和线管配件,利用“剪贴板”面板-“复制到剪贴板”工具,激活“粘贴”工具,选择“与选定的标高对齐”选项,弹出“选择标高”对话框,选择“F2”,完成 F2 层线管创建。

(7)至此已完成线管创建,可以切换至三维视图查阅已完成线管模型,如图 5-2-19 所示,保存该项目文件。

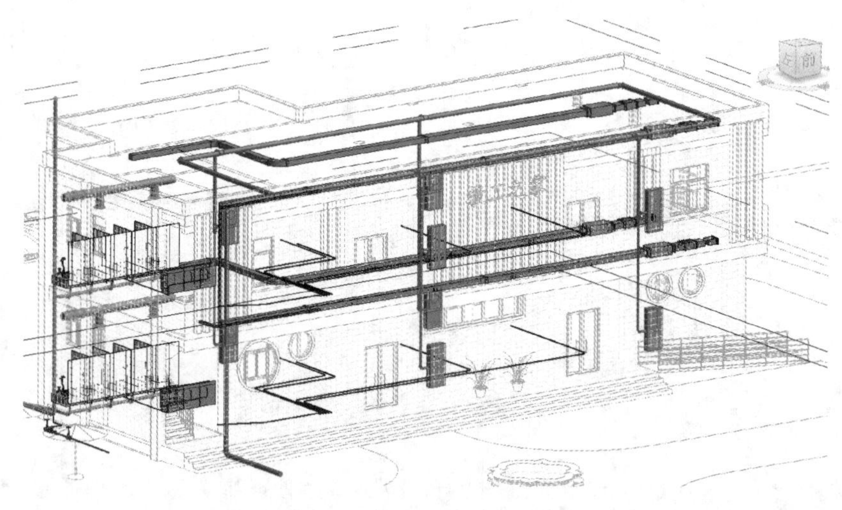

图 5-2-19

5.2.3 添加配电箱

(1)切换视图至 F1 电气,点击“系统”选项卡-“电气”面板-“电气设备”工具,在弹出的对话框中选择“载入族”,选择路径“China\机电\供配电\配电设备\箱柜”,如图5-2-20所示,点击“打开”按钮,载入当前项目。

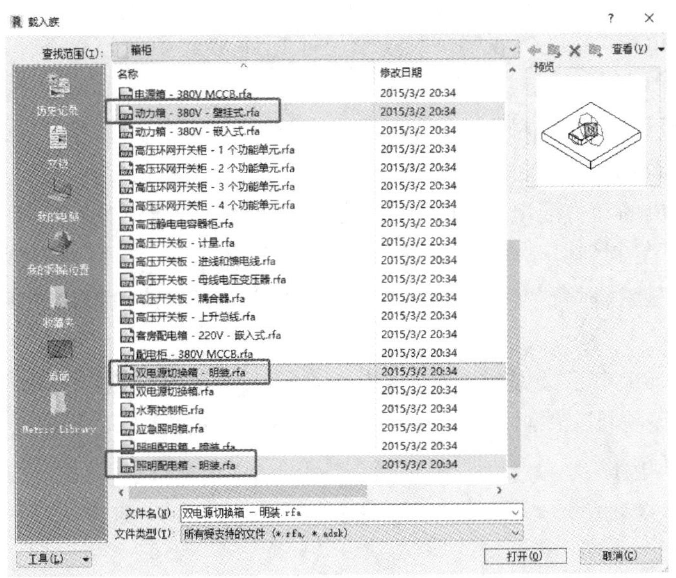

图 5-2-20

(2)设置当前属性面板类型选择器为“双电源切换箱-明装-PB8032”，点击“编辑类型”按钮，复制新建名称为“总配电箱”的电气设备，并修改标识数据参数中的类型标记为“AL”，如图 5-2-21 所示，点击“确定”按钮退出当前对话框。设置约束参数中的高程为 1500 mm，鼠标光标移至楼梯间位置，基于 CAD 图纸位置，放置总配电箱，如果配电箱放置方向不正确，可以通过空格键调整。

(3)点击“电气设备”工具，基于“动力箱-380V-壁挂式”类型，点击“编辑类型”按钮，复制新建名称为“动力配电箱”的电气设备，并修改尺寸标注参数，设置宽度为 675 mm，深度为 275 mm，标识数据参数中的类型标记为“AP”，如图 5-2-22 所示，点击“确定”按钮退出当前对话框。设置属性面板约束参数中标高中的高程为 1800 mm，鼠标光标移至 3 轴与 A 轴交点右侧，基于 CAD 图纸位置，放置动力配电箱。

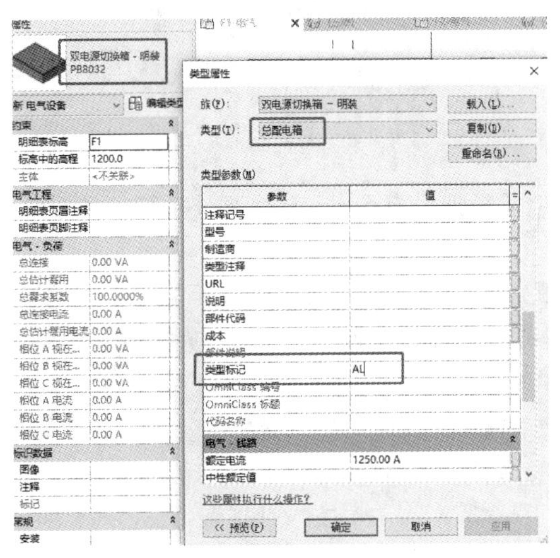

图 5-2-21

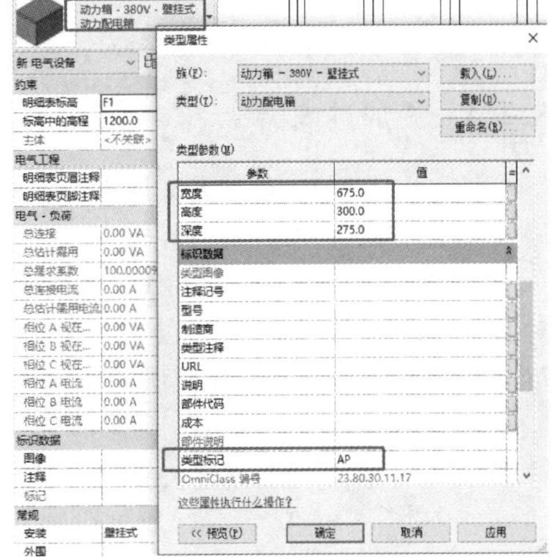

图 5-2-22

(4)设置当前属性面板类型选择器为“照明配电箱-明装”,点击“编辑类型”按钮,复制新建名称为“照明配电箱”的电气设备,并修改尺寸标注参数中宽度为 695 mm,深度为 270 mm,标识数据参数中的类型标记为“AL”,如图 5-2-23 所示,点击“确定”按钮退出当前对话框。设置属性面板约束参数中标高中的高程为 1800 mm,鼠标光标移至动力配电箱右侧,基于 CAD 图纸位置,放置动力配电箱。

(5)点击已完成的动力配电箱,结合 Ctrl 键(长按此键),选中照明配电箱,利用“剪贴板”的“复制粘贴工具”复制到剪贴板上,然后点击“粘贴”下拉三角形,在列表中选择与选中的标高对齐,在弹出的“选择标高”对话框中选中“F2”,点击“确定”按钮退出当前对话框,完成 F2 配电箱的创建。

(6)至此该系统配电箱已创建完成,可以切换至三维视图查阅已完成配电箱模型,如图 5-2-24 所示,保存该项目文件至指定路径,可打开“学习资料-第五章-5.2 电气桥架布置.rvt”项目文件查阅最终结果。

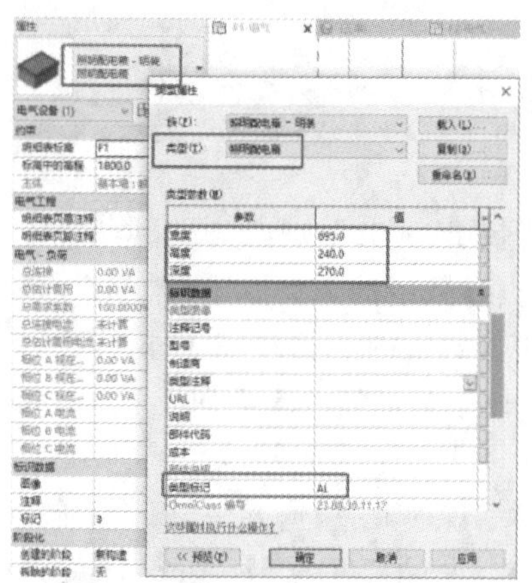

图 5-2-23

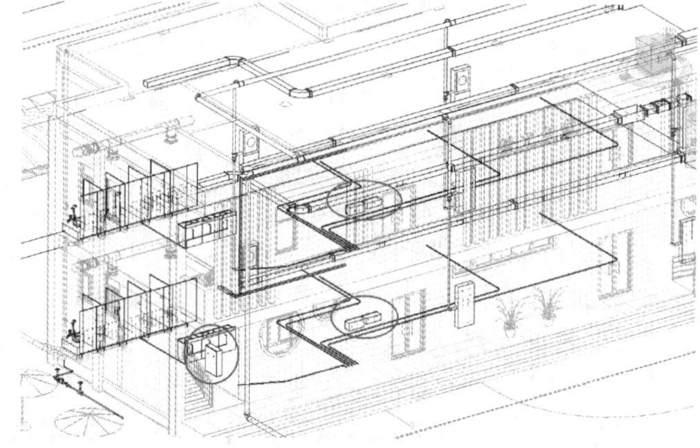

图 5-2-24

提示:配电箱放置完成后可以切换至局部三维视图查阅放置方向是否正确,配电箱门能否正常开启。可以选中对应的配电箱,点击“翻转工作平面”双箭头,调整配电箱方向。

5.2.4 添加过滤器

电气中的桥架的绘制方法虽然与水管类似,但是桥架没有系统,不能通过系统中的材质添加颜色,只能通过过滤器来添加。

(1)进入 F1 楼层平面,在属性面板中选择“可见性/图形替换”,点击“可见性/图形替换”对话框中的“过滤器”选项卡,点击“添加”按钮,为视图添加过滤器。在弹出的“添加过滤器”对话框中点击“编辑/新建”按钮,如图 5-2-25 所示。

(2)在弹出的“过滤器”对话框中,选择新建过滤器,然后在弹出的过滤器名称对话框中输入“强电桥架”。点击确定按钮退出过滤器名称对话框,如图 5-2-26 所示。

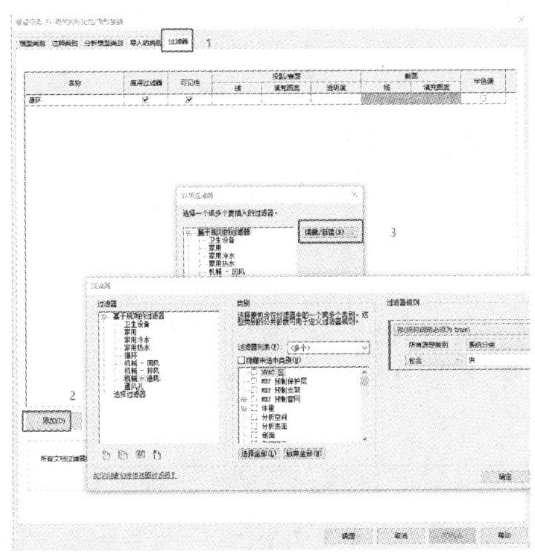

图 5-2-25

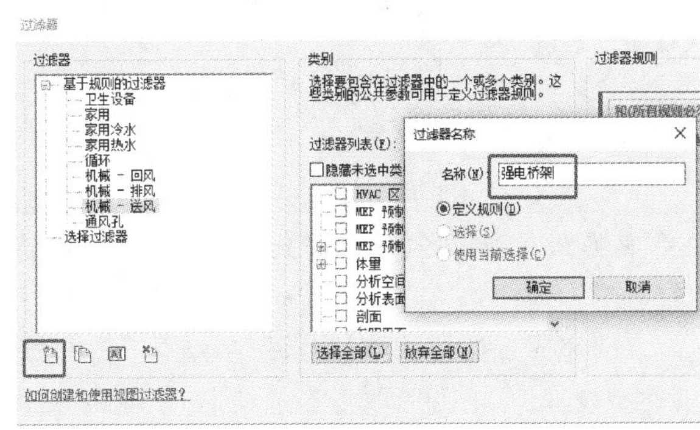

图 5-2-26

(3)为过滤器“强电桥架”设置相应的过滤条件，在类别下选中电缆桥架和电缆桥架配件，在过滤器规则下将类别设置为“设备类型”，如图 5-2-27 所示。

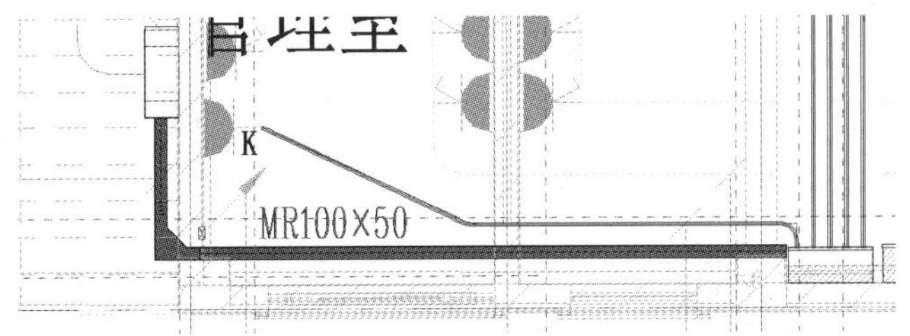

图 5-2-27

(4)页面自动返回“可见性/图形替换”对话框，点击“添加”按钮，在弹出的“添加过滤器”对话框中选中“强电桥架”，如图 5-2-28 所示，点击“确定”按钮，则生成名称为“强电桥架”的过滤器，如图 5-2-29 所示。

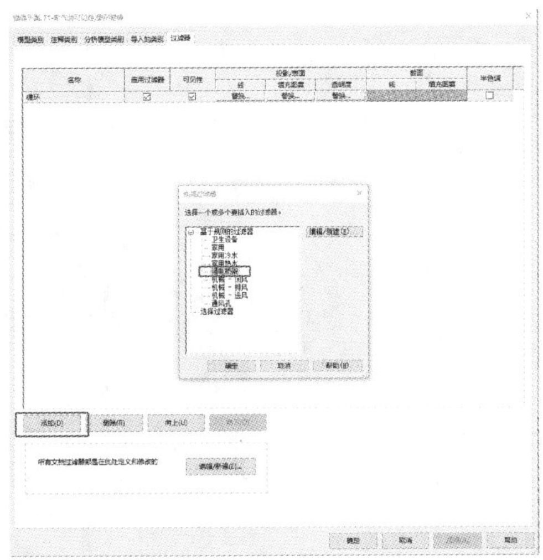

图 5-2-28

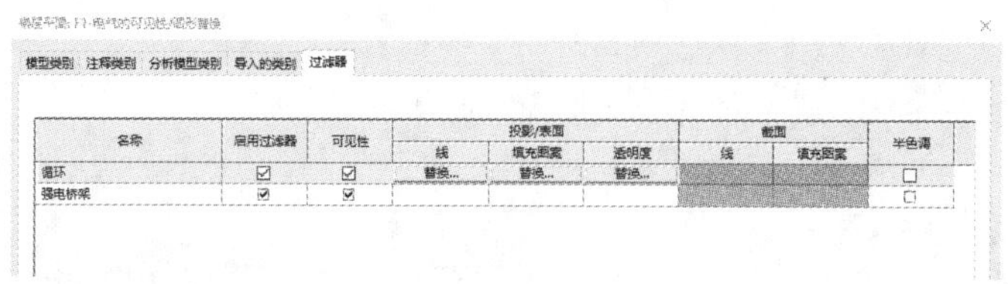

图 5-2-29

(5)如图 5-2-30 所示,在可见性/图形替换对话框中,点击"投影/表面"中"填充图案"下的"替换",在弹出的"填充样式图形"对话框中将填充图案设置为"实体填充",颜色设置为"红色"。

(6)完成过滤器的添加及设置,结合 Tab 键选中已完成全部桥架及配件,将属性面板设备类型设置为"电力",取消当前命名,绘制的强电桥架已经变成了红色,如图 5-2-31 所示。

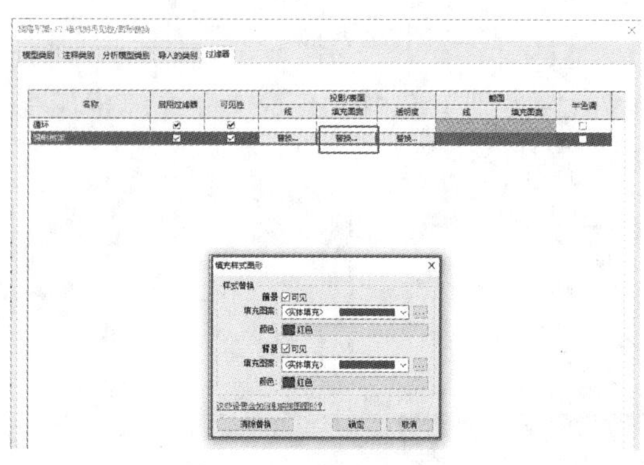

图 5-2-30

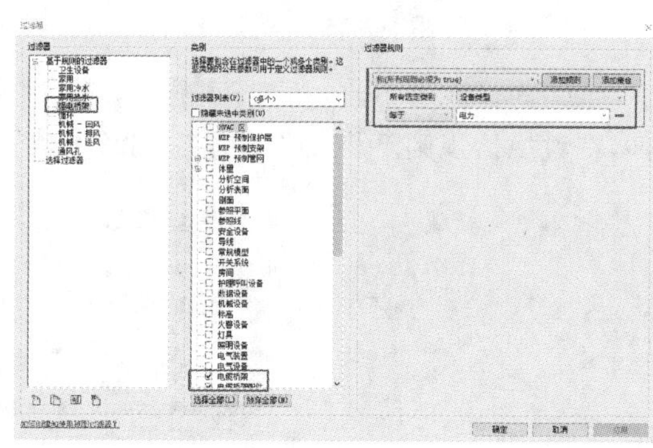

图 5-2-31

(7)打开三维视图,可以发现刚刚绘制的强电桥架颜色没有发生变化,这是因为过滤器的影响范围仅仅是当前视图。因此如果想要三维视图中桥架也发生相应的颜色变化,需要在此视图的可见性设置中添加相应的过滤器,如图 5-2-32 所示。设置其投影面的填充图案就可以在三维视图中显示出红色的桥架,如图 5-2-33 所示。

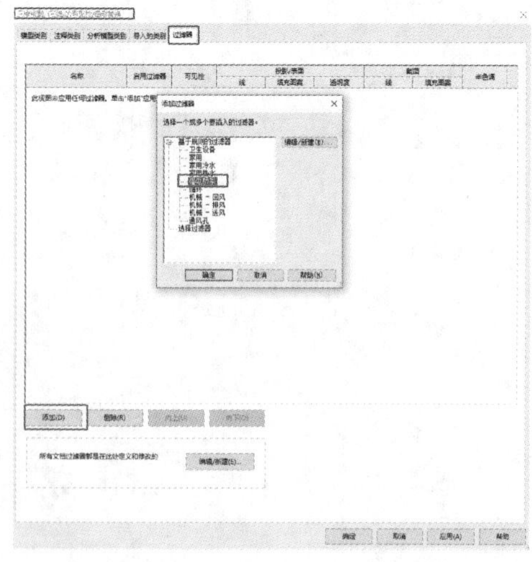

图 5-2-32

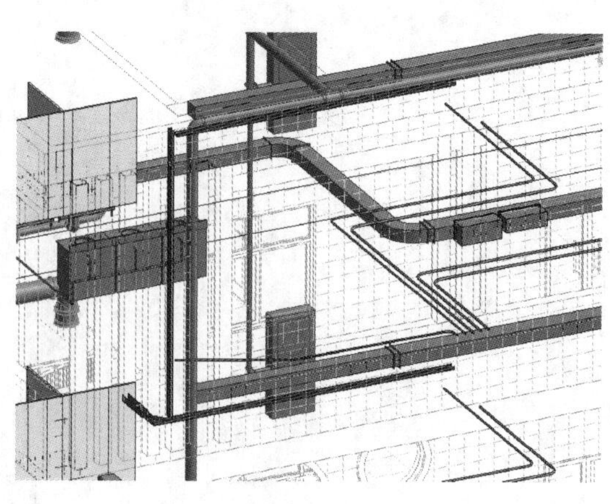

图 5-2-33

一个项目中的过滤器是通用的，使用时直接选择即可。但是具体的颜色及填充图案需要重新设置，如果一个项目创建了多个过滤器，可以利用创建视图样板的方法，将过滤器应用到对应的视图。

(8)至此，完成了强电桥架过滤器的添加，保存项目至指定路径，可打开“学习资料-第五章-5.2.4 添加过滤器.rvt”项目文件查看最终成果。

5.3　照明系统布置

(1)打开“5.2.4 添加过滤器.rvt”项目文件，将文件命名为“5.3 照明系统布置.rvt”，保存至“学习资料-第五章”文件夹。

(2)切换当前视图至 F1-电气，利用“VV”可见性图形替换“导入类别”选项，清除勾选“首层电气平面图”，并勾选“首层照明平面图”。

(3)切换当前视图至“北-卫浴”，利用参照平面工具创建距离 F1“4320 mm”，F2“4200 mm”的参照平面，并将参照平面命名为“F1 照明灯具”“F2 照明灯具”，如图5-3-1所示。

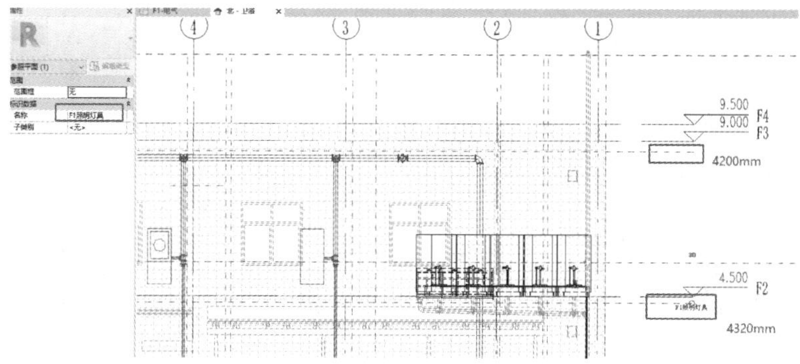

图 5-3-1

(4)切换当前视图至 F1-电气，点击“系统”选项卡-“电气”面板-“照明设备”工具，以路径“China\机电\照明\室内灯\导轨和支架式灯具”，选中如图 5-3-2 所示的族，将照明族载入当前项目中。

图 5-3-2

(5)确定属性面板类型选择器为“双管导轨和支架式灯具-T8-36W-2 盏”,点击“编辑类型”按钮,进入“类型属性”对话框,设置类型参数中尺寸标注列表“长度”为“1080”,点击确定按钮退出“类型属性”对话框,如图 5-3-3 所示。

(6)点击“放置”面板的工具为“放置在工作平面上”,设置选项栏“放置平面”为“参照平面:F1 照明灯具”,基于 CAD 底图放置完成 2/3 轴与 A/B 轴区域双管灯具。选中已完成灯具,点击“翻转工作平面”按钮,调整灯具安装方向。利用“视图”面板-“选择框”工具进入局部三维制图核查灯具与楼板位置关系是否正确,调整正确后楼板位于上侧,灯具位于下侧,如图 5-3-4 所示。

提示:如果灯具无法显示,可以通过查看可见性、过滤器或视图范围顶部高度值进行确认、设置。在此设置视图范围顶部偏移 4500 mm。

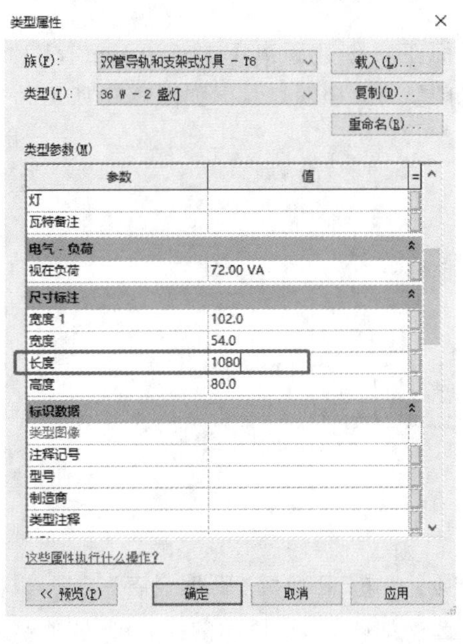

图 5-3-3

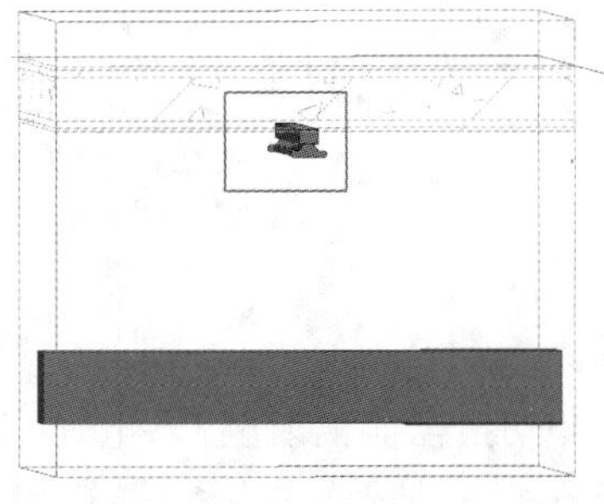

图 5-3-4

(7)切换至 F1-电气,选中已完成灯具,利用复制命令完成儿童托管中心区域所有灯具的创建。

提示:灯具的复制移动起点(复制基点)选择上侧边线或下侧边线中心。

(8)休息室区域灯具需要单独放置,重复(6)步骤,完成后核对灯具与楼板的位置关系是否正确,如图 5-3-5 所示。

(9)点击“系统”选项卡“电气”面板中的“照明设备”工具,设置属性面板类型选择器为“单管导轨和支架式灯具-T8-36W-1 盏”,点击“编辑类型按钮”,设置类型参数中尺寸标注分组中“长度”为“1080”,如图 5-3-6 所示,点击“确定”按钮退出当前对话框。设置属性面板约束参数“标高中的高程”为“2500”,确定“放置”面板中放置方法为“放置在垂直面上”,基于 CAD 底图,放置管理室和卫生间区域的照明灯具,放置完成后,修改属性面板约束参数“标高中的高程”为“2000”,放置楼梯间区域的照明灯具。至此完成 F1 室内灯具的创建,室外走道板位置的灯具创建方法与前面一致,在此不再赘述。

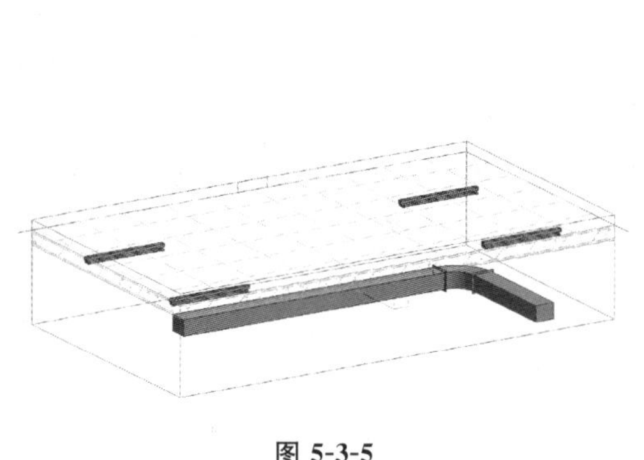

图 5-3-5

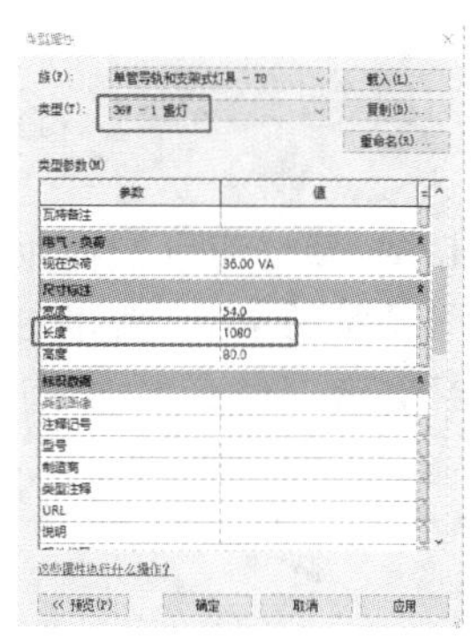

图 5-3-6

(10)切换当前视图为 F2-电气，重复上述 F1 照明灯具的步骤，完成 F2 层照明灯具的创建，完成后切换至三维视图查阅最终放置结果，如图 5-3-7 所示。

提示:完成首层之后，可以直接框选过滤复制到二层，但是首层与二层的高度不一样，所以需要框选二层的灯具，取消垂直安装的灯具，给所有水平吊顶安装灯具拾取新的工作平面(F2 照明灯具)。

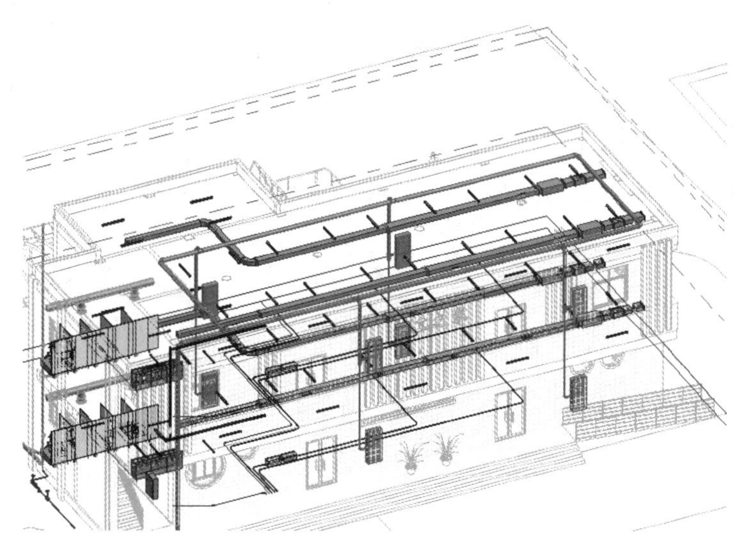

图 5-3-7

(11)分别切换当前视图为 F1-电气、F2-电气平面图，利用“VV”工具显示链接的 CAD 图，选中对应的照明、电气平面图图纸，将其解锁，并删除。

(12)至此完成照明系统灯具的放置，电气系统模型创建完成，将文件保存至指定路径，可打开“学习资料-第五章-5.3 照明系统布置.rvt”项目文件查阅最终结果。

提示:照明灯具也可在建筑模型中创建，创建对应的天花板，切换至天花板视图，直接放置，即可正常放置灯具，无需进行翻转工作面。

5.4 真题练习

根据图 5-4-1 电气平面布置图,打开“学习资料-第四章-4.3.4 真题练习-暖通模型.rvt”完成电气系统的创建,要求电缆桥架、灯具,开关等均需建模,其中灯具为“双管悬挂式灯具”,安装高度不做要求(合理即可)。开关为单控开关(明装),安装高度为 1200 mm。将完成模型命名为“5.4 真题练习-电气模型.rvt”保存至指定路径。

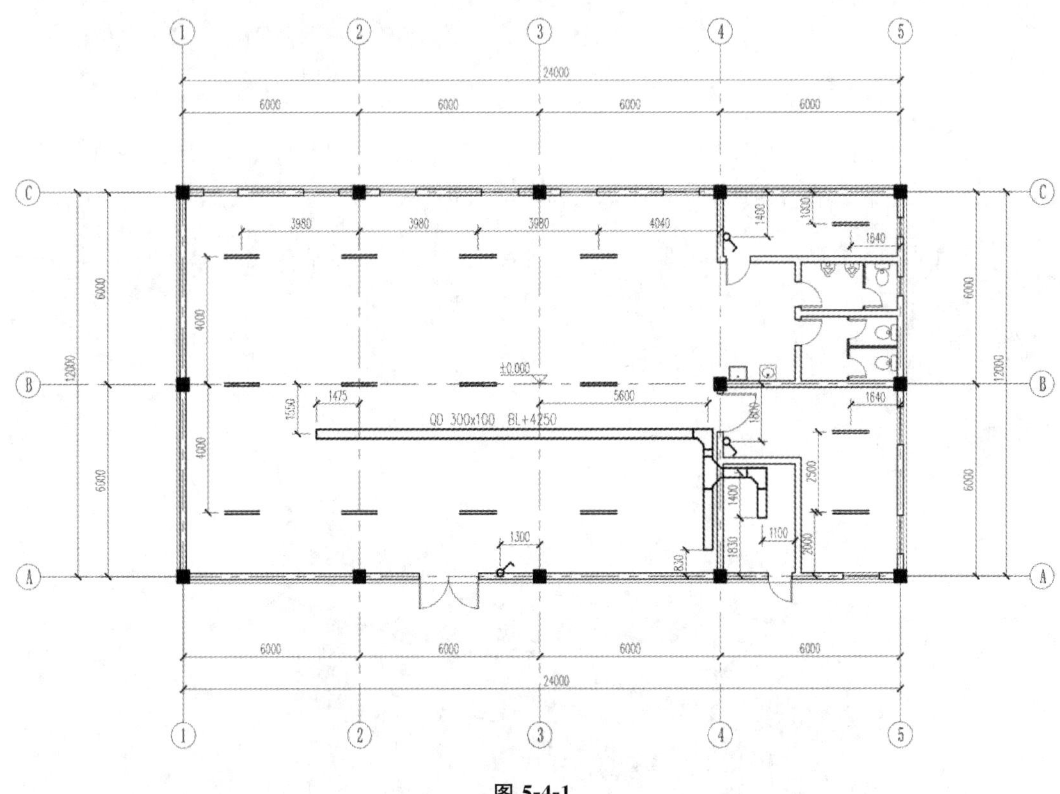

图 5-4-1

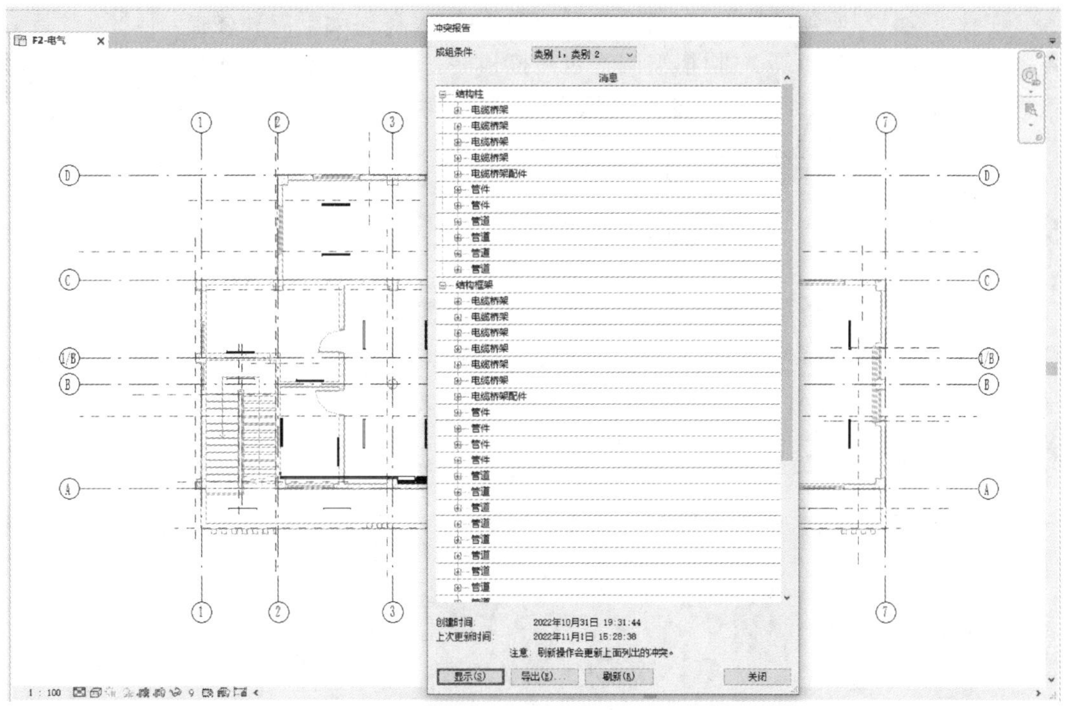

第六章　碰撞检查与优化

教学目标

通过本章的学习，了解碰撞检查的一般程序，掌握碰撞检查命令、查找碰撞检查的位置、导出碰撞检查报告；根据管综优化原则进行碰撞优化处理。

教学要求

能力目标	知识目标	权　重
了解碰撞检查的一般程序	(1)项目与项目之间碰撞检查； (2)项目内图元之间碰撞检查	20%
掌握碰撞检查命令、查找碰撞检查的位置、导出碰撞检查报告	(1)碰撞检查命令； (2)碰撞检查的位置； (3)导出碰撞检查报告	60%
根据管综优化原则进行碰撞优化处理	(1)碰撞优化原则； (2)碰撞优化处理	20%

在管线设计和安装过程中,为确保各系统间管线、设备间无干涉和碰撞,还必须对管道各系统间以及管道与建筑、结构模型间进行碰撞检测。Revit 提供了碰撞检查工具,用于对项目内部和链接项目之间的图元进行碰撞检查。本章学习如何使用 Revit 中的碰撞检查工具进行碰撞检测,并根据优化原则进行碰撞点处理,降低设计变更的风险。

6.1 碰撞检查

同一空间位置布置不同的图元,可能造成图元之间相互碰撞,不满足实际施工安装需求。利用 Revit 的"碰撞检查"功能可以找出所有碰撞点(包含项目内图元以及项目内图元与链接图元)。

6.1.1 运行碰撞检查

在实际项目开展时,通常将模型按专业进行创建。运行碰撞检查应根据需求和建模精度完成,本节以机电模型和结构模型为例进行介绍。

提示:卫生间隔断放置时,系统自带"隔断族"须基于墙放置,因此进行链接后的解绑处理,使链接的模型以"模型组"存在于当前模型中。

(1)打开"学习资料-第五章-5.3 照明系统布置. rvt"项目文件,将文件保存至"学习资料-第六章"文件夹,重命名为"6.1 碰撞检查. rvt"。

(2)点击"协作"选项卡-"坐标"面板-"碰撞检查"工具下拉三角,选择"运行碰撞检查",如图 6-1-1 所示。

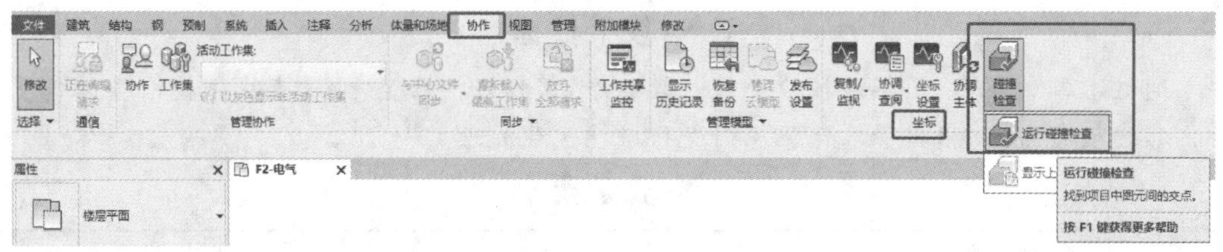

图 6-1-1

(3)点击"运行碰撞检查"后,弹出"碰撞检查"对话框,其中"类别来自"可以进行选择,默认为"当前项目",如果当前项目中有链接项目文件,可以选择对应链接的项目,如图 6-1-2 所示。因已将链接模型进行解绑,所以当前只能运行"当前项目与当前项目"中图元类别进行碰撞检查。

提示:可以设置的组合有"当前项目与当前项目""链接项目与当前项目",不能运行"链接项目与链接项目"碰撞检查。

(4)勾选左侧模型类别的结构构件,包含"结构基础、结构柱、结构框架"结构专业构件,右侧勾选"电缆桥架、电缆桥架配件、管件、管道、管道附件、线管、线管配件、风口、风管、风管管件、风管附件"机电专业构件,如图 6-1-3 所示。选择完成后,点击"确定"按钮,运行碰撞检查,运行完成后弹出"冲突报告"对话框。

图 6-1-2　　　　图 6-1-3

(5)冲突报告对话框中,成组条件可以设置为"类别 1,类别 2"或"类别 2,类别 1",区别在于下侧列表的分组,如图 6-1-4、图 6-1-5 所示,其中类别 1 指"碰撞检查"对话框中左侧勾选的类别,类别 2 指"碰撞检查"对话框中右侧勾选的类别。

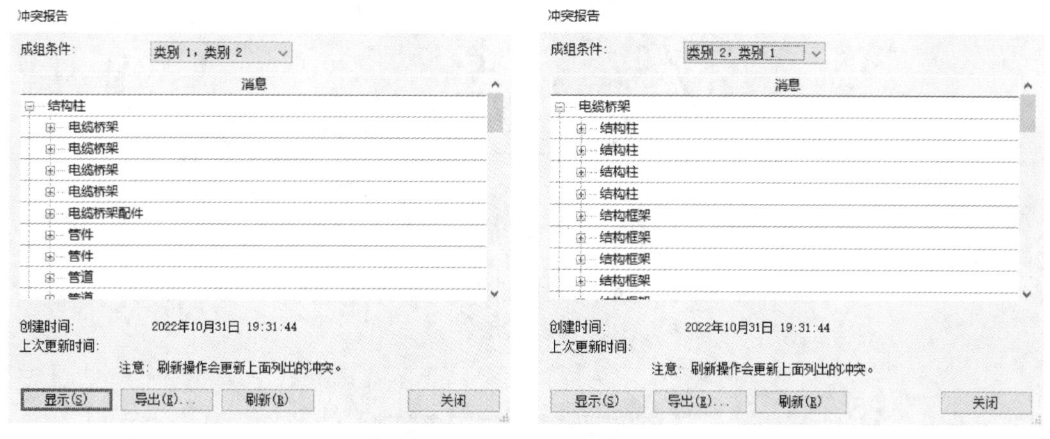

图 6-1-4　　　　图 6-1-5

(6)查阅第一个冲突点,列表一级目录为"结构柱",二级目录为"电缆桥架",因此第一个冲突即为"结构柱"与"电缆桥架"碰撞,点击"电缆桥架"前的"+",展开第一个冲突问题,如图6-1-6所示。冲突具体信息包含有发生冲突的"系统族""族类型"和发生碰撞构件的 ID。

(7)选中第一个冲突信息,点击左下角"显示"按钮,弹出"Revit"对话框,提示当前视图中"未打开任何显示所有高亮显示图元的视图……",如图 6-1-7 所示,点击"确定"按钮。

提示:当前碰撞问题为结构专业和电气专业,因当前视图位于卫浴楼层平面,未显示电气专业相关图元,因此弹出"Revit"对话框。

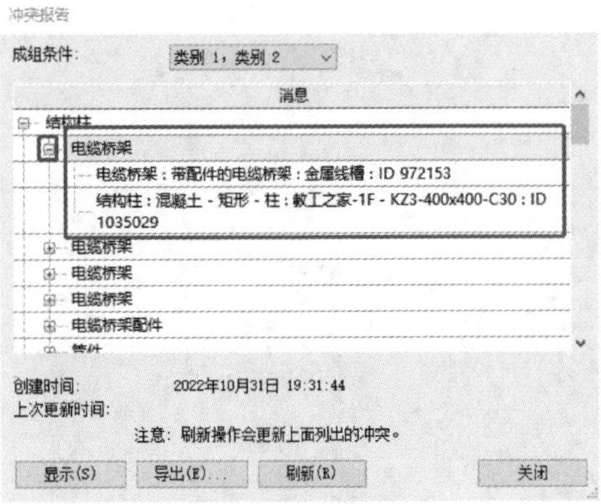

冲突报告
成组条件:
类别 1，类别 2
消息
结构柱
电缆桥架
电缆桥架 : 带配件的电缆桥架 : 金属线槽 : ID 972153
结构柱 : 混凝土 - 矩形 - 柱 : 教工之家-1F - KZ3-400x400-C30 : ID 1035029
电缆桥架
电缆桥架
电缆桥架
电缆桥架配件
创建时间:
2022年10月31日 19:31:44
上次更新时间:
注意: 刷新操作会更新上面列出的冲突。
显示(S)
导出(E)...
刷新(R)
关闭

图 6-1-6

冲突报告
成组条件:
类别 1，类别 2
消息
结构柱
电缆桥架
电缆桥架 : 带配件的电缆桥架 : 金属线槽 : ID 972153
结构柱 : 混凝土 - 矩形 - 柱 : 教工之家-1F - KZ3-400x400-C30 : ID 1035029
电缆桥架
电缆桥架
电缆桥架
电缆桥架配件
Revit
未打开任何显示所有高亮显示图元的视图。搜索所有关闭的视图来查找适当的视图可能要花很长时间。是否继续?
确定
取消
创建时间:
上次更新时间:
显示(S)
导出(E)...
刷新(R)
关闭

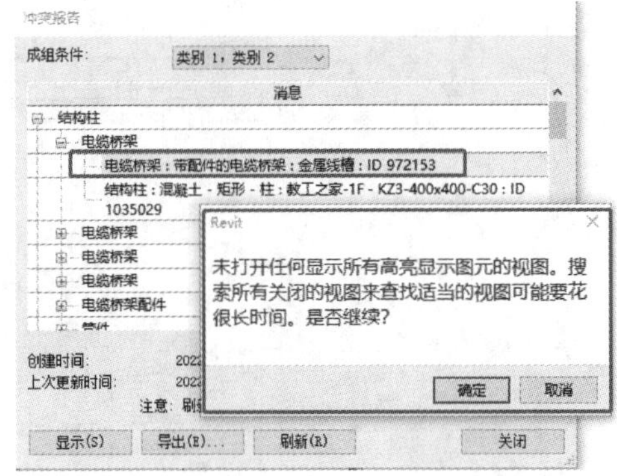

图 6-1-7

(8)视图切换至 F2-电气，绘图区域桥架高亮“橘色”显示，如图 6-1-8 所示，说明第一个冲突问题对应本段桥架。点击电缆桥架的下方结构柱冲突信息，绘图区域结构柱高亮“橘色”显示，如图 6-1-9 所示，表明冲突为 F2 水平电缆桥架和 3\A 轴结构柱。

F2-电气
冲突报告
成组条件:
类别 1，类别 2
消息
结构柱
电缆桥架
结构柱 : 混凝土 - 矩形 - 柱 : 教工之家-1F - KZ3-400x400-C30 : ID 1035029
电缆桥架
电缆桥架
电缆桥架
电缆桥架配件
创建时间:
2022年10月31日 19:31:44
上次更新时间:
2022年11月1日 15:28:38
注意: 刷新操作会更新上面列出的冲突。
显示(S)
导出(E)...
刷新(R)
关闭
向下

图 6-1-8

冲突报告
成组条件:
类别 1，类别 2
消息
结构柱
电缆桥架
电缆桥架 : 带配件的电缆桥架 : 金属线槽 : ID 972153
结构柱 : 混凝土 - 矩形 - 柱 : 教工之家-1F - KZ3-400x400-C30 : ID 1035029
电缆桥架
电缆桥架
电缆桥架
电缆桥架配件
创建时间:
2022年10月31日 19:31:44
上次更新时间:
2022年11月1日 15:28:38
注意: 刷新操作会更新上面列出的冲突。
显示(S)
导出(E)...
刷新(R)
关闭

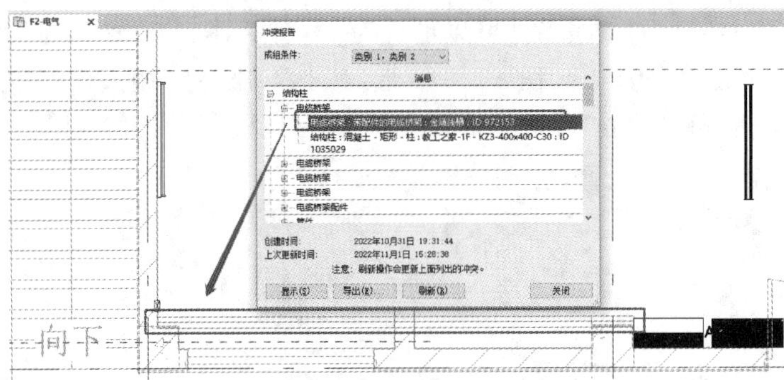

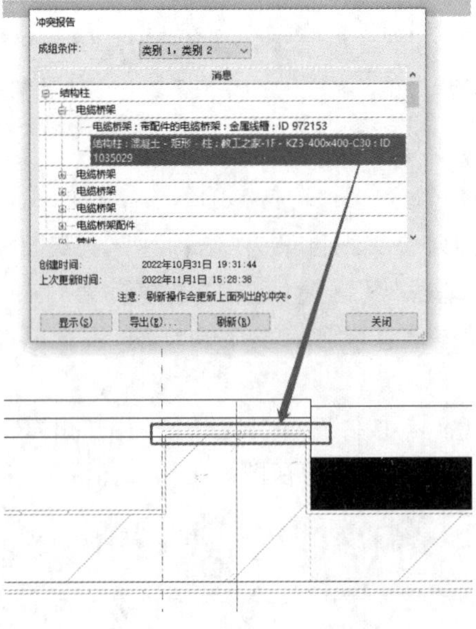

图 6-1-9

提示：Revit 中每一个图元都由系统自动分配一个唯一的 ID。可以通过“管理”选项卡-“查询”面板-“按 ID 选择”工具，搜索查询对应的图元。

(9)至此完成碰撞检查及碰撞点查询，保存该项目文件。

6.1.2　导出碰撞报告

Revit 可以将每次碰撞检查的结果导出为独立的 html 格式的报告文件。

(1)点击“协作”选项卡-“坐标”面板-“碰撞检查”工具下拉三角，选择运行“碰撞检查”或“显示上一个报告”，如图 6-1-10 所示，点击“显示上一个报告”选项，弹出上次运行碰撞后的“冲突报告”对话框。

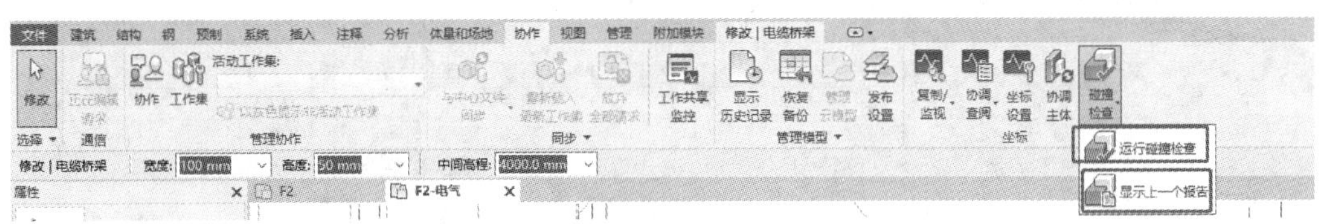

图 6-1-10

(2)点击冲突报告对话框“导出”按钮，如图 6-1-11 所示，弹出“将冲突报告导出为文件”对话框，将文件名设置为“6.1.2 碰撞报告”，保存路径为“学习资料-第六章”文件夹，导出的报告文件以 html 格式保存，如图 6-1-12 所示。

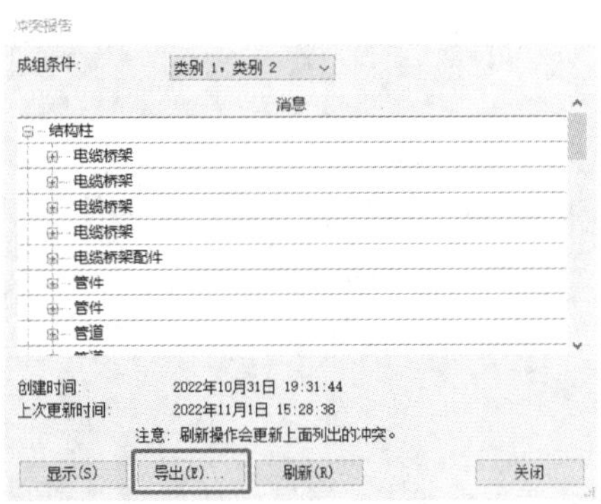

图 6-1-11

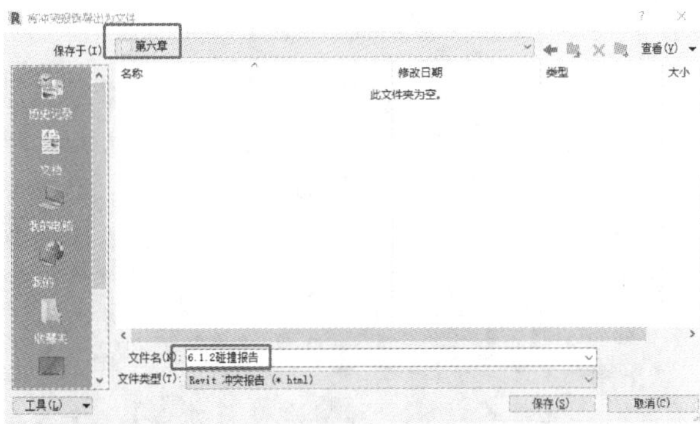

图 6-1-12

(3)以路径“学习资料-第 6 章-6.1.2 碰撞报告”找到文件,选择该碰撞报告查阅文件,如图 6-1-13 所示。

冲突报告

冲突报告项目文件: 习资料 \第六章\6.1碰撞检查.rvt
创建时间: 2022年10月31日 19:31:44
上次更新时间: 2022年11月1日 15:28:38

	A	B
1	结构柱 : 混凝土 - 矩形 - 柱 : 教工之家-1F - KZ3-400x400-C30 : ID 1035006	管道 : 管道类型 : 给水系统 : ID 803003
2	结构柱 : 混凝土 - 矩形 - 柱 : 教工之家-1F - KZ3-400x400-C30 : ID 1035006	管件 : 弯头 - 常规 : 标准 : ID 803050
3	结构框架 : 混凝土 - 矩形梁 : 教工之家-1F-KL2(3)-C30-250*500 : ID 1035053	管道 : 管道类型 : 给水系统 : ID 803225
4	结构框架 : 混凝土 - 矩形梁 : 教工之家-1F-KL2(3)-C30-250*500 : ID 1035053	管件 : 弯头 - 常规 : 标准 : ID 803237
5	结构柱 : 混凝土 - 矩形 - 柱 : 教工之家-1F - KZ2-400x400-C30 : ID 1035004	管道 : 管道类型 : 给水系统 : ID 803336
6	结构框架 : 混凝土 - 矩形梁 : 教工之家-1F-KL2(3)-C30-250*500 : ID 1035053	管道 : 管道类型 : 给水系统 : ID 803336
7	结构柱 : 混凝土 - 矩形 - 柱 : 教工之家-1F - KZ3-400x400-C30 : ID 1035006	管道 : 管道类型 : 给水系统 : ID 804435
8	结构柱 : 混凝土 - 矩形 - 柱 : 教工之家-1F - KZ3-400x400-C30 : ID 1035006	管件 : 弯头 - 常规 : 标准 : ID 804439
9	结构框架 : 混凝土 - 矩形梁 : 教工之家-2F-KL2(3A)-C30-200*500 : ID 1035099	管道 : 管道类型 : 给水系统 : ID 804451
10	结构框架 : 混凝土 - 矩形梁 : 教工之家-2F-KL2(3A)-C30-200*500 : ID 1035099	管件 : 弯头 - 常规 : 标准 : ID 804459
11	结构柱 : 混凝土 - 矩形 - 柱 : 教工之家-1F - KZ2-400x400-C30 : ID 1035004	管道 : 管道类型 : 给水系统 : ID 804461
12	结构框架 : 混凝土 - 矩形梁 : 教工之家-2F-KL10(5)-C30-200*500 : ID 1035092	管道 : 管道类型 : 给水系统 : ID 804461
13	结构框架 : 混凝土 - 矩形梁 : 教工之家-2F-KL2(3A)-C30-200*500 : ID 1035099	管道 : 管道类型 : 给水系统 : ID 804461
14	结构框架 : 混凝土 - 矩形梁 : 教工之家-2F-KL10(5)-C30-200*500 : ID 1035092	管道 : 管道类型 : 给水系统 : ID 804463
15	结构框架 : 混凝土 - 矩形梁 : 教工之家-2F-KL2(3A)-C30-200*500 : ID 1035099	管道 : 管道类型 : 给水系统 : ID 804463
16	结构框架 : 混凝土 - 矩形梁 : 教工之家-2F-KL10(5)-C30-200*500 : ID 1035092	管件 : 弯头 - 常规 : 标准 : ID 804465
17	结构框架 : 混凝土 - 矩形梁 : 教工之家-2F-KL2(3A)-C30-200*500 : ID 1035099	管件 : 弯头 - 常规 : 标准 : ID 804465
18	结构框架 : 混凝土 - 矩形梁 : 教工之家-1F-KL2(3)-C30-250*500 : ID 1035053	管道 : 管道类型 : 排水系统 : ID 805886
19	结构框架 : 混凝土 - 矩形梁 : 教工之家-2F-KL2(3A)-C30-200*500 : ID 1035099	管道 : 管道类型 : 排水系统 : ID 808235
20	结构框架 : 混凝土 - 矩形梁 : 教工之家-WM-KL10(5)-C30-200*500 : ID 1035125	管道 : 管道类型 : 消火栓系统 : ID 883662
21	结构框架 : 混凝土 - 矩形梁 : 教工之家-WM-WKL3(3A)-C30-200*500 : ID 1035131	管道 : 管道类型 : 消火栓系统 : ID 883675
22	结构框架 : 混凝土 - 矩形梁 : 教工之家-WM-KL10(5)-C30-200*500 : ID 1035125	管道 : 管道类型 : 消火栓系统 : ID 883683
23	结构框架 : 混凝土 - 矩形梁 : 教工之家-WM-WKL5(2A)-C30-200*500 : ID 1035135	管道 : 管道类型 : 消火栓系统 : ID 883933
24	结构框架 : 混凝土 - 矩形梁 : 教工之家-WM-WKL5(2A)-C30-200*500 : ID 1035137	管道 : 管道类型 : 消火栓系统 : ID 883933

图 6-1-13

(4)至此,完成了碰撞检查和导出冲突报告,保存该文件至指定目录,可打开“学习资料-第六章-6.1 碰撞检查.rvt”项目文件,查阅最终结果。

6.2 优化处理

机电管线和建筑结构都可能发生碰撞,当发生碰撞后需要遵循一定的原则进行处理,使优化后的各专业满足施工和实际运行需求。

6.2.1 优化处理原则

(1)机电管线与结构构建发生碰撞时,结构优先级最高,其他专业进行避让处理,首先判断是平面解决还是立面解决。如果平面移动管线位置可以解决碰撞冲突,则先平面移动管线位置,移动时注意不要与其他管线发生新的碰撞。若平面移动解决不了碰撞冲突,可以考虑将机电管线进行局部翻弯处理,翻弯时需要考虑后期安装成本和翻弯后的净高问题。

提示:一般情况下,结构碰撞与柱、梁、剪力墙相关。与柱的碰撞一般需要移动管线的平面位置;与梁的碰撞需要降低机电管线的安装高度,因梁的尺寸多样,又为了满足净高要求,因此与梁碰撞的地方需要结合实际情况进行处理,方法有局部梁下翻弯或整体降低机电管线高度;与剪力墙的碰撞需要将剪力墙进行开洞敷设套管。

(2)机电管线错综复杂,类型繁多,管线之间易出现交叉、碰撞情况,同样需要遵循一定的原则进行管线避让处理。

a. 小管径让大管径。小管径管道翻弯容易,且造价相对低。

b. 支管让主干管。分支管管径相对较小,且分支管的影响范围和重要性相对较低。

c. 有压流让无压流。重力无压流管道改变转向和流向,对管内的水流影响较大,且易出现管道内水无法正常流动。

d. 常温管让高(低)温管。高温管需要考虑排气问题,低温管要考虑防结露和保温问题。

e. 低压管让高压管。高压管造价高且强度要求高。

f. 一般管道让风管。风管管道尺寸体积大,绕弯困难。

g. 阀件少的管线让阀件多的管线。考虑后期安装、操作和维护等因素。

h. 施工简单的管线让施工难度大的管线。避免增加安装难度。

j. 检修次数少的管线让检修次数多的管线。考虑后期运行维护因素。

k. 临时管线让永久管线。考虑管线使用寿命。

6.2.2　优化碰撞问题

(1)打开"学习资料-第六章-6.1 碰撞检查. rvt"项目文件,另存为"6.2 优化处理. rvt"项目文件至学习资料第六章。

(2)点击"协作"选项卡-"坐标"面板-"碰撞检查"工具下拉三角"显示上一个报告",弹出"冲突报告"对话框,点击第一个冲突报告"+",展开冲突信息,显示为电缆桥架(ID972153)与结构柱发生碰撞,根据前面介绍优化处理的原则,需要移动电缆桥架的位置。

(3)选中"电缆桥架"冲突信息栏,点击对话框下面的"显示"按钮,该段桥架将呈高亮显示,选中该段电缆桥架,点击"修改"面板-"移动"工具,将高亮显示桥架向上移动 17 mm,如图 6-2-1 所示。

提示:点击冲突报告对话画框的"显示"按钮,视图将在平面和三维视图下进行切换。

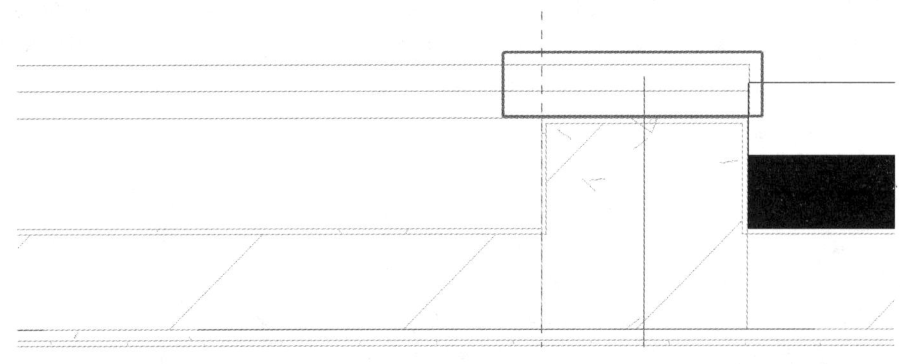

图 6-2-1

(4)点击冲突报告对话框"刷新"按钮,步骤(3)的电缆桥架(ID972153)冲突信息将从冲突报告中清除,因该冲突问题已经完成处理。

(5)继续处理类别 1 为结构柱的冲突问题,重复执行步骤(3),根据冲突信息找到对应的位置,依据处理的原则以及碰撞点的实际情况进行处理,处理完成后点击冲突报告对话框“刷新”按钮。修改完成后仅剩类别 1 为结构框架的冲突问题,如图 6-2-2 所示。

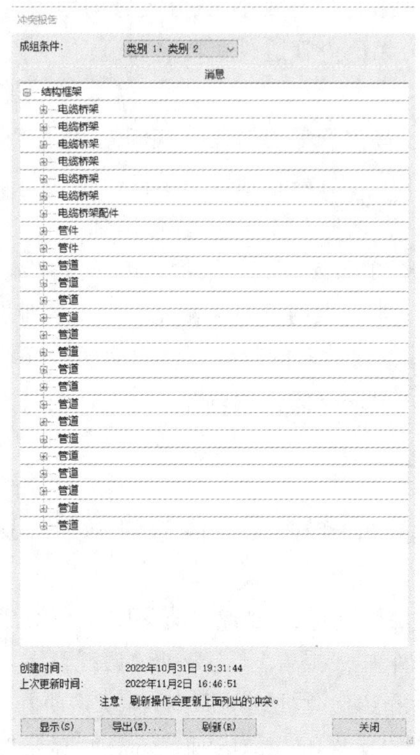

图 6-2-2

提示:不同的模型导出的碰撞冲突顺序不一样,可以参考典型位置进行碰撞优化处理。

(6)选中类别 1 为结构框架的第一个冲突信息的电缆桥架,点击“显示”按钮,切换至平面视图查阅桥架的位置,选中“冲突桥架”,利用“视图”面板-“选择框”工具,切换至局部三维视图,修改当前三维视图的规程为“协调”,切换选择第一个冲突信息的电缆桥架和结构框架,找到碰撞位置,调整三维视图视口,如图 6-2-3 所示。

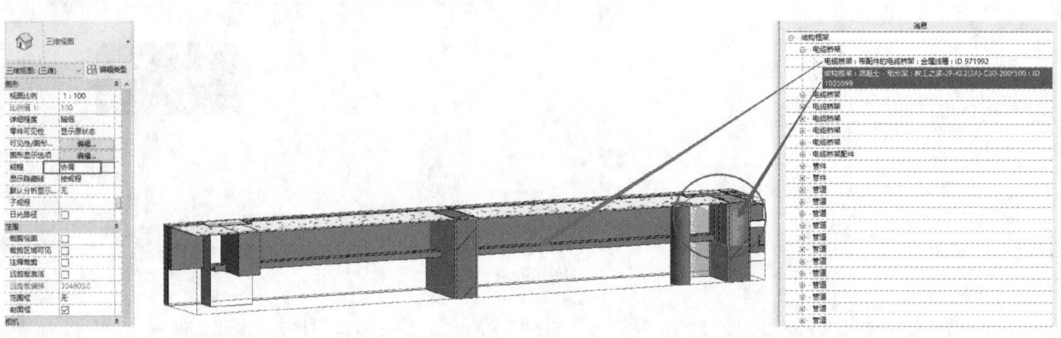

图 6-2-3

(7)该问题可以通过局部将桥架向下翻弯和整体降低桥架的安装高度解决,因该段桥架较短,并且另一侧位置与结构框架也发生碰撞,因此需将本段桥架高度降低。点击“注释”选线卡-“尺寸标注”面板-“高程点”工具,测量与桥架处碰撞的梁的高度为 3.970 m,所以需要将桥架顶高度调整为 3.970 m 以下。选中需要降低的桥架,修改属性面板约束参数列表的“顶部高程”为 3950 mm,如图 6-2-4 所示。

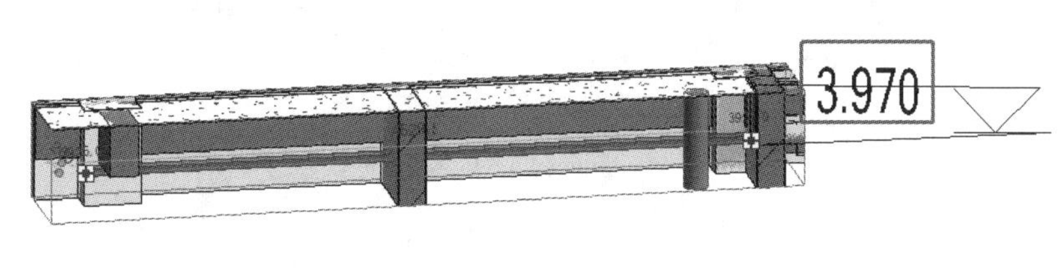

图 6-2-4

(8)点击冲突报告“刷新”按钮,重复执行(6)、(7)步骤,处理时结合实际情况进行优化。

提示:本项目中管线较少、相对简单,处理与梁碰撞机电管线时,直接测量梁底标高,选中对应的管线,直接将管线的顶部高度降低至梁下位置即可。卫生间洗手盆位置管线与梁冲突,需要在梁前将管线局部升高。

(9)优化完成后,点击“协作”选项卡-“坐标”面板-“碰撞检查”工具下拉三角,选择“运行碰撞检查”,按照图 6-2-3 设置运行碰撞检查,弹出“Revit”对话框,显示未检测到冲突,如图 6-2-5 所示,表明对应完成碰撞优化处理,处理后未产生新的碰撞。

图 6-2-5

(10)至此,完成优化处理,保存该文件至指定目录,可打开“学习资料-第六章-6.2 优化处理.rvt”项目文件查阅最终结果。

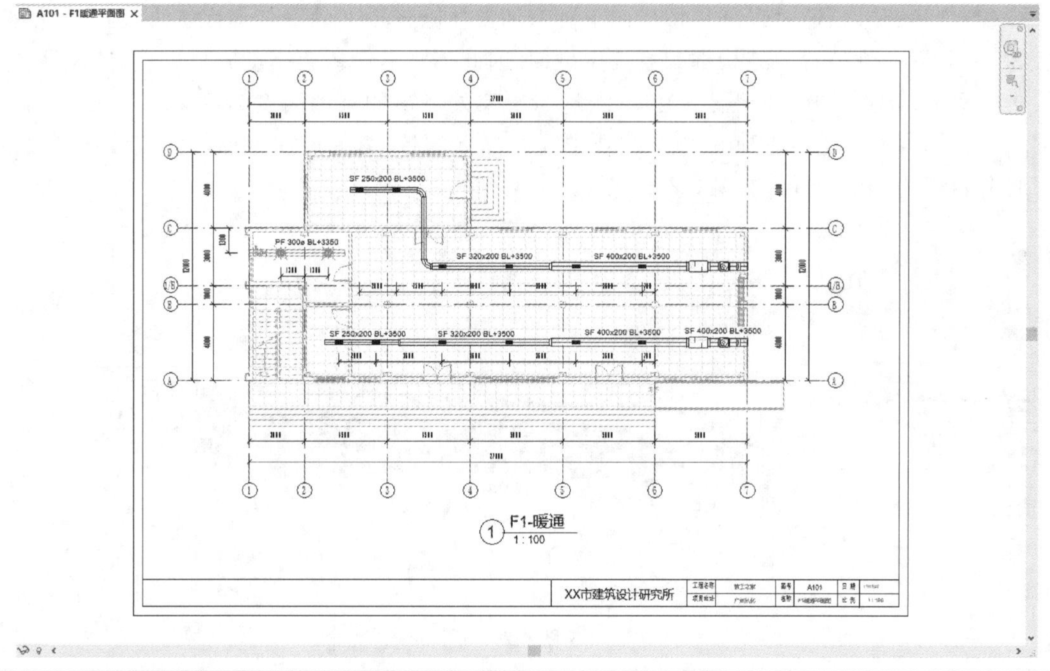

第七章　统计出图

教学目标

通过本章的学习，了解机电图纸注释和需要标注的内容；熟悉图纸创建流程和方法，掌握单类别统计方法和多类别统计方法。

教学要求

能力目标	知识目标	权　重
了解图形注释流程和需要标注的内容	(1)尺寸标注； (2)按类别标记； (3)修改标记族	25%
熟悉图纸创建流程和方法	(1)图纸视图创建； (2)导出 CAD 图纸	25%
掌握单类别统计方法和多类别统计方法	(1)单类别统计风管明细表； (2)多类别统计风管系统其他构件	50%

本章学习如何对创建完成的暖通模型进行图纸标注，利用 Revit 明细表统计功能对风管系统进行数据统计汇总。

7.1　标注出图

在实际项目实施时，从 Revit 中直接出图，需要设置线型、线宽、填充图案、图层、文字注释、图框制作等，以便出具符合企业标准的剖面图、大样图等相关内容。本节以风管标注出图为例，讲述基本的操作流程。

7.1.1　图形注释

（1）打开“学习资料-第七章-6.2 优化处理. rvt”项目文件，另存为“7.1 标注出图. rvt”项目文件至学习资料第七章。

（2）添加风管系统缩写。点击“项目浏览器”面板的“族”，展开“风管系统”，选择“送风”，进入“类型属性”对话框，点击“类型参数-标志数据-缩写”右侧单元格，输入送风系统的缩写“SF”。打开族类型选择框，切换到“排风”类型，继续为排风系统添加缩写“PF”，如图 7-1-1 所示，点击“确定”按钮完成对风管系统缩写的填写。

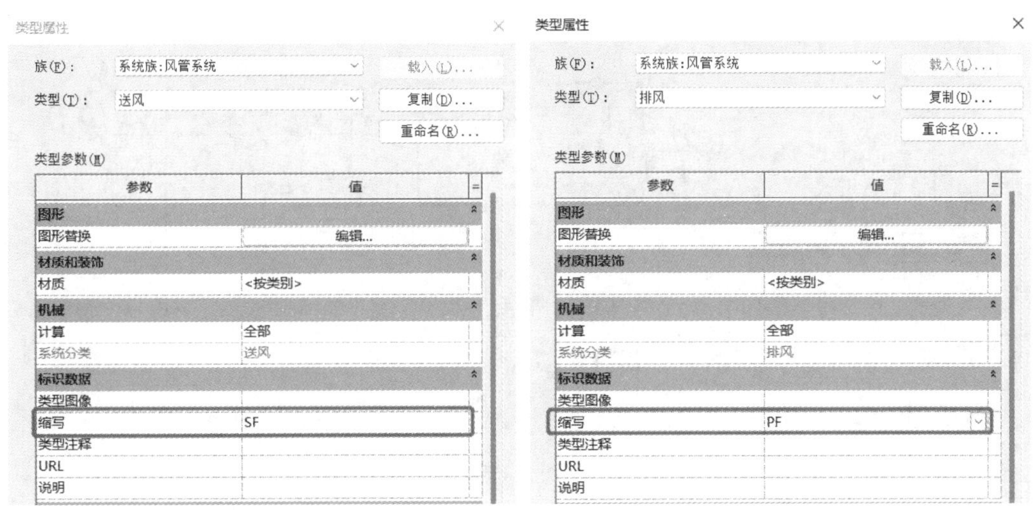

图 7-1-1

（3）按类别标记单个风管标记。切换视图到 F1-暖通楼层平面视图。点击“注释”选项卡-“标记”面板-“按类别标记”工具，进入“修改|标记”上下文选项卡，移动鼠标光标到 CD 轴之间的送风管上，此时会对应出现一个风管的注释标记，完成对改该段送风风管的标记，如图 7-1-2 所示。

（4）编辑风管标记族。选择该风管标记族，进入“修改/风管标记”上下文选项卡，点击“模式”面板的“编辑族”工具，进入“风管尺寸标记”的族编辑界面。点击绘图区域的样例标记，此时“属性面板”会显示该标签的图形参数。点击“属性面板”的“标签”的“编辑”按钮，进入“编辑标签”对话框。在左侧的“类别参数”找到“系统缩写”，选择该参数，或者点击中间的“添加”按钮，将该参数添加到“标签参数”，并将其“上移”到序号 1；修改第 3 行“底部高程”的“前缀”为“BL＋”，如图 7-1-3 所示，点击“确定”按钮返回修改界面。

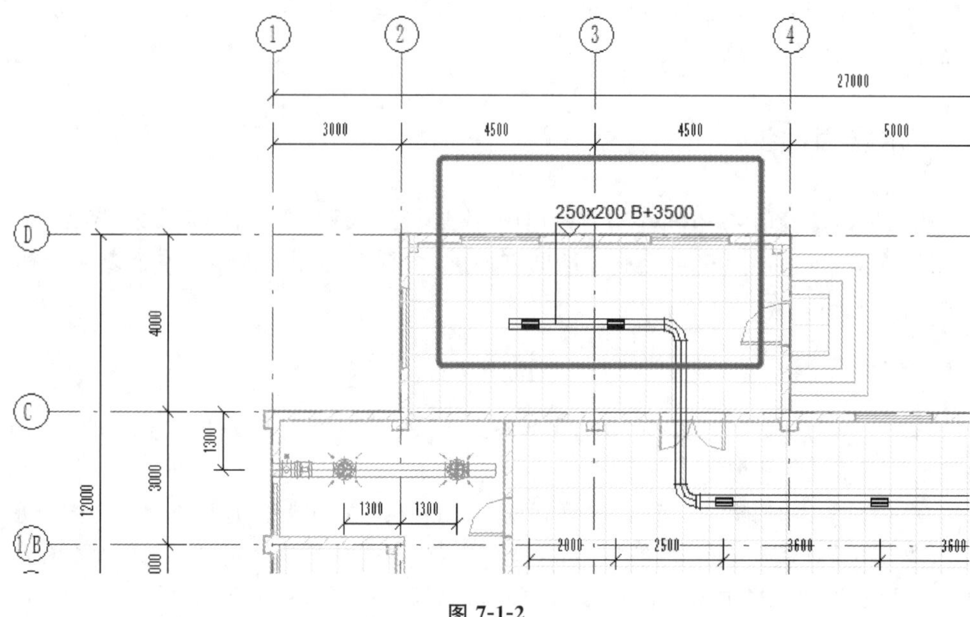

图 7-1-2

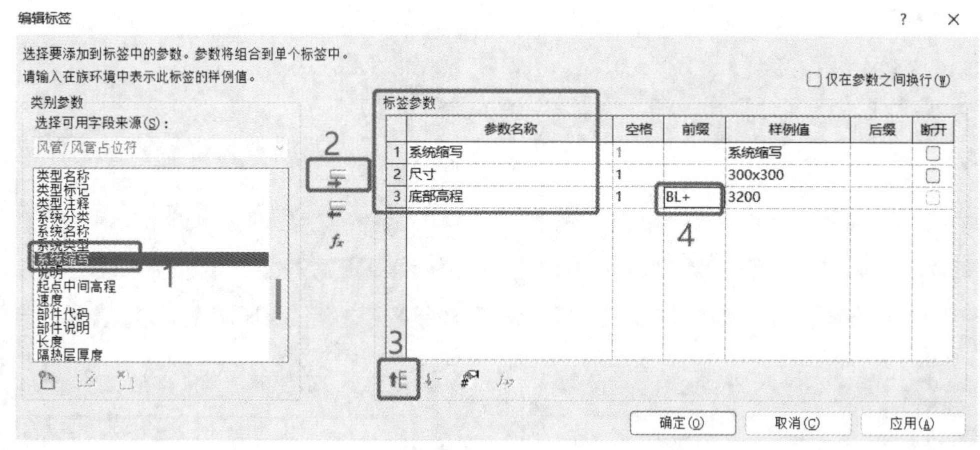

图 7-1-3

（5）此时会发现标签参数自动分为两行。点击标签参数，出现蓝色矩形框后，拖曳该矩形框右侧小蓝点，让标签参数在一行完成注写。继续选中标签参数底部三角线型，将其删除，完成后的标签族如图 7-1-4 右侧所示。

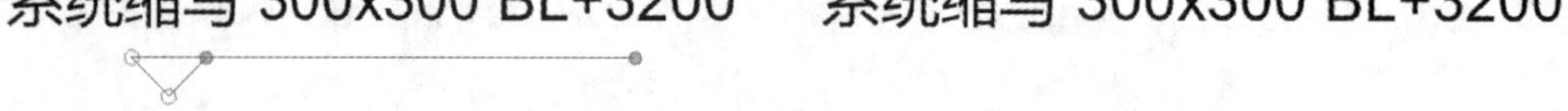

系统缩写 300x300 BL+3200　　系统缩写 300x300 BL+3200

图 7-1-4

（6）完成标签族的修改后，点击“族编辑器”面板的“载入到项目并关闭”，将该“风管尺寸标记”族保存，载入到“7.1 图形注释”项目文件，选择“覆盖现有版本及其参数值”，可以看到风管标记已经按照新设置的标签族进行了修改。选中该标签族，移动鼠标光标到“选项栏”，清除选项栏的“引线”的勾选。移动标签族到送风管上方适当位置，如图 7-1-5 所示。

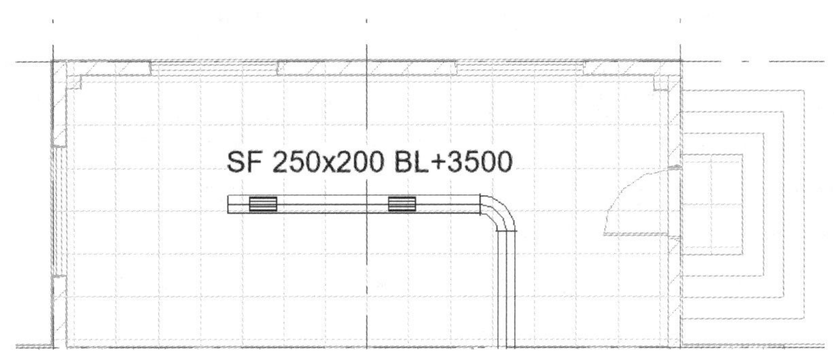

图 7-1-5

(7)标记全部风管族。点击“注释”选项卡-“标记”面板-“按类别标记”工具，去掉“选项栏”的“引线”的勾选，依次标记剩余的送风管，1/B 和 C 轴间的排风管，并分别移动标签到风管上方的适当位置，如图 7-1-6 所示。点击保存按钮，及时保存项目文件。

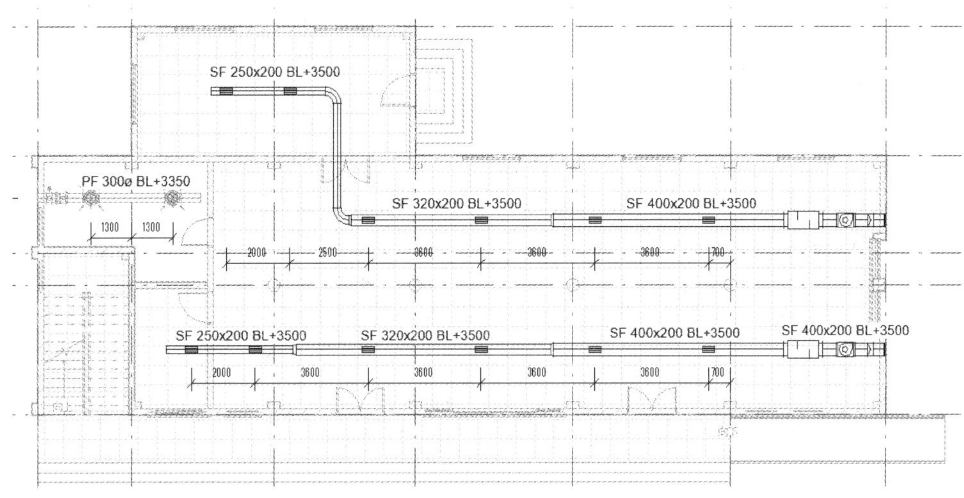

图 7-1-6

7.1.2　图纸创建

(1)新建图纸。点击“项目浏览器”的“图纸(全部)”按钮，进入“新建图纸”对话框。此时项目默认的标题栏有 A1 公制等类型，点击“载入”命令，找到“学习资料\族文件\第七章\教工之家出图图框. rte”族文件，选中该文件，点击“打开”，将该图框载入到图纸标题栏，如图 7-1-7 所示。点击“确定”按钮完成利用外部图框创建图纸。

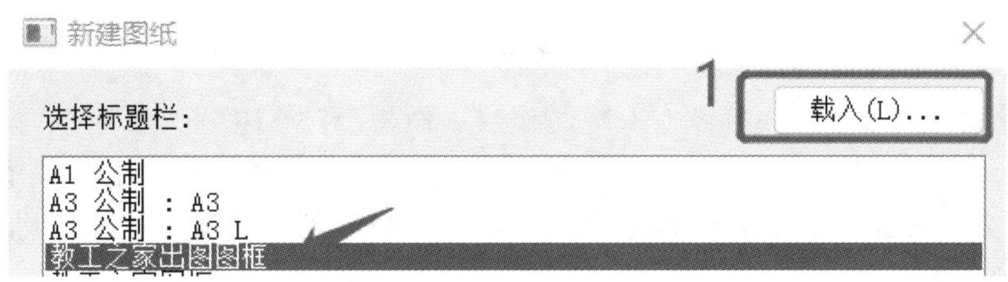

图 7-1-7

(2)修改图纸的图框信息。点击"图纸"下方新生成的图纸,在弹出的"图纸标题"对话框,修改"名称"为"F1暖通平面图"。点击"确定"按钮返回,可以看到绘图区域图框的右下角的"名称"、属性面板"标识数据"的"图纸名称"同步修改为"F1暖通平面图"。同时选择图框的"设计者",将其修改为"XX市建筑设计研究所",修改"工程名称"为"教工之家",点击"项目地址"右侧的单元格,在弹出的"编辑文字"对话框输入"广州从化",点击"确定"按钮,完成对图框信息的修改,如图7-1-8所示。

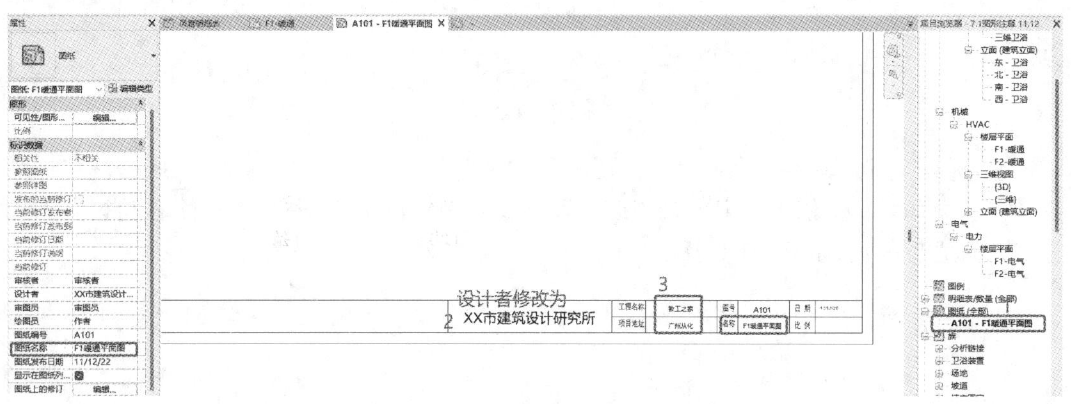

图 7-1-8

(3)添加F1暖通平面图到图纸。选中"A101-F1暖通平面图"的图纸,选择"添加视图"命令,在弹出的"视图"对话框选择"楼层平面:F1-暖通",点击"在图纸中添加视图"按钮。此时鼠标光标上会出现一个跟随的空视图,选择合适位置将F1-暖通楼层平面视图添加到该图纸上,如图7-1-9所示。

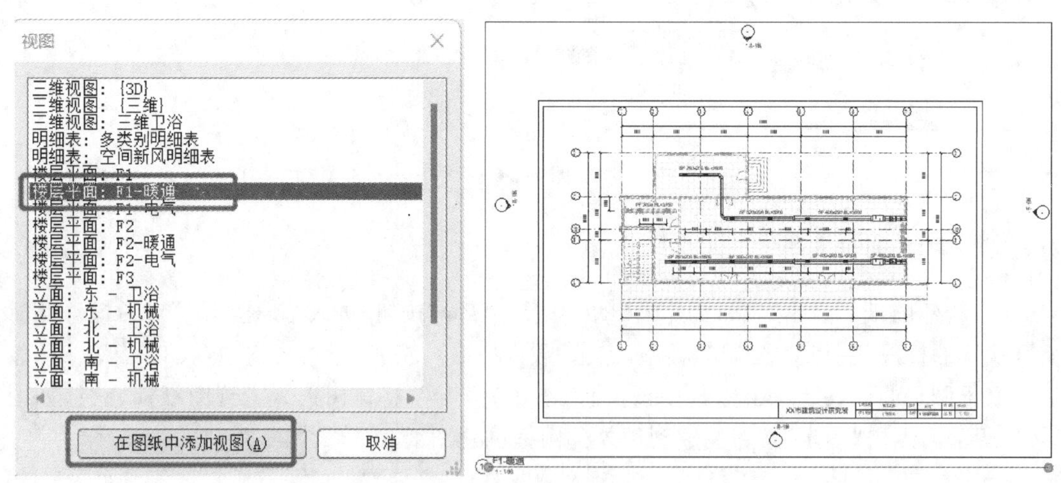

图 7-1-9

(4)优化处理图纸视图。打开"F1-暖通楼层平面图"和"A101-F1暖通平面图",关闭其他视图,输入"WT"快捷键,让2个视图在绘图区域平铺,对比优化图纸上的视图。勾选"属性"面板的"裁剪视图"和"裁剪区域可见"2个命令,可以看到2个视图的外侧均出现了一个矩形框,如图7-1-10所示。

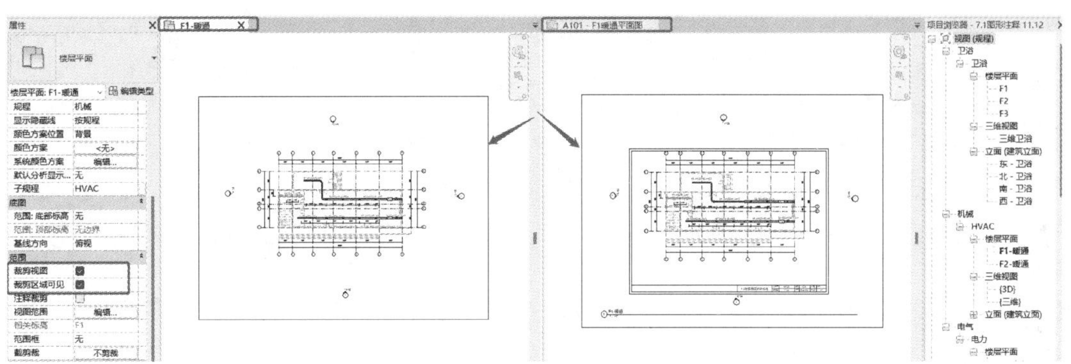

图 7-1-10

(5)点击“F1-暖通楼层平面图”的裁剪视图框,视图框的四周会出现 4 个小蓝点。分别拖动 4 个小蓝点,直至裁剪视图框的边界线刚好在轴线轴号外侧边缘处,同步观察“A101-F1 暖通平面图”在图纸上的位置,通过“移动”命令或者方向键移动该视图。完成以上操作步骤后,去掉“属性面板”的“裁剪区域可见”的勾选,去掉视图外侧的裁剪边界线,如图 7-1-11 所示。

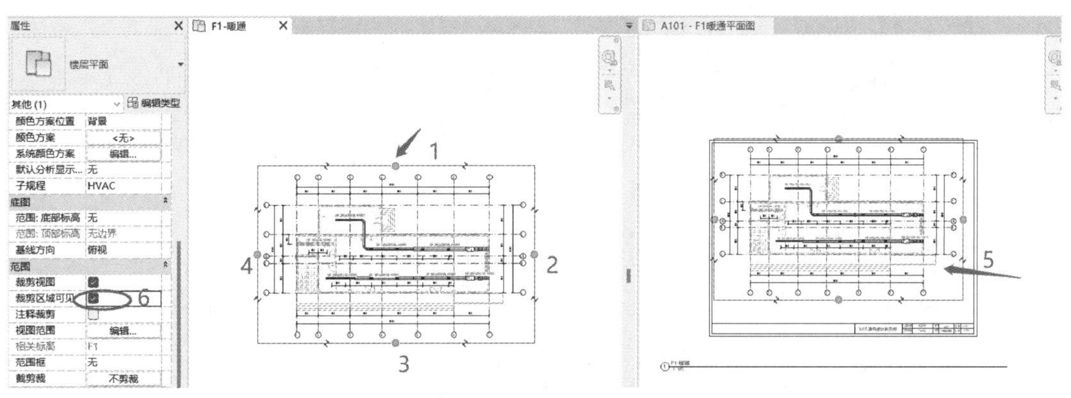

图 7-1-11

(6)移动和修改图纸的视图名称。输入“TW”快捷键,恢复视图的单一窗口状态。此时可以看到项目浏览器“图纸-A101-F1 暖通平面图”下方附着一张“F1-暖通”的楼层平面视图。切换视图到“A101-F1 暖通平面图”,选中视图下方的视图名称(即视口),移动该视口到图纸图框内视图的下方合适位置。从下往上接触框选视口的线条,直到该线条的左右两侧出现小蓝点,按住右侧的小蓝点,向左拖动直到线条出现在视图名称“F1-暖通”下方适当位置。点击该视图名称,可以在属性框的“类型选择器”中修改不同类型的视口类型,也可以通过“编辑类型”对话框修改视口的类型参数。修改完成的图纸视图如图 7-1-12 所示。

(7)导出图纸。打开“图纸-A101-F1 暖通平面图”,点击“文件”选项卡-导出-CAD 格式-DWG 格式,进入“DWG 导出”对话框,可以看到当前要导出的图纸在左侧预览框显示,右侧“导出”下拉窗口显示“仅当期按视图/图纸”,点击“下一步”进入“导出 CAD 格式-保存到目标文件夹”对话框,修改下方“文件类型”为“AutoCAD2010 DWG 文件”,去掉下方“将图纸上的视图和链接作为外部参照导出”的勾选,如图 7-1-13 所示。保存路径至“学习资料-第七章”位置,点击“确定”按钮完成导出条件设定。

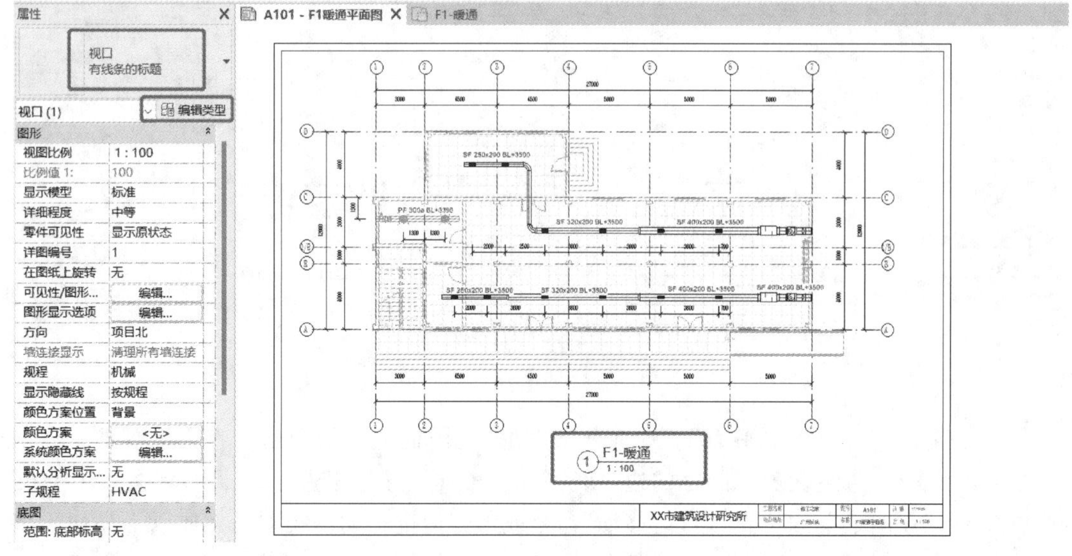

图 7-1-12

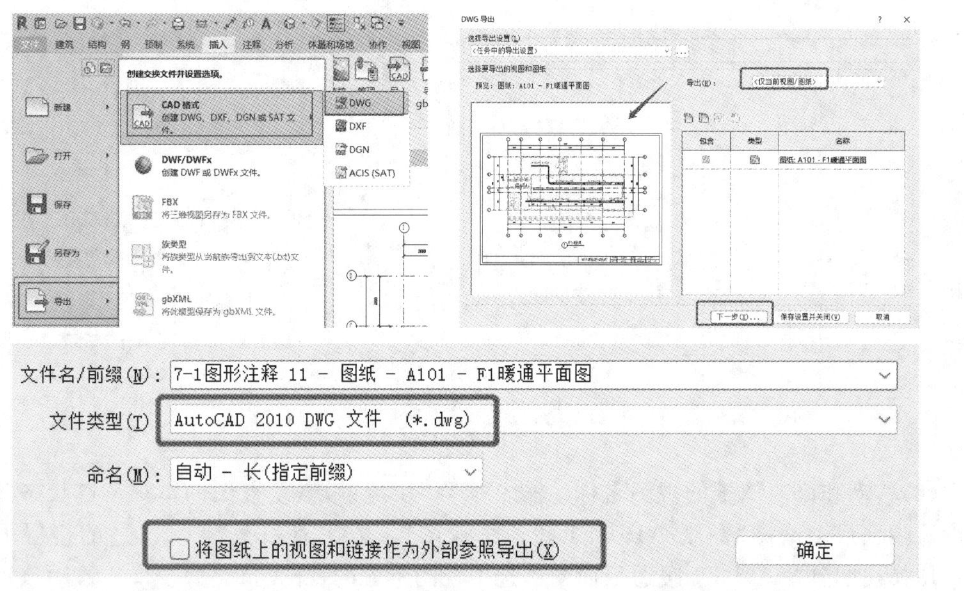

图 7-1-13

提示:此时图纸上的视图即为“图纸-A101-F1 暖通平面图”里添加的“F1-暖通楼层平面”视图,如果勾选“将图纸上的视图和链接作为外部参照导出”,将会导出 2 份 CAD 文件,一份为有图框的图纸文件,一份为没有图框的楼层平面视图文件。

(8)查看导出的 CAD 图纸。前往保存路径位置查看导出的 CAD 文件,导出的图纸会显示在 CAD 的布局窗口,如图 7-1-14 所示。点击“保存”按钮,将“7.1 标注出图.rvt”项目文件保存至“学习资料第七章”。

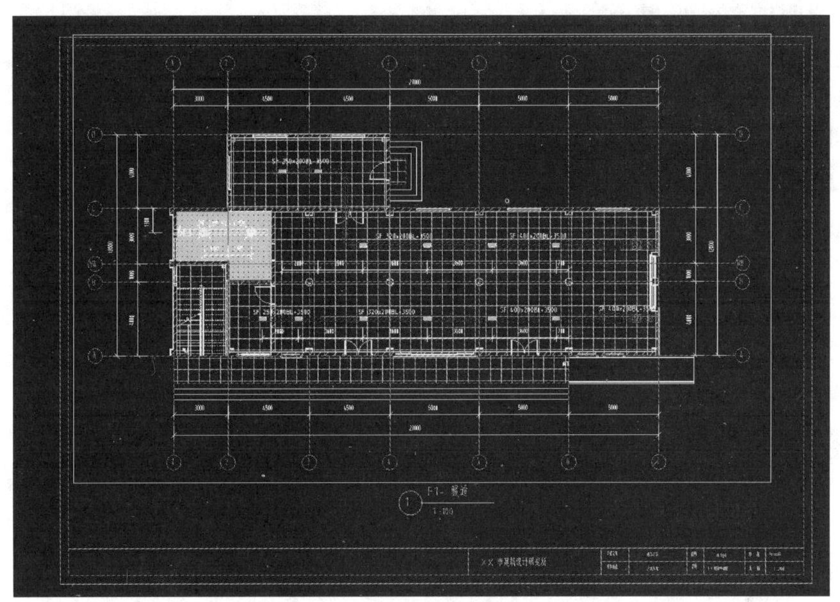

图 7-1-14

7.2　明细表统计

7.2.1　风管明细表创建

（1）新建风管明细表。

打开“学习资料-第七章-7.1 标注出图. rvt”项目文件，另存为“7.2 明细表统计. rvt”项目文件至学习资料第七章。点击“项目浏览器”面板的“明细表/数量（全部）”，选择“新建明细表/数量”，进入“新建明细表”对话框。在左侧的类别里找到“风管”，点击“风管”可以看到右侧“名称”自动更改为“风管明细表”，如图 7-2-1 所示，点击“确定”按钮进入“明细表属性”对话框。

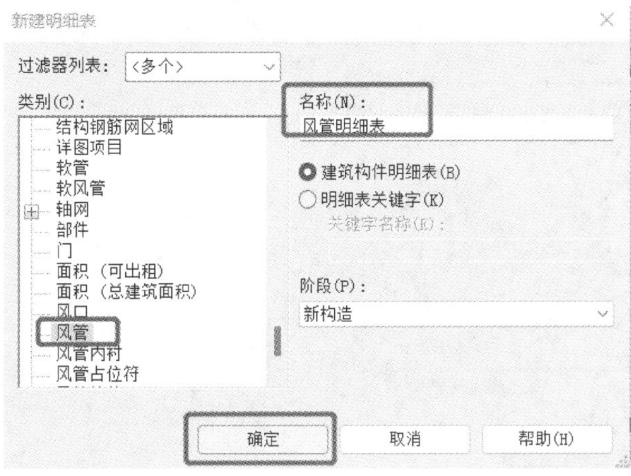

图 7-2-1

(2)设置明细表属性。

在“明细表属性”对话框下方“可用的字段”内,依次选择“尺寸”“长度”“底部高程”“合计”四个字段,将其添加到右侧的“明细表字段”窗口,可以利用“上移”命令调整 4 个字段的顺序,如图 7-2-2 所示。

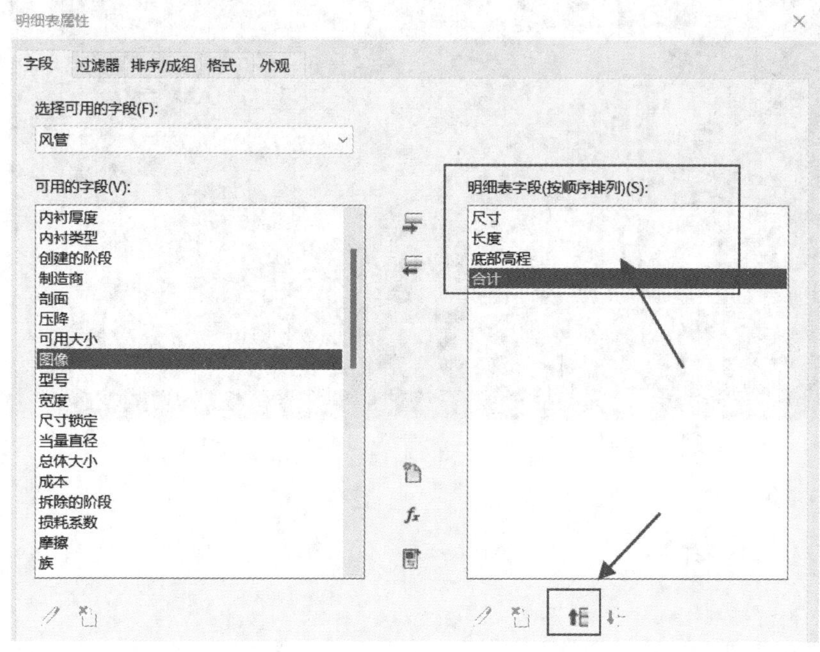

图 7-2-2

(3)设置“排序/成组”属性。

在“明细表属性”对话框将“字段”切换到“排序/成组”界面,排序方式按“尺寸”或按“长度”升序,勾选下方的“总计”,选择“标题、合计和总数”,不要勾选“逐项列举每个实例”,如图 7-2-3 所示。

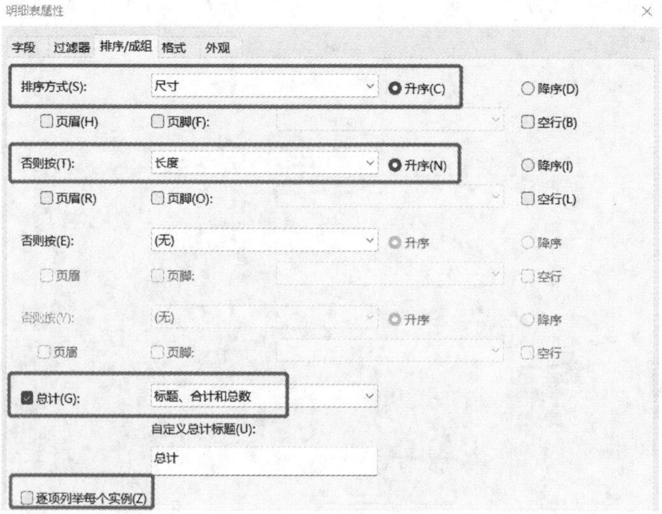

图 7-2-3

(4)查看生成的风管明细表。

点击“确定”按钮，视图会自动切换到“风管明细表”界面，此时的明细表已经自动按照前面“明细表属性”的“排序/成组”方式自动统计排布完成，如图 7-2-4 所示。此时点击“属性面板”的“编辑”按钮，可进入“明细表属性”对话框进行再次编辑与修改。点击“保存”按钮，完成对风管明细表的创建。

<风管明细表>

A	B	C	D
尺寸	长度	底部高程	合计
250x200	3244	3500	2
250x200	3622	3500	2
250x200	4010	3500	2
300ø	84	3350	2
300ø	250	3350	2
300ø	493	3350	2
300ø	640	3350	2
300ø	2079	3350	2
315ø	50	3097	4
320x200	6329	3500	2
320x200	8097	3500	2
400x200	374	3500	4
400x200	400	3500	4
400x200	434	3500	4
400x200	7300	3500	4
总计: 40			

图 7-2-4

7.2.2　多类别风管系统设备统计

(1)添加注释参数。切换视图到 F1-暖通楼层平面视图，框选视图上所有的图元，利用“过滤器”筛选视图上的“机械设备”“风口”“风管”“风管管件”“风管附件”，点击“确定”按钮返回视图，可以看到视图中所有的这些构件已经被选中。点击“属性面板”下方“标识数据”的“注释”右侧的单元格，输入“风系统”，如图 7-2-5 所示，点击下方的“应用”按钮，完成对 F1 风系统参数的添加。

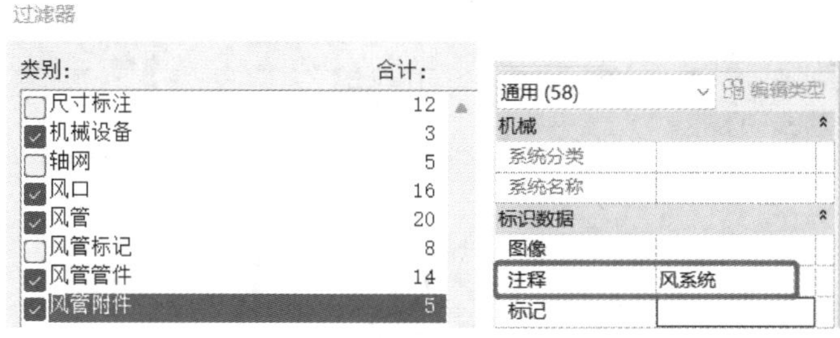

图 7-2-5

(2)新建多类别明细表。点击“项目浏览器”面板的“明细表/数量(全部)”，选择“新建明细表/数量”进入“新建明细表”对话框，选择左侧类别里默认的“多类别”，修改右侧的名称为“风管系统多类别明细表”。点击“确定”按钮进入“明细表属性”对话框，在“明细表属性”对话框左下方“可用的字段”内，找到“类别”“族与类型”“合计”“注释”四个字段，依次添加到右侧的“明细表字段”窗口，利用下方的“上移”命令调整 4 个字段的顺序。

(3)修改明细表属性。修改明细表属性的“过滤器”的“过滤条件”为“注释”“等于”“风系统”，“排序/成组”的排序方式为按“类别”升序，否则按“族与类型”升序，勾选下方的“总计”选择“标题、合计和总数”，清除勾选“逐项列举每个实例”，点击“确定”按钮完成编辑，如图 7-2-6 所示。

明细表属性
字段 过滤器 排序/成组 格式 外观
过滤条件(F): 注释 等于 风系统
明细表属性
字段 过滤器 排序/成组 格式 外观
排序方式(S): 类别 升序(C) 降序(D)
页眉(H) 页脚(F): 空行(B)
否则按(T): 族与类型 升序(N) 降序(I)
页眉(R) 页脚(O): 空行(L)
否则按(E): (无) 升序 降序
页眉 页脚: 空行
否则按(Y): (无) 升序 降序
页眉 页脚: 空行
总计(G): 标题、合计和总数
自定义总计标题(U):
总计
逐项列举每个实例(Z)

图 7-2-6

(4)修改明细表的显示格式。点击“属性面板”-“其他”-“格式”-“编辑”按钮，进入“明细表属性”对话框内部“格式”的修改界面，按住 Ctrl 键，同时选中左侧“字段”的“类别-族与类型-合计-注释”4 个字段，修改右侧“对齐”为“中心线”，点击“确定”按钮，可以得到“风管系统多类别明细表”的统计数据，如图 7-2-7 所示。

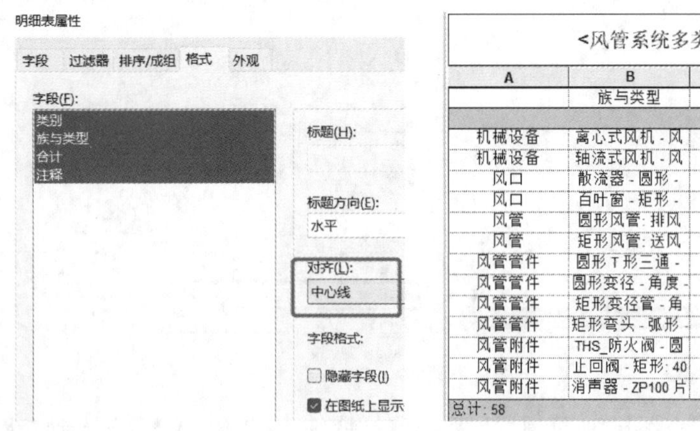

<风管系统多类别明细表>

A	B	C	D
	族与类型	合计	注释
机械设备	离心式风机 - 风	2	风系统
机械设备	轴流式风机 - 风	1	风系统
风口	散流器 - 圆形 -	2	风系统
风口	百叶窗 - 矩形 -	14	风系统
风管	圆形风管: 排风	7	风系统
风管	矩形风管: 送风	13	风系统
风管管件	圆形 T 形三通 -	2	风系统
风管管件	圆形变径 - 角度 -	2	风系统
风管管件	矩形变径管 - 角	8	风系统
风管管件	矩形弯头 - 弧形 -	2	风系统
风管附件	THS_防火阀 - 圆	1	风系统
风管附件	止回阀 - 矩形: 40	2	风系统
风管附件	消声器 - ZP100 片	2	风系统
总计: 58			

图 7-2-7

(5)至此完成暖通专业明细表的创建，保存该文件至指定目录，可打开“学习资料-第七章-7.2 明细表统计.rvt”项目文件，查阅最终结果。

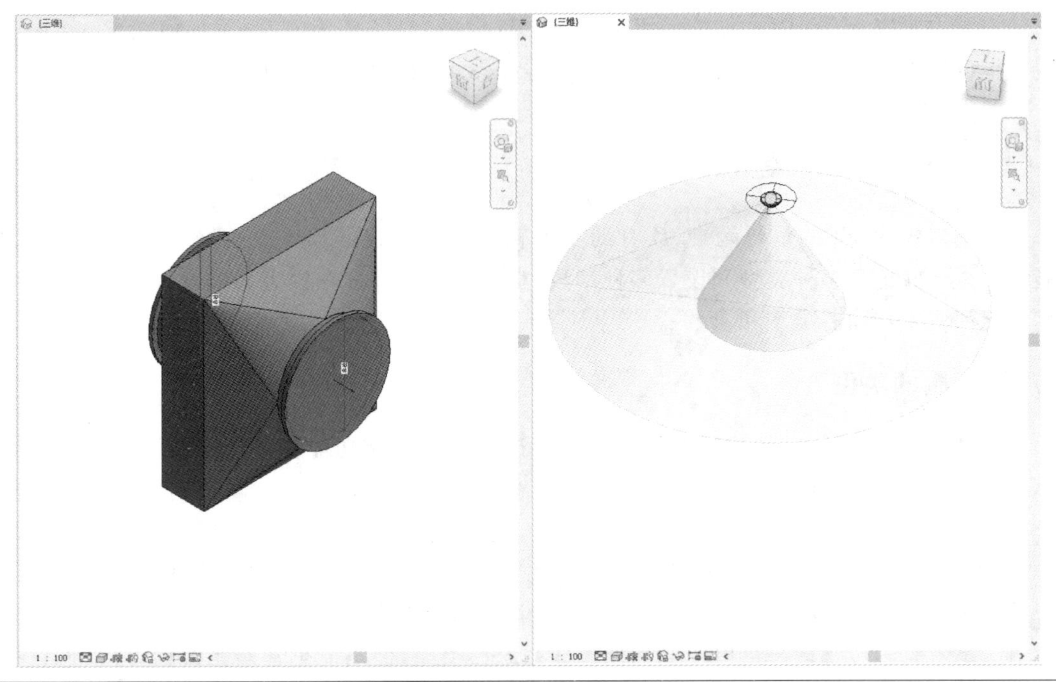

第八章　设备族创建

教学目标

通过本章的学习，了解设备族的基本创建方法；掌握三维族的创建方法；掌握二维族的创建方法。

教学要求

能力目标	知识目标	权重
了解设备族的基本创建方法	(1)认识族的类型； (2)常规的族样板； (3)创建族的方法	20%
掌握三维族的创建方法	(1)风机族的创建； (2)电气族的创建	50%
掌握二维族的创建方法	二维标记族的创建	30%

本章主要以"全国 BIM 技能等级考试"二级(设备)设备族为例,学习如何在 Revit 中实现三维设备族和二维标记族的创建。在绘制设备族前先介绍 Revit 创建族的基本方法。

8.1 族创建方法

族是构成 Revit 的重要元素,族有助于更轻松地管理数据和修改数据。使用族编辑器能够在每个族定义多种类型和设置多种参数,整个族创建过程在预定义的样板中执行,以满足设计师使用不同的类型和参数。

8.1.1 族的类型

在项目设计过程中,往往需要大量的族。这些不同的族功能都有所不同。根据类型划分,族可以分为系统族、构件族和内建族。

(1)系统族。

系统族是 Revit 中预定义的族。样板文件中提供的族包括基本设备构件,例如风管、风管占位符、管道、电缆桥架等。风管包括圆形风管、椭圆形风管和矩形风管三种,如图 8-1-1 所示。矩形风管包含多个可以复制和修改的系统族类型,但不能创建新系统族,可以通过指定新参数定义新的系统族类型,如图 8-1-2 所示。

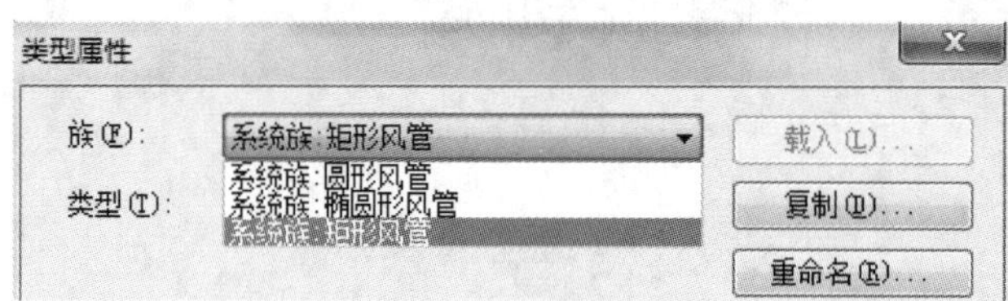

图 8-1-1

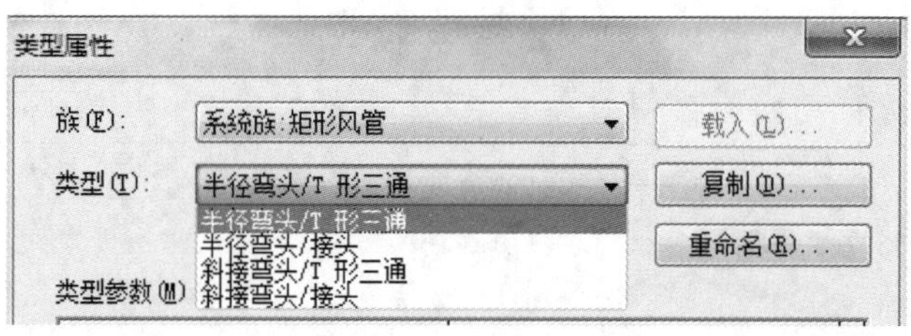

图 8-1-2

(2)构件族。

默认情况下,在项目样板中载入构件族,但更多构件族存储在族库中,使用族编辑器可以创建和修改构件族,也可以根据各种族样板创建新的构件族。构件族可以位于项目环境外,且具有".rfa"扩展名。可以将它们载入项目,也可以从一个项目传递到另一个项目。本章所介绍三维族和二维族均为该类型的族。

(3)内建族。

内建族可以是特定项目中的模型构件,也可以是注释构件。只能在当前项目中创建内建族,它们不能单独保存为".rfa"文件,也不能用在别的项目文件中。但内建族可以选择类别,且使用的类别将决定构件在项目中的外观和显示。

8.1.2 族的样板

不同的构件族有不同的属性。比如门、窗需要依附于墙体，柱可以随着标高的高度变化修改长度变化等。我们在创建族的时候，需要根据族的不同特点，使用不同的族样板。

(1)公制常规模型。该族样板最为常见，用它创建的族可以放置在项目的任何位置，不用依附于任何一个工作平面和实体表面。

(2)公制轮廓族。该样板用于绘制轮廓，可用于墙饰条、分隔条、竖梃、楼板边缘等轮廓，也可以嵌套当做其他族的轮廓使用。

(3)基于两个标高的公制常规模型。一般族样板只有一个参照标高，该族样板有两个标高分别为低于参照标高和高于参照标高，可以通过项目的标高与该两个参照进行关联，一般用于创建与标高关联度较高的构件(比如柱)。

(4)基于面的公制常规模型。该样板创建的族只能依附于其他构件，比如工作平面和其他实体表面，不用独立地放置在项目的绘图区域。类似的样板有基于楼板、墙、天花板和屋顶公制常规模型，这类样板创建的模型只能依附于对应的实体构件，不能独立放置。

(5)基于线的公制常规模型。该样板用于创建详图族和模型族，创建的族在使用上类似于画线，需要点击两次放置。

(6)自适应公制常规模型。该样板中可以把模型点修改成自适应点，载入主体当中，能够根据主体的大小修改尺寸的大小(比如嵌板门)，可以根据幕墙网格的大小修改嵌板门的大小，而不需要修改门的尺寸。

(7)公制常规标记。该样板常用于制作二维标记族，用来标记图元的某些属性。该标记族因为是二维族，在三维图中不显示。

(8)公制体量。该样板是一种比较特殊的族样板，一般用于项目前期的概念设计中，为设计师提供灵活、简单、快速的概念设计模型。创建的概念体量模型可以帮助设计师推敲建筑形态，还可以统计模型的建筑面积、占地面积、外表面积等设计数据。

8.1.3 族的创建方法

为了满足不同项目的需求，用户可以根据需要自定义族，在“形状”面板可以通过“拉伸”“融合”“旋转”“放样”和“放样融合”五种命令创建形状，不仅可以创建实心形状，也可以创建空心形状，如图 8-1-3 所示。下面分别介绍它们的使用方法。

图 8-1-3

(1)拉伸。该命令可以在任意平面(包括参照标高、立面和自定义的平面)上绘制一个二维轮廓，然后拉伸该轮廓使其与绘制塔的平面垂直，如在平面绘制一矩形轮廓，完成拉伸，可以创建一长方体，如图 8-1-4 所示。

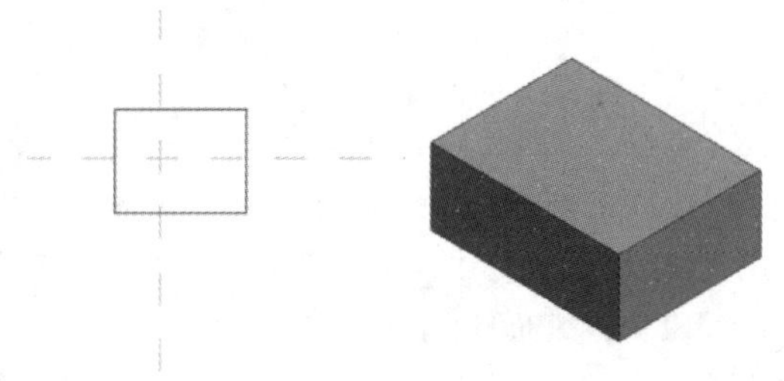

图 8-1-4

(2)融合。融合用于创建实心三维模型,该形状将沿其长度发生变化,从起始形状融合到最终形状。该工具可以融合两个轮廓。例如,如果绘制一个六边形并在其上方绘制一个圆形,则将创建一个实心三维形状,将这两个草图融合在一起,如图 8-1-5 所示。

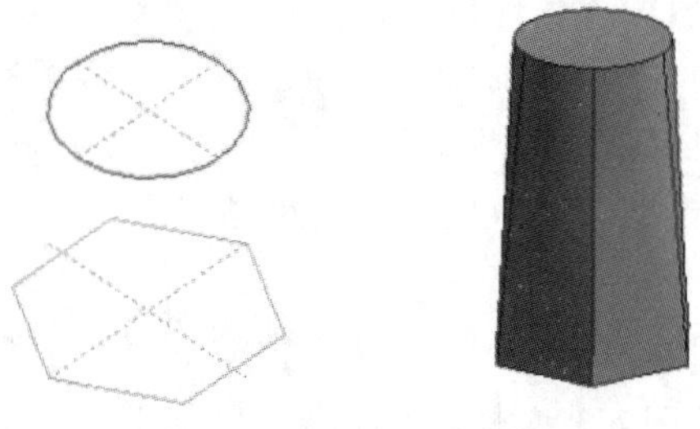

图 8-1-5

(3)旋转。旋转可以创建一个二维轮廓(围绕一根轴旋转而成的几何图形)。该二维轮廓可以与轴线重合,但不能相交。创建的形状可以是 360°,也可以是任意角度,如图 8-1-6 所示。

图 8-1-6

(4)放样。该命令需要绘制一个二维轮廓和一条垂直于该二维轮廓的路径,通过该二维轮廓沿着路径行走所形成的形状,如图 8-1-7 所示。

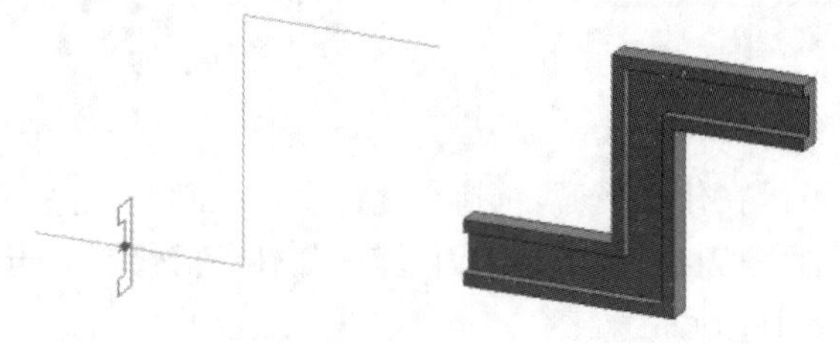

图 8-1-7

(5)放样融合。使用该命令可以创建具有两个不同轮廓的融合体，然后沿着路径对其进行放样。它的使用方法和放样基本一样，只是需要选择两个轮廓面，如图 8-1-8 所示。

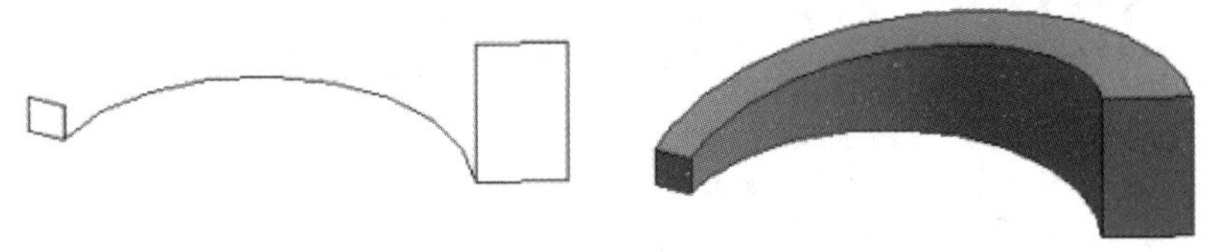

图 8-1-8

(6)空心形状。空心形状的操作方法与实心形状的操作方法完全一致，多用于实心形状局部需要剪切时，二者结合应用创建复杂形体。

8.2　三维族创建

三维族是设备族中常见的族文件，本节以风机族和电气族来介绍三维族的创建。

8.2.1　风机族创建

根据图纸(图 8-2-1)，用构件集方式建立 LWP 型油网滤尘器模型，添加风管连接件。风管连接件尺寸与风口尺寸对应(若未标明尺寸及样式则不做要求)，并将参数表中信息添加到模型中，保证参数单位准确。请将模型文件以“LWP 型油网滤尘器＋考生姓名. XXX”为文件名保存到考生文件夹中。(全国 BIM 技能等级考试二级设备第十九期第一题)

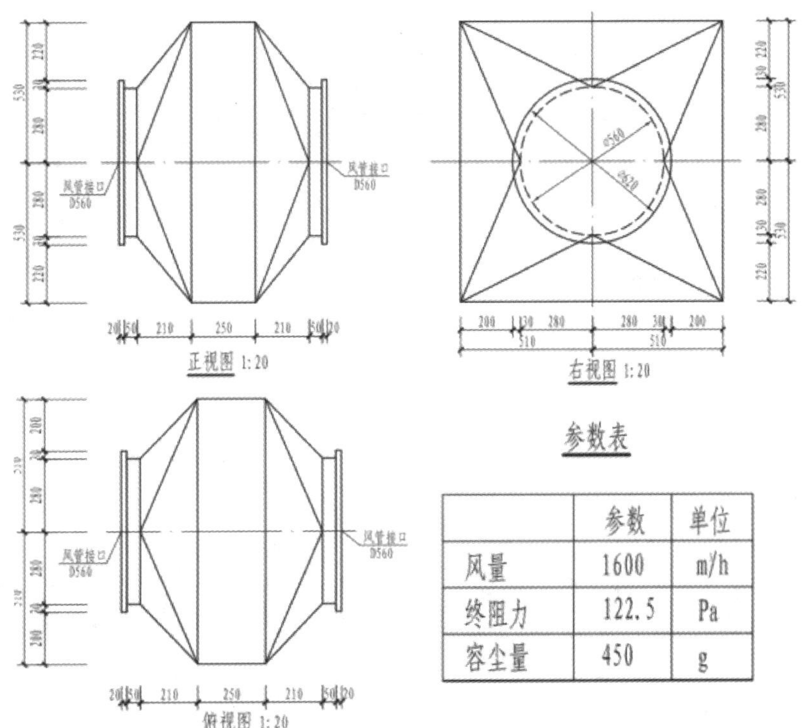

	参数	单位
风量	1600	m^3/h
终阻力	122.5	Pa
容尘量	450	g

图 8-2-1

(1)样板的选择:在创建设备族的时候我们需要选择合适的样板,该LWP型油网滤尘器属于机械设备,在选择样板的时候选择机械设备样板,具体操作如下。

打开软件,点击左侧“族”面板下面的“新建”按钮,弹出“新族-选择样板文件”对话框,找到“公制机械设备.rft”样板,选择该样板后,点击“打开”按钮,如图8-2-2所示。

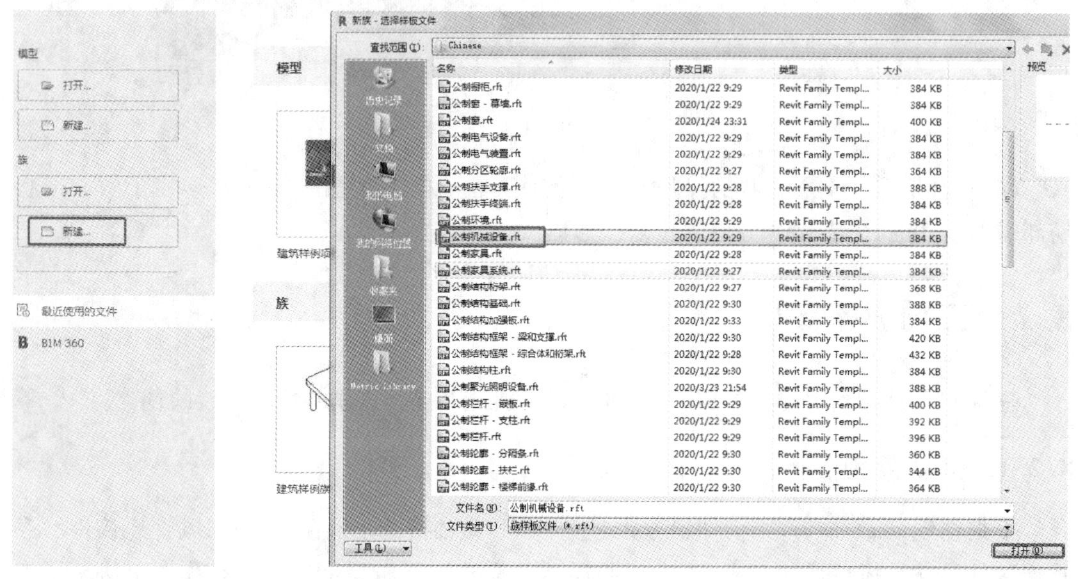

图 8-2-2

(2)创建主体:切换至右立面视图,使用“创建”选项卡-“形状”面板的“拉伸”命令,弹出“修改|创建拉伸”上下文选项卡,如图8-2-3所示。

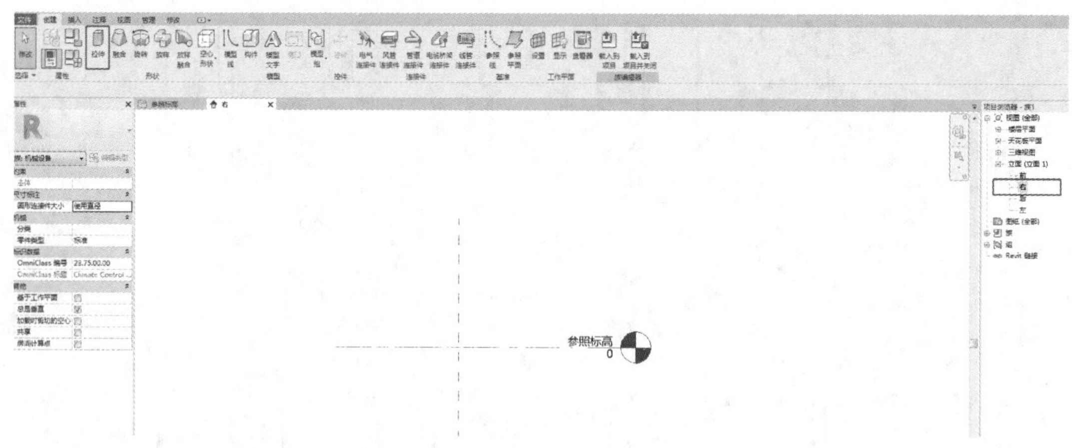

图 8-2-3

在“绘制”面板上选择“外接多边形”绘制方法,修改选项栏边数为“4”,修改属性面板“拉伸终点”为“125”,修改“拉伸起点”为“－125”,以绘图面板中心位置为多边形中心,绘制半径为510的外接多边形,如图8-2-4所示。

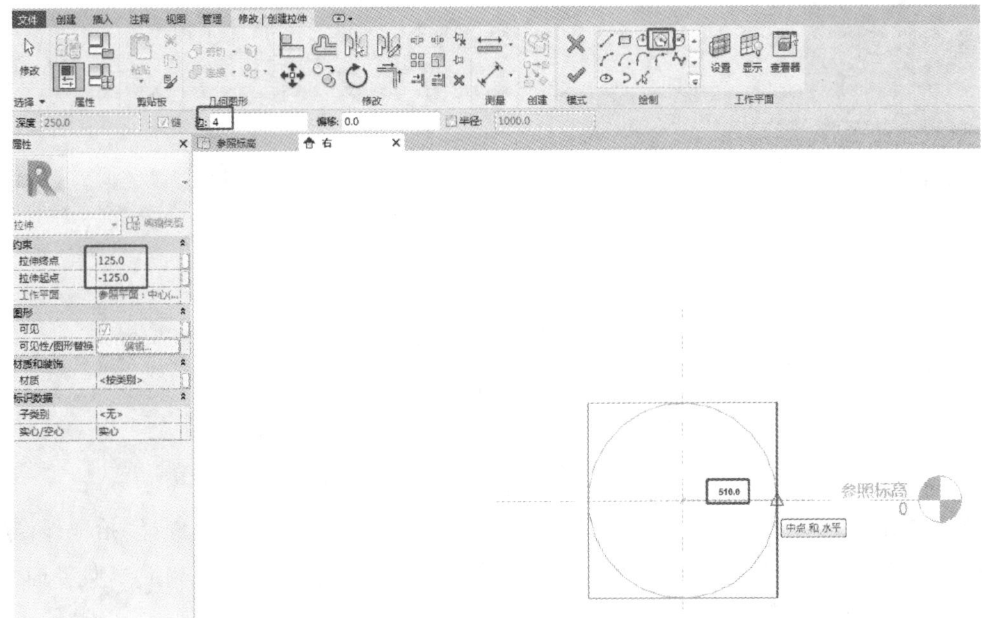

图 8-2-4

修改外接多边形的上下两条边，使边离中心的距离为 530 mm，点击“模式”面板的“完成编辑模式”工具，完成主体的绘制，如图 8-2-5 所示。

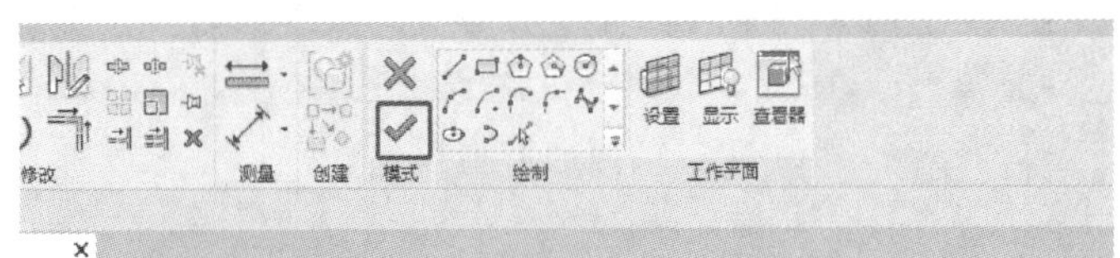

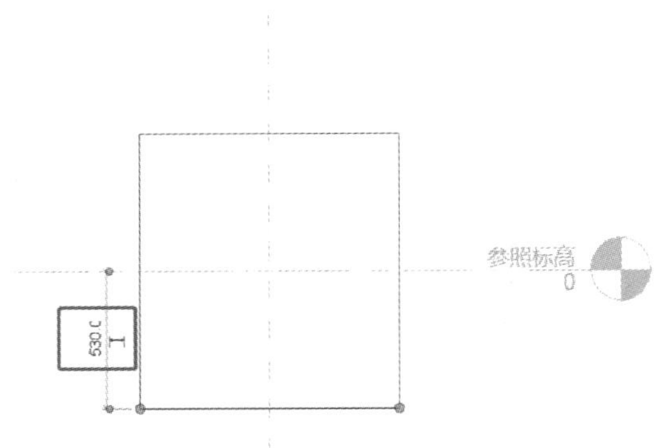

图 8-2-5

(3)创建风口：切换至前立面图，使用“创建”选项卡，选择“形状”面板的“旋转”命令，弹出“修改|创建旋转”上下文选项卡，如图 8-2-6 所示。

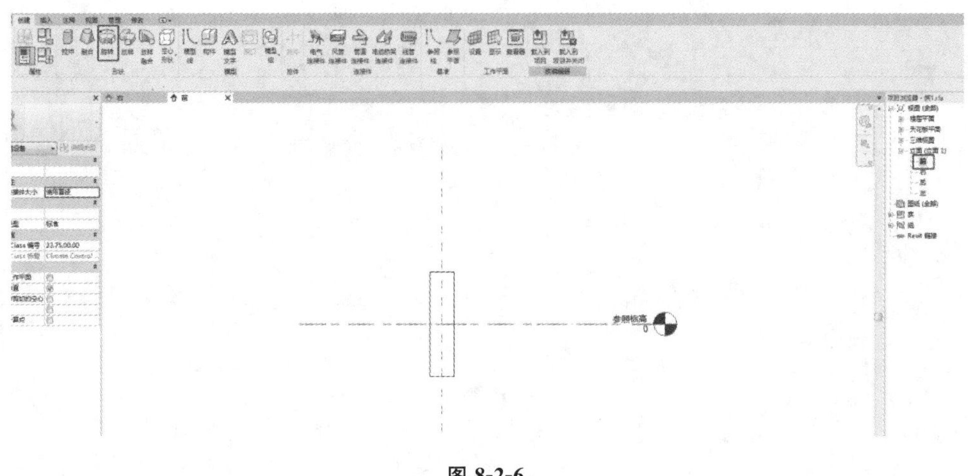

图 8-2-6

使用“RP”命令弹出“放置参照平面”上下文选项卡，在“绘制”面板上选择“拾取线 ”，修改选项栏偏移为“335”，点击“参照平面:中心(左/右)”(竖向中心线)，完成参照平面的绘制，如图 8-2-7 所示。

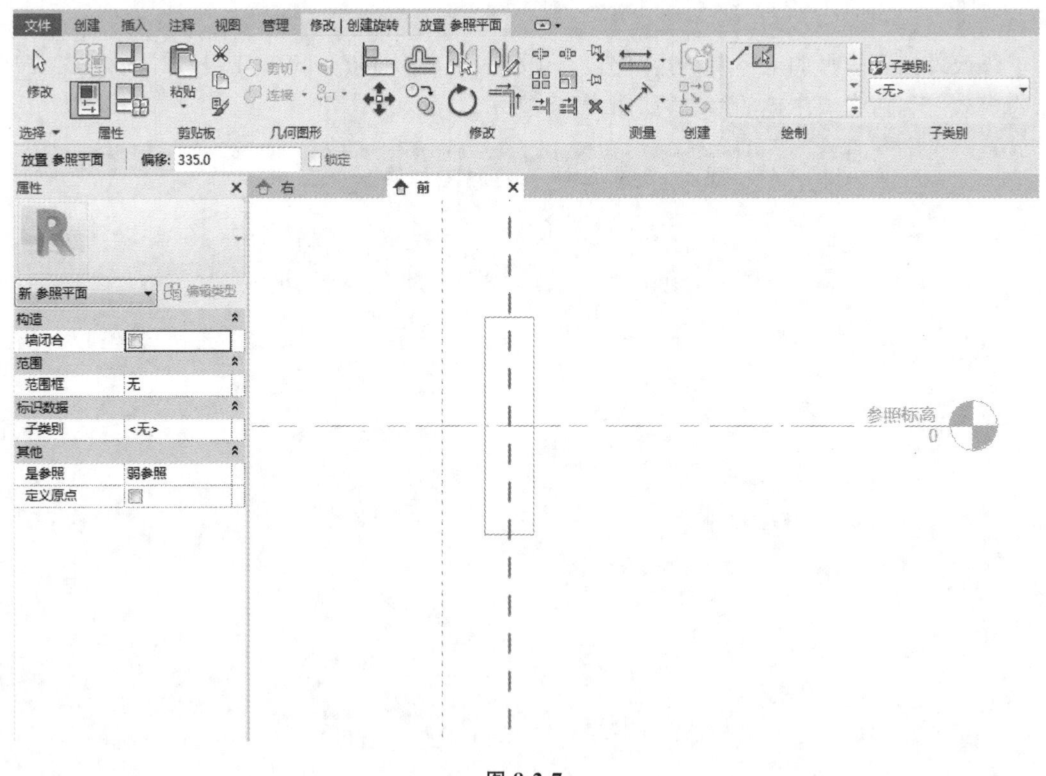

图 8-2-7

切换至“修改|创建旋转”上下文选项卡，在“绘制”面板上选择“线 ”。根据正视图，绘制边界线。完成边界线后点击“轴线”，绘制使用“拾取线 ”后点击绘图面板的参照标高，完成轴线的绘制，点击“模式”面板的“ ”，完成一边风口的绘制，如图 8-2-8 所示。

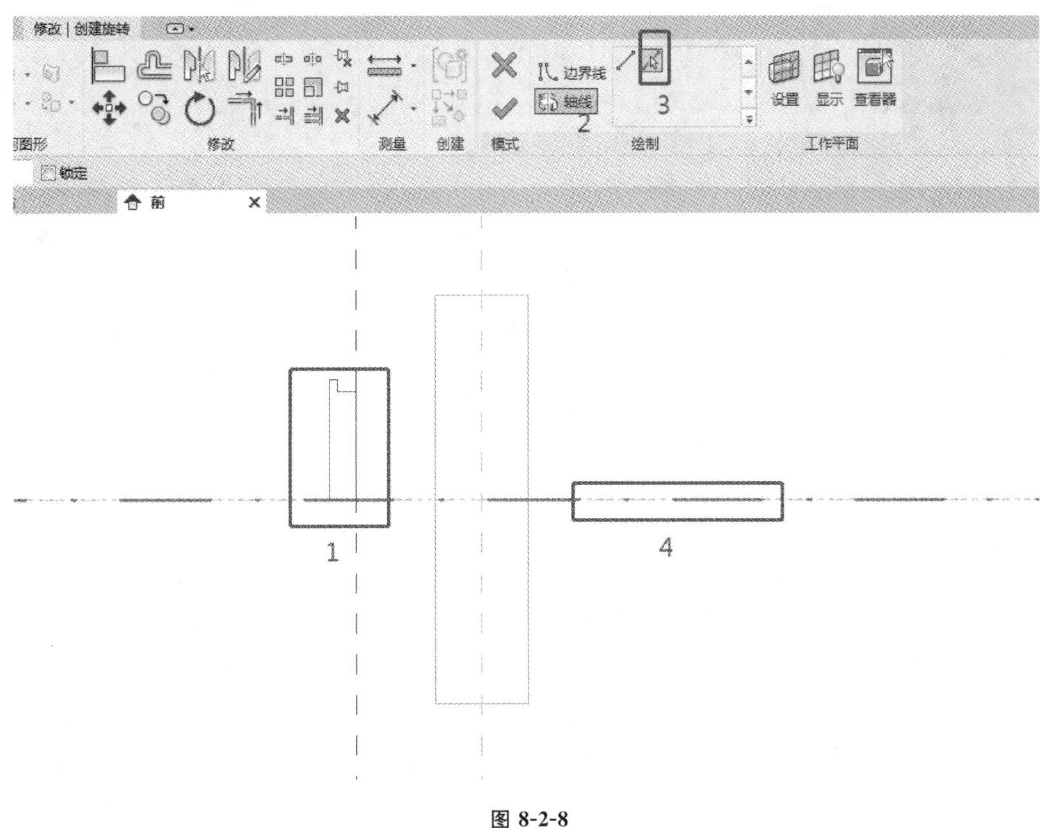

图 8-2-8

点击左侧风口，使用“修改”面板上的“镜像-拾取轴 ”，采用快捷方式“MM”命令后，点击“参照平面：中心(左/右)”，完成风口的复制，如图 8-2-9 所示。

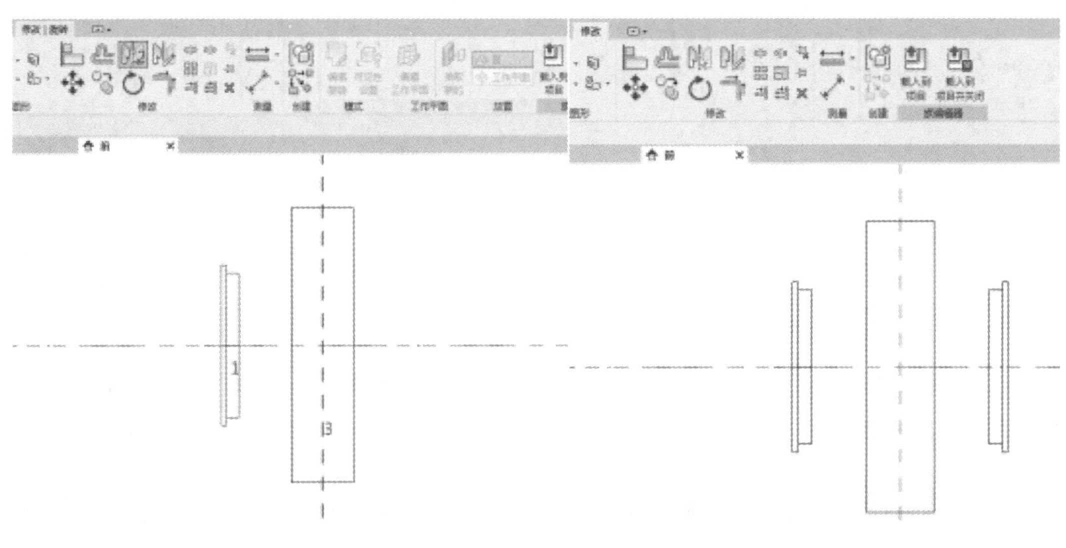

图 8-2-9

(4)创建风口与主体连接件：切换至右立面视图，使用“创建”选项卡下的“融合”命令，弹出“修改|创建融合底部边界”上下文选项卡，如图 8-2-10 所示。

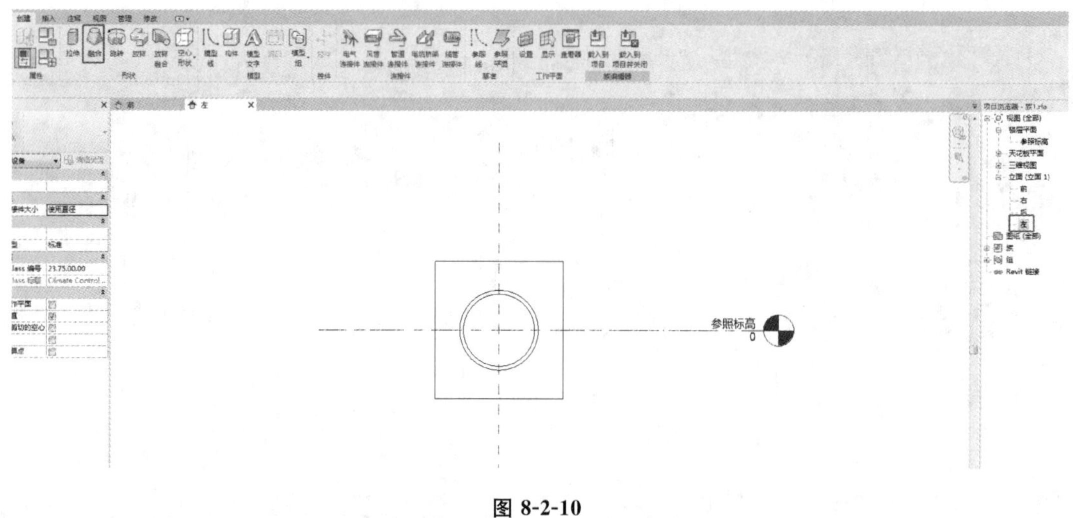

图 8-2-10

在“绘制”面板上选择“矩形 ”绘制方式，分别点击主体左上角和右下角完成融合底部；点击“编辑顶部”，弹出“修改|创建融合顶部边界”上下文选项卡，在“绘制”面板上选择“圆形 ”，以原点为圆心，280 mm 为半径绘制圆形顶部，如图 8-2-11 所示。

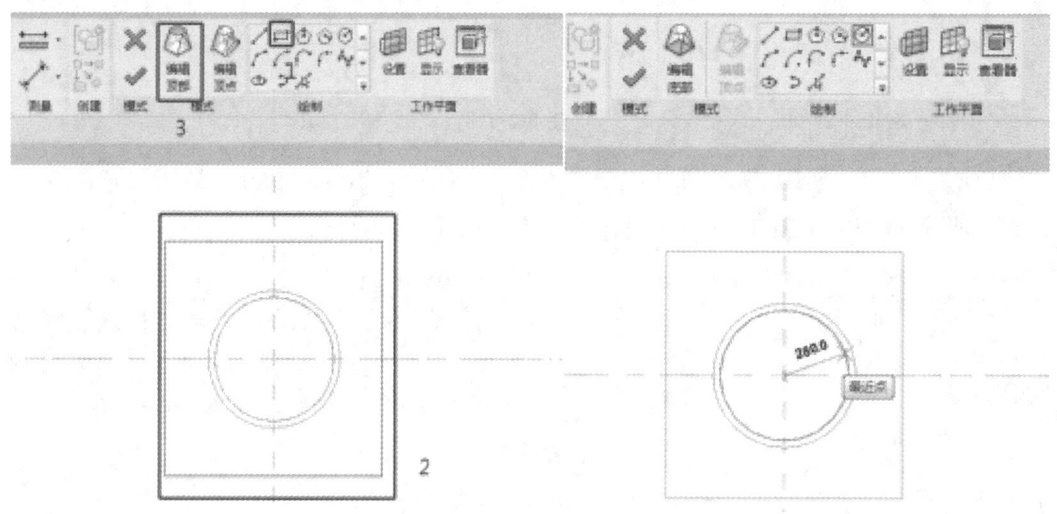

图 8-2-11

点击“修改”面板上的“拆分图元 ”命令，在圆与“参照平面：中心(左/右)”和“参照标高”的交点(附近即可，不需要捕捉)进行拆分，拆分后选择模式面板上的“编辑顶点”，如图 8-2-12所示。

点击“编辑顶点”后，弹出“编辑顶点”上下文选项卡，确认“顶点连接”选择为“底部控件”，点击四个控件，完成控件的修改如图 8-2-13 所示。

切换至“修改|创建融合顶部边界”面板，修改属性面板“第二端点”为“335”，修改“第一端点”为“125”，点击“模式”面板的“ ”，完成风口与主体的连接。如图 8-2-14 所示。

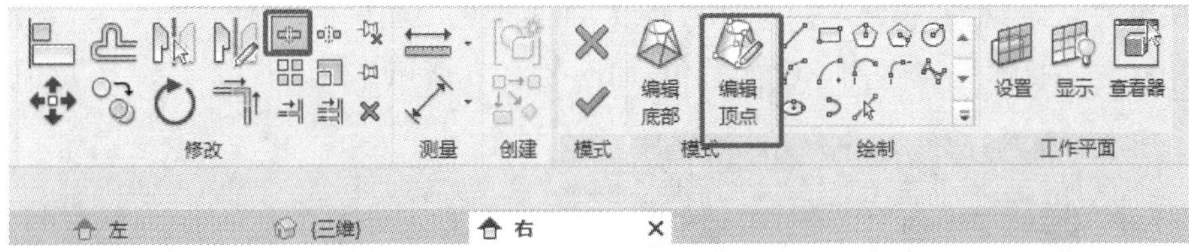

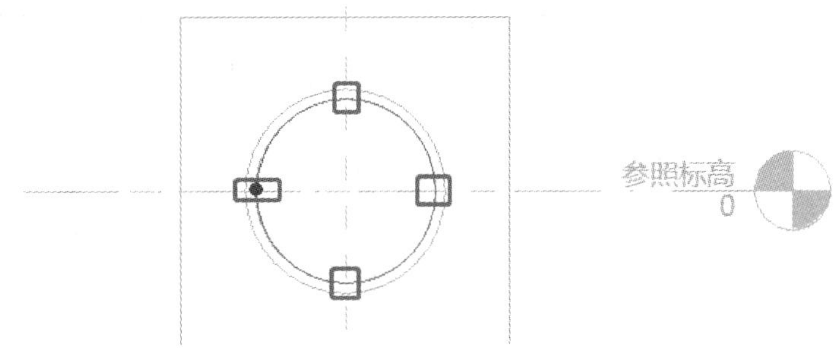

图 8-2-12

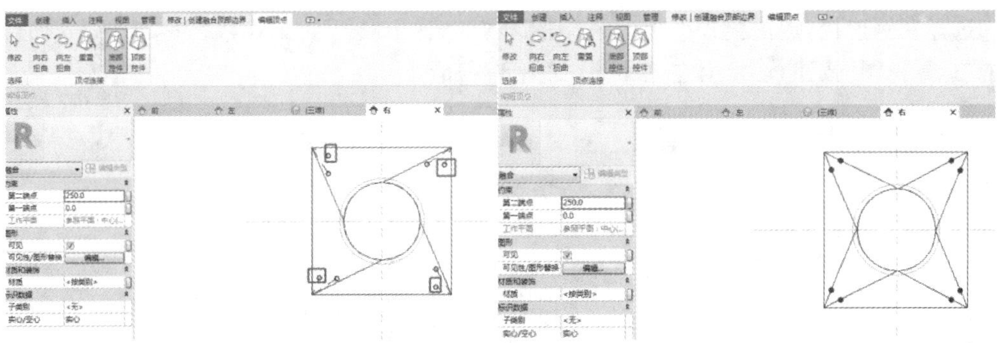

图 8-2-13

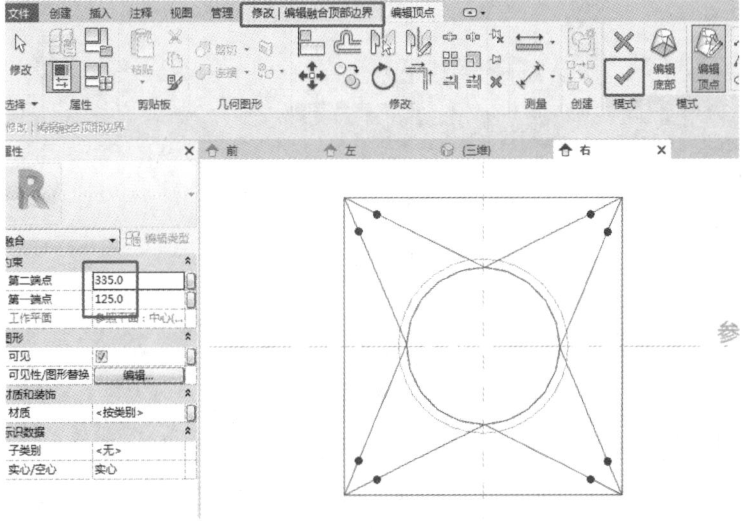

图 8-2-14

切换至前立面，点击右侧连接，使用“修改”面板上的“镜像-拾取轴”命令，点击“参照平面：中心(左/右)”，完成左侧连接的镜像，如图 8-2-15 所示。

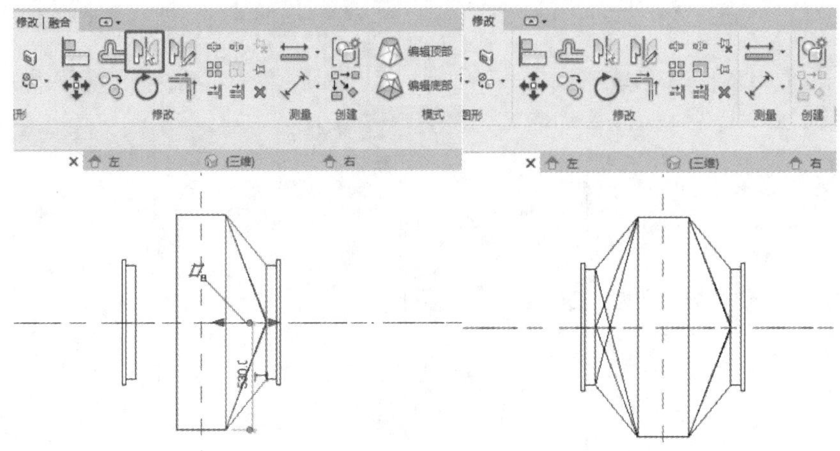

图 8-2-15

选择左侧连接，点击模式面板上的“编辑顶部”，弹出“转到视图”对话框，选择“立面：左”点击“打开视图”按钮，切换至左立面图，如图 8-2-16 所示。

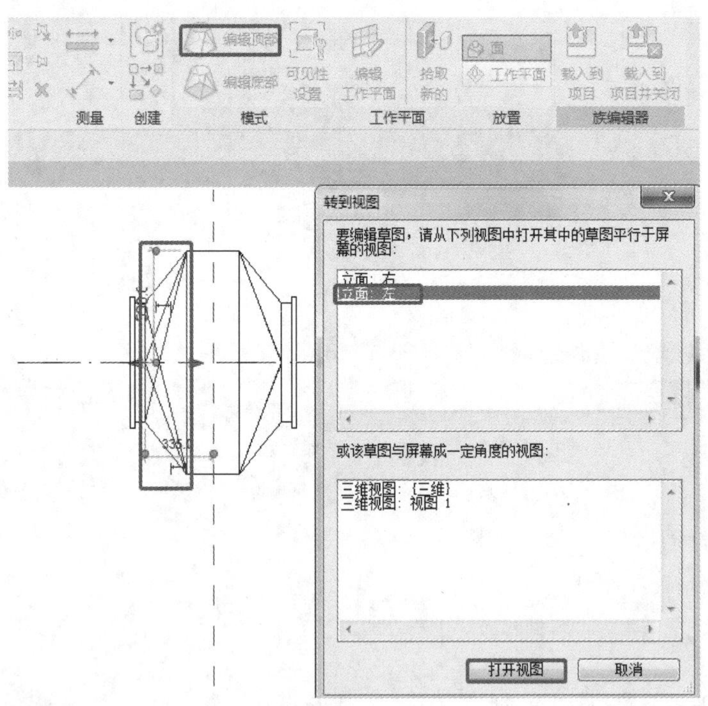

图 8-2-16

点击模式面板上的“编辑顶点”，弹出“编辑顶点”上下文选项卡，确认“顶点连接”选择为“底部控件”，点击“向右扭曲”，完成控件的修改，如图 8-2-17 所示；切换至“修改|创建融合顶部边界”面板，点击“模式”面板的“ ✓ ”，完成连接的修改，如图 8-2-18 所示。

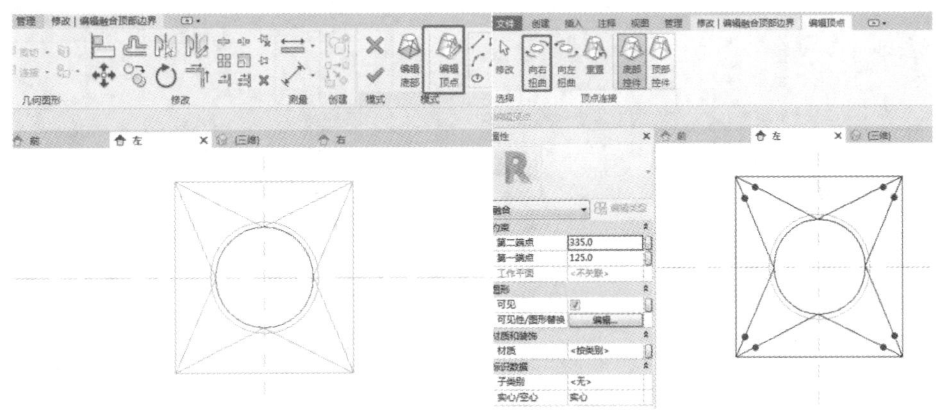

图 8-2-17

(5)添加连接件:切换至“创建”选项卡,点击“连接件”面板上的“风管连接件”命令,点击风口表面,完成风管连接件的放置。选中连接件,修改属性面板上的“造型”为“圆形”,“直径”为“620”,完成风管连接件的设置,另一侧连接件做同样的设置和修改,如图 8-2-19 所示。

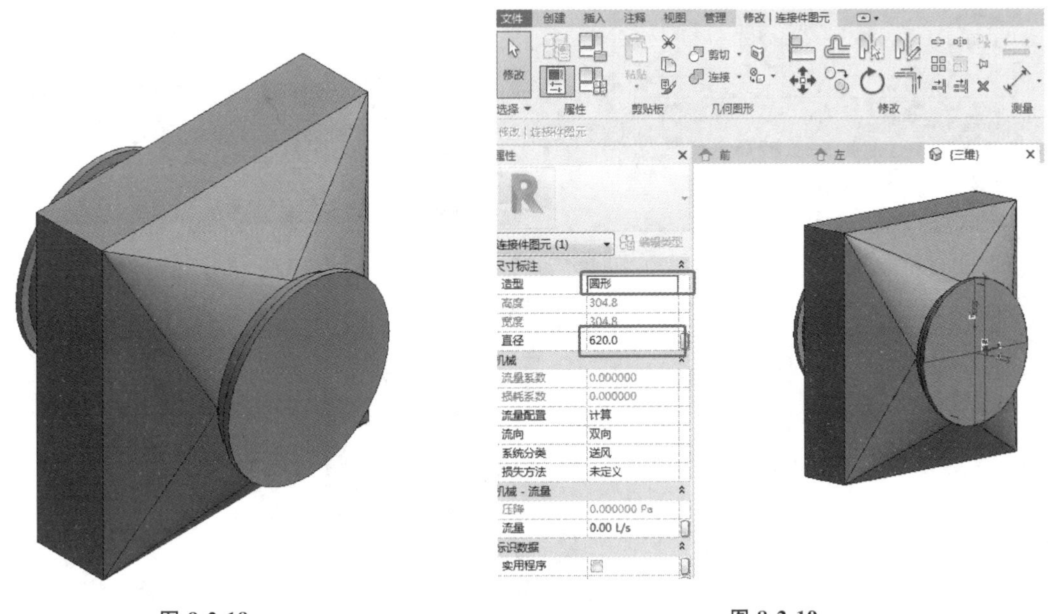

图 8-2-18　　　　图 8-2-19

(6)添加参数:点击“属性”面板上的“族类型”,弹出“族类型”面板,如图 8-2-20 所示。点击“新建参数”,弹出参数属性面板,在“参数数据”中“名称”填写“风量”,修改“参数类型”为“文字”,点击“确定”按钮,完成“风量”参数的设置,如图 8-2-21 所示。

使用同样的方式,添加参数“终阻力”,参数类型为“文字”;添加参数“容尘量”,参数类型为“文字”,完成后如图 8-2-22 所示。

添加参数“风量”内容为“1600m^3/h”,添加参数“终阻力”内容为“122.5Pa”,添加参数“容尘量”内容为“450g”。完成后点击“确定”按钮,完成参数的确定,如图 8-2-23 所示。完成后的 LWP 型油网滤尘器三维模型如图 8-2-24 所示。

图 8-2-20

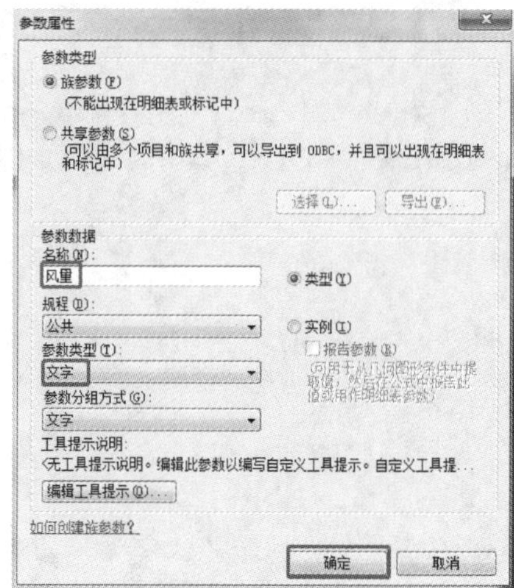

图 8-2-21

图 8-2-22

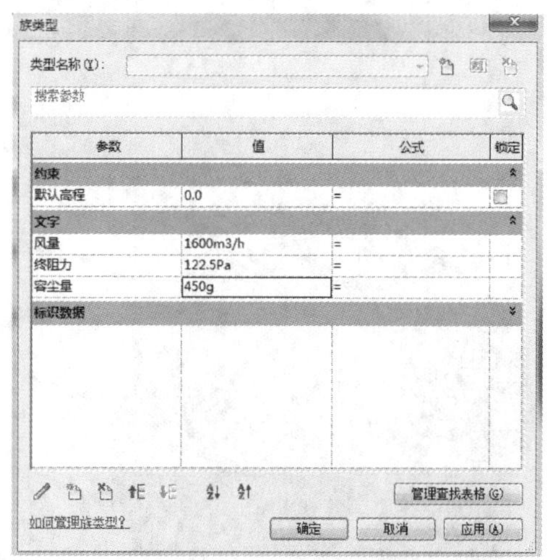

图 8-2-23

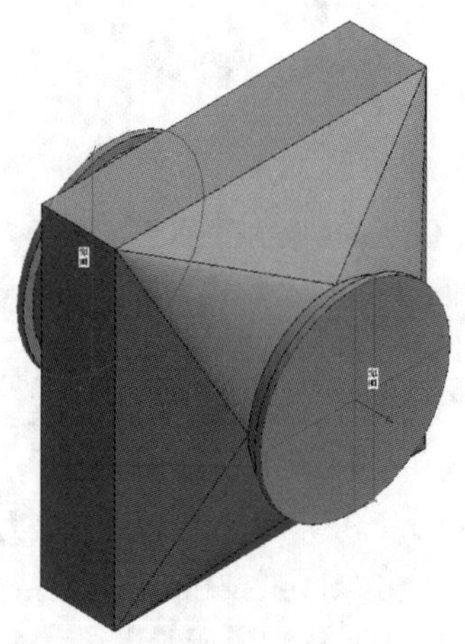

图 8-2-24

8.2.2 电气族创建

请按照如图 8-2-25 所示建立吸顶灯构件，其中光源光束角为 60°，光场角为 120°，倾斜角为 90°，功率为 48W，图中标示不全地方请自行设置，其中灯各部分材质需要在“构件类型”中体现相关数据，给灯添加电气连接件。请将模型文件以“吸顶灯＋考生姓名.XXX”为文件名保存到考生文件夹中。（全国 BIM 技能等级考试二级设备第十四期第一题）

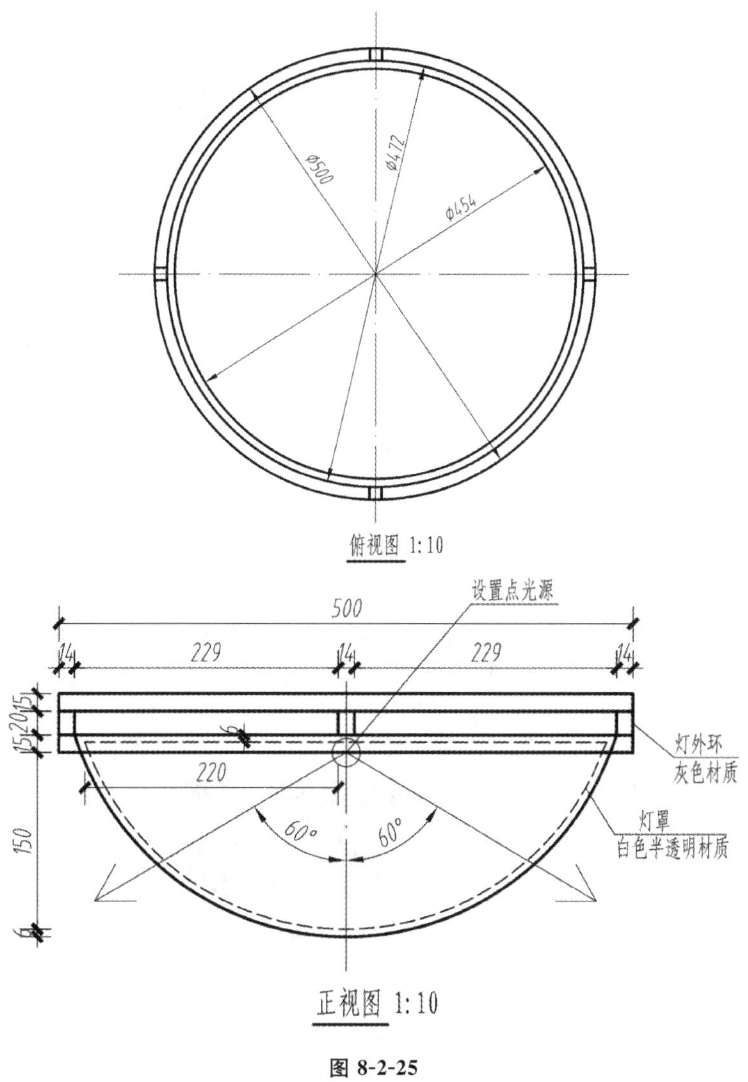

图 8-2-25

(1)样板的选择：在创建设备族的时候需要选择合适的样板。该吸顶灯属于照明设备，应选择公制照明设备样板，具体操作如下。

打开软件，点击左侧“族”面板下面的“新建”按钮，弹出“新族-选择样板文件”对话框，找到“公制照明设备.rft”样板，选择该样板后，点击“打开”按钮。如图 8-2-26 所示。

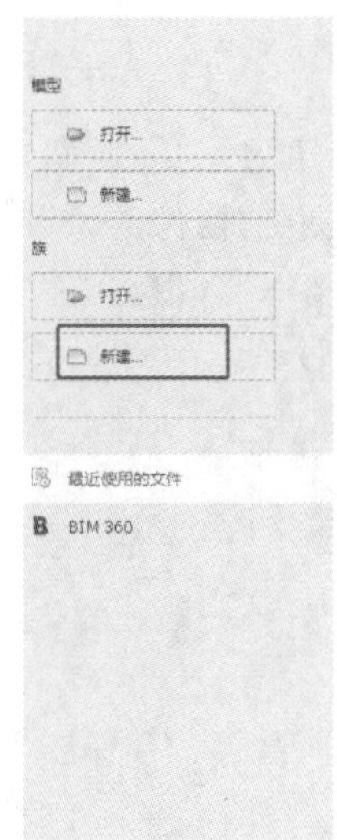

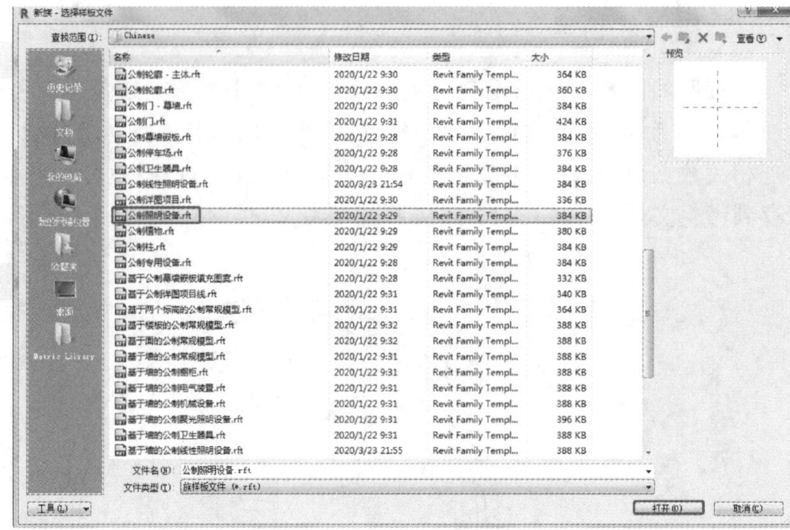

图 8-2-26

(2)定义光源:选择中心光源,在属性面板点击“编辑”按钮,弹出“光源定义”对话框,确定“根据形状发光”为“点”,修改“光线分布”为“聚光灯”后,点击“确定”按钮,完成光源定义,如图 8-2-27 所示。

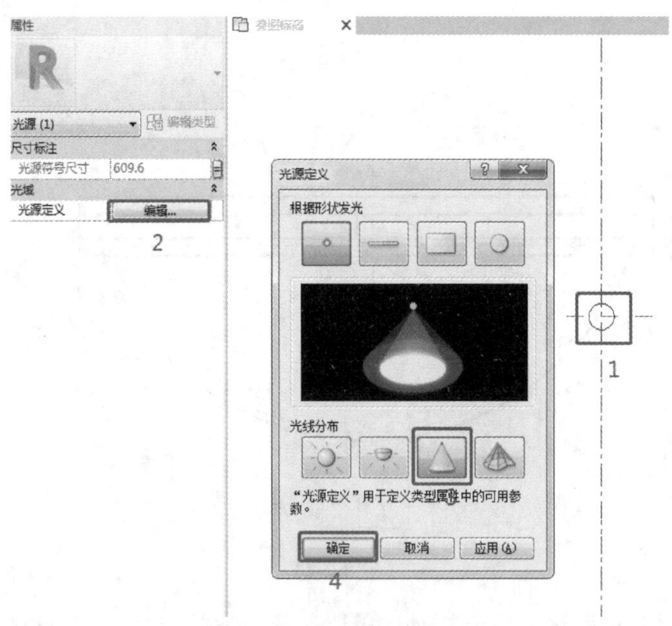

图 8-2-27

(3)添加参数:点击“属性”面板上的“族类型”,弹出“族类型”面板,如图 8-2-28 所示。点击“新建参数”,弹出参数属性面板,在“参数数据”中“名称”填写“功率”,修改“参数类型”为“文字”,点击“确定”按钮,完成“功率”参数的设置。如图 8-2-29 所示。

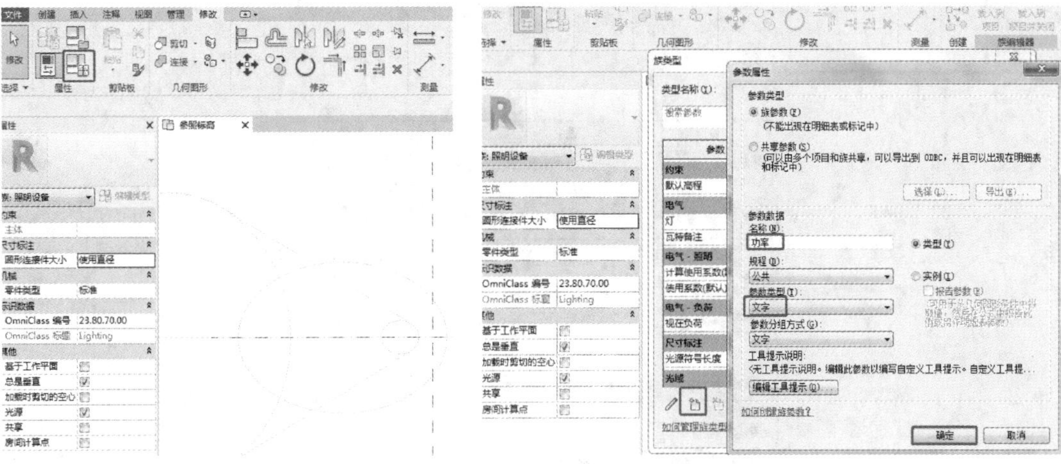

图 8-2-28　　　　图 8-2-29

使用同样的方式，添加参数“灯外环”，参数类型为“材质”；添加参数“灯罩”，参数类型为“材质”，如图 8-2-30 所示。

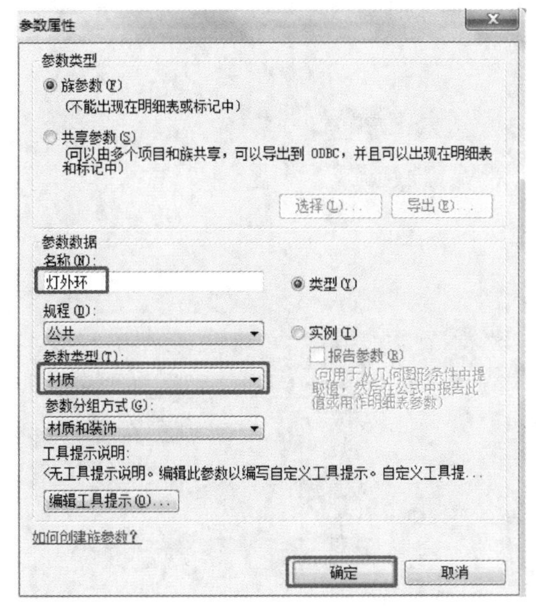

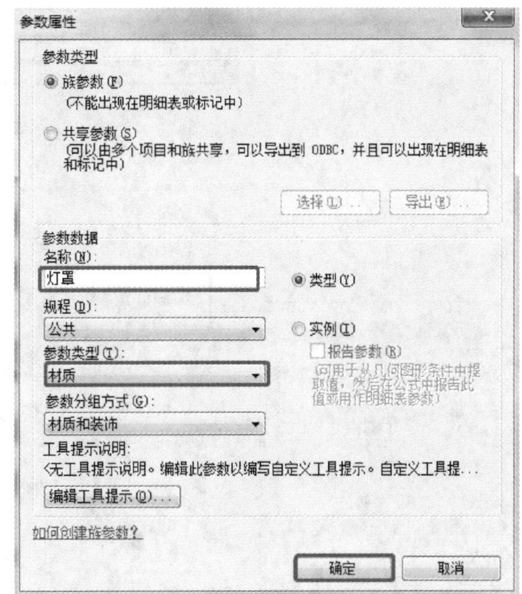

图 8-2-30

根据题目要求修改参数“聚光灯光束角”为“60°”；修改参数“聚光灯光场角”为“120°”；修改参数“倾斜角”为“90°”；修改参数“功率”为“48W”，如图 8-2-31 所示。

点击“灯外环”后面“按类别”，弹出“材质浏览器”面板，点击“新建材质”，修改新建材质名称为“灯外环”，修改着色颜色为“白色”，修改透明度为“50”，完成后点击确定按钮，完成灯外环材质的修改，如图 8-2-32 所示。

族类型

类型名称(Y):

搜索参数

参数	值	公式	锁定
约束			
默认高程	0.0	=	
文字			
功率	48W	=	
材质和装饰			
灯外环	<按类别>	=	
灯罩	<按类别>	=	
电气			
灯		=	
瓦特备注		=	
电气 - 照明			
计算使用系数(默认)		=	
使用系数(默认)		=	
电气 - 负荷			
视在负荷		=	
尺寸标注			
光源符号长度	3048.0	=	
光域			
倾斜角	90.00°	=	
光损失系数	1	=	
初始亮度	1380.00 lm	=	
初始颜色	3000 K	=	
暗显光线色温偏移	<无>	=	
聚光灯光场角	120.00°	=	
聚光灯光束角	60.00°	=	
颜色过滤器	白色	=	

管理查找表格(G)

如何管理族类型?

确定　取消　应用(A)

图 8-2-31

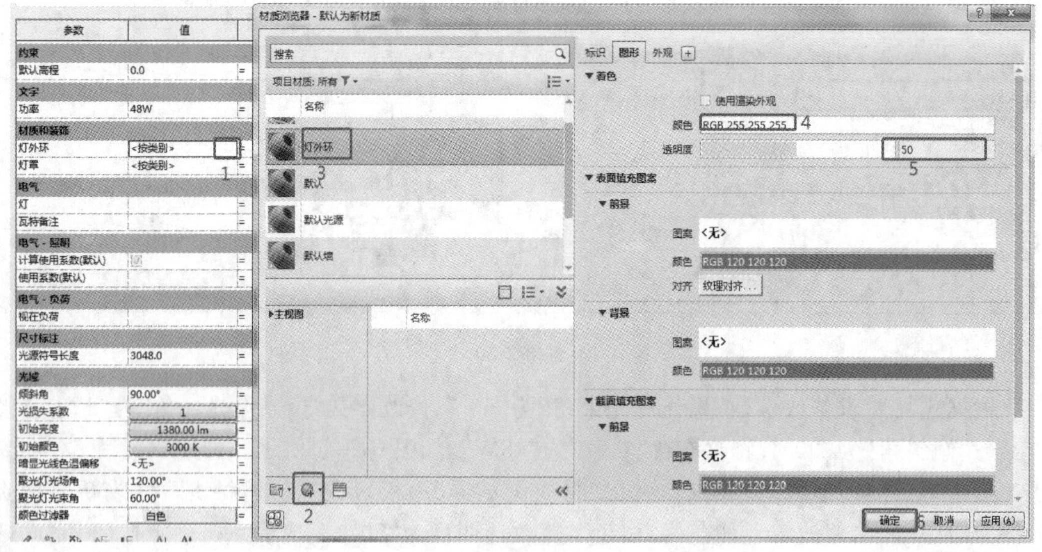

图 8-2-32

使用同样的操作,点击“灯罩”后面“按类别”,弹出“材质浏览器”面板,点击“新建材质”,修改新建材质名称为“灯罩”,修改着色颜色为“灰色”,完成后点击“确定”按钮,完成灯罩材质的修改,如图 8-2-33 所示。完成灯外环和灯罩材质的设置。

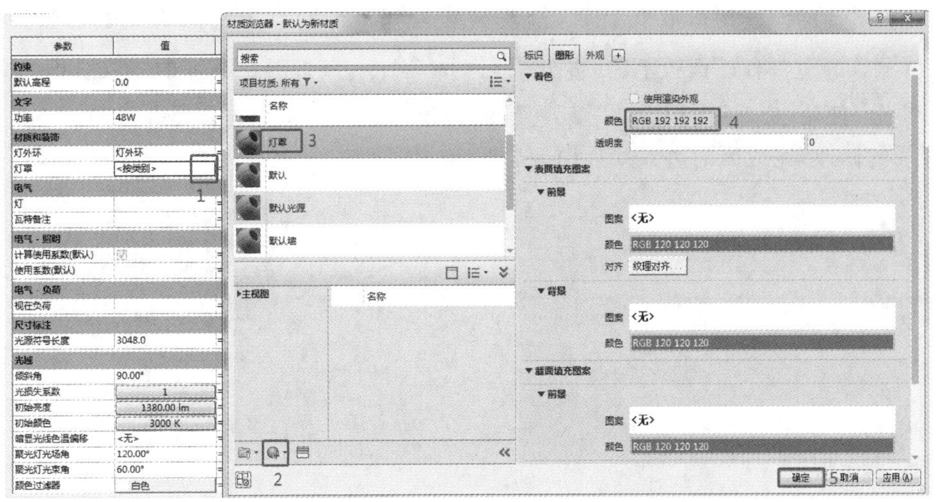

图 8-2-33

(4)绘制灯罩:切换至“前”立面图,根据图纸,绘制如图 8-2-34 的三条参照平面。使用“创建”选项卡,“形状”面板上的“旋转”命令,弹出“修改|创建旋转”上下文选项卡,在“绘制”面板上选择“线 ”,根据正视图,绘制如图 8-2-35 的边界线(弧线段使用“起点终点半径弧 ”命令)。

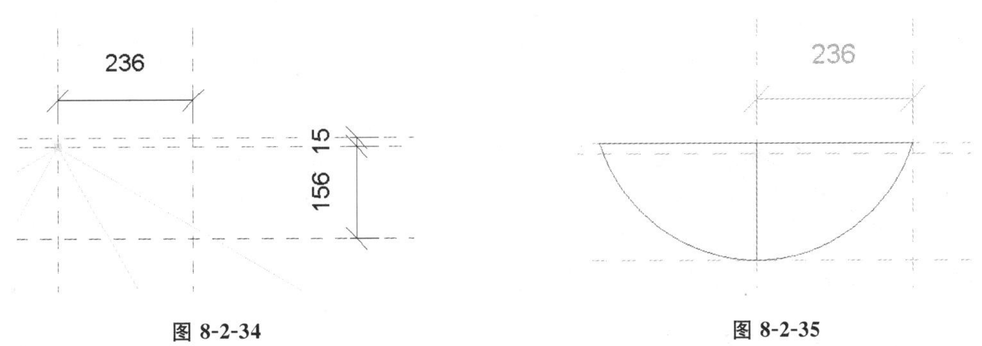

图 8-2-34　　图 8-2-35

根据创建旋转的要求(边界线与轴线不能相交),修改灯罩外轮廓边界线如图 8-2-36 所示。

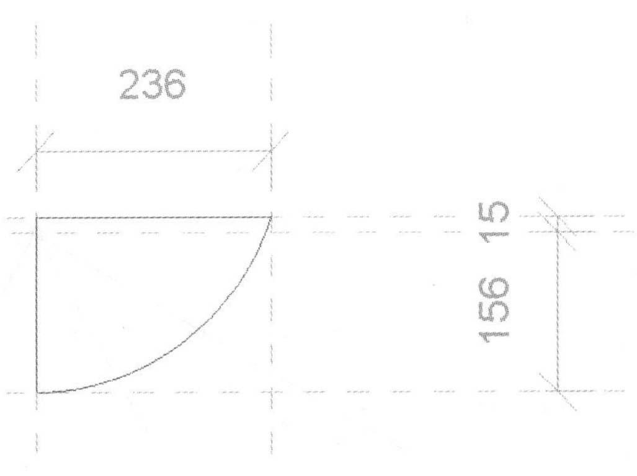

图 8-2-36

选择绘制面板上的“拾取线”,修改偏移为“6”,分别点击上部水平线和弧线,如图8-2-37所示。通过“修改”面板上的“拆分图元”命令,点击图8-2-38的“2”处,把纵向边界线进行拆分;使用“修改”面板上的“修剪/延伸为角”命令,依次点击图8-2-38的4～7处,完成边界线的修改,完成后的边界线如图8-2-39所示。

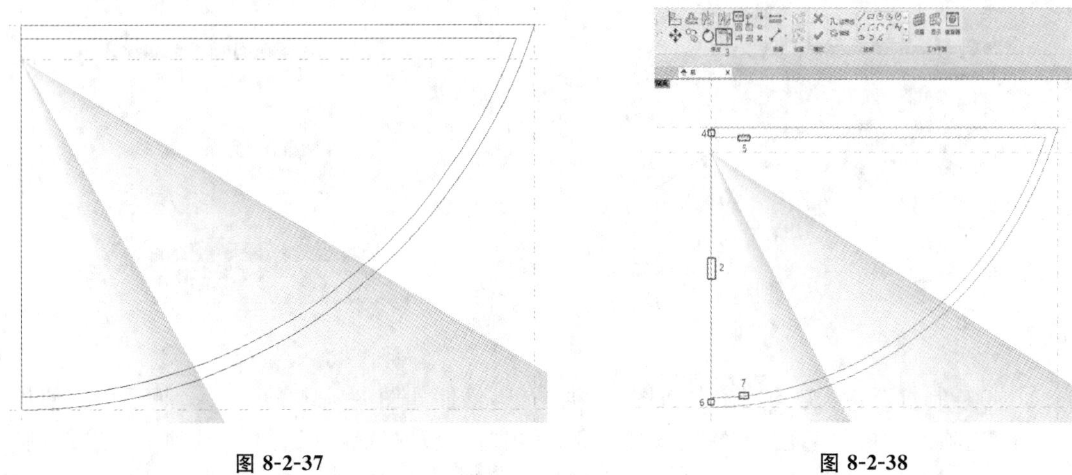

图 8-2-37　　　图 8-2-38

选择“绘制”面板上的“轴线”,选择“拾取线”命令后,点击“参照平面:光源轴(L/R):参照”。完成轴线的绘制,点击“模式”面板的“ ”,完成灯罩的绘制,如图8-2-40所示。

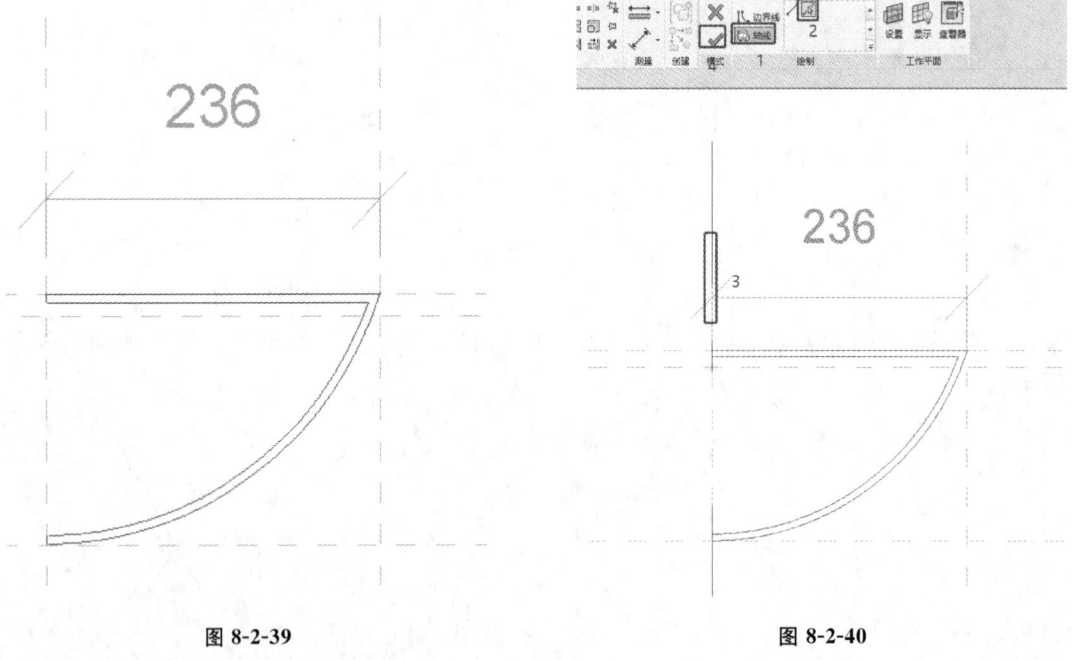

图 8-2-39　　　图 8-2-40

(5)绘制灯外环:切换至“前”立面图,使用“创建”选项卡,选择“形状”面板的“旋转”命令,弹出“修改|创建旋转”上下文选项卡,在“绘制”面板上选择“矩形”,根据正视图,绘制两个15 mm×250 mm矩形,如图8-2-41所示。

图 8-2-41

选择“绘制”面板上的“轴线”，选择“拾取线”命令后，点击“参照平面：光源轴(L/R)：参照”，完成轴线的绘制，如图 8-2-42 所示。点击“模式”面板的“✔”，完成灯外环模型的绘制，如图 8-2-43 所示。

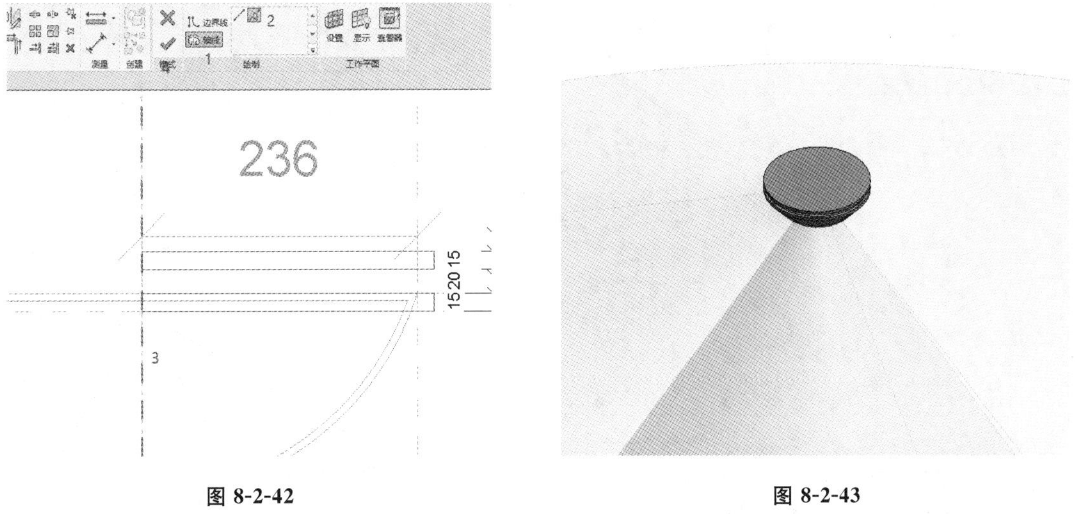

图 8-2-42　　　图 8-2-43

切换至参照标高，使用“创建”选项卡，选择“形状”面板的“拉伸”命令，弹出“修改|创建拉伸”上下文选项卡，在“绘制”面板上选择“拾取线”，拾取直径为 500 mm 和 472 mm 的圆弧，如图 8-2-44 所示；修改偏移量为“7”，点击“光源：参照”绘制两条距离参照平面为 7 mm 的平面，如图 8-2-45 所示。

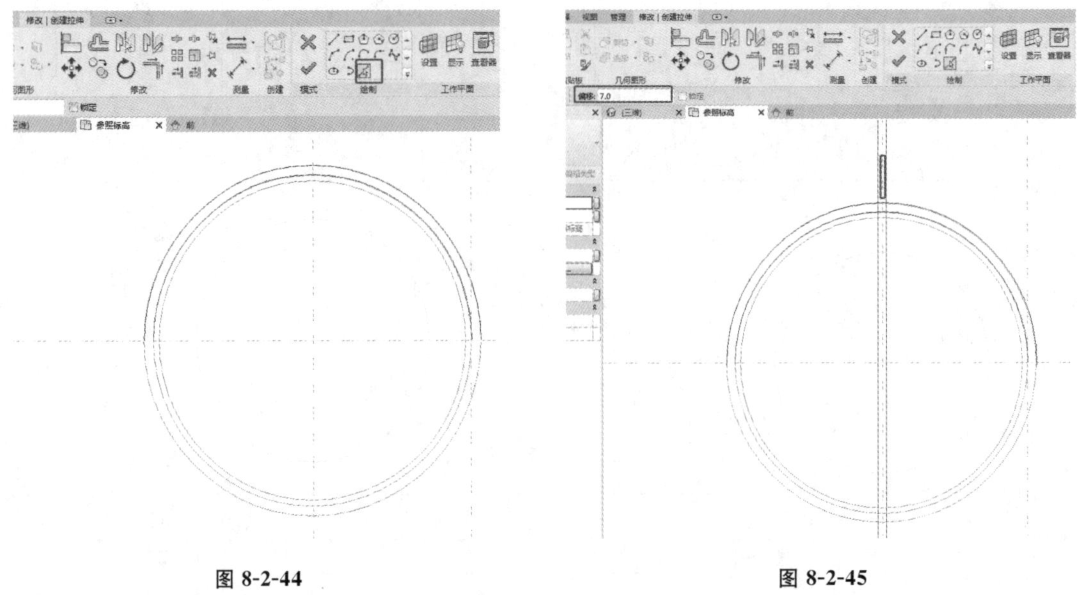

图 8-2-44　　图 8-2-45

使用“修改”面板上“剪切/延伸为角”命令,修改拾取线为类似矩形的四边形,如图8-2-46所示,使用“修改”面板上的“镜像”和“旋转”命令,选择复制四个相同的构件,并修改属性面板拉伸终点为 1535 mm,拉伸起点为 1515 mm,点击“模式”面板的“ ”,完成灯外环连接的绘制,如图 8-2-47 所示。

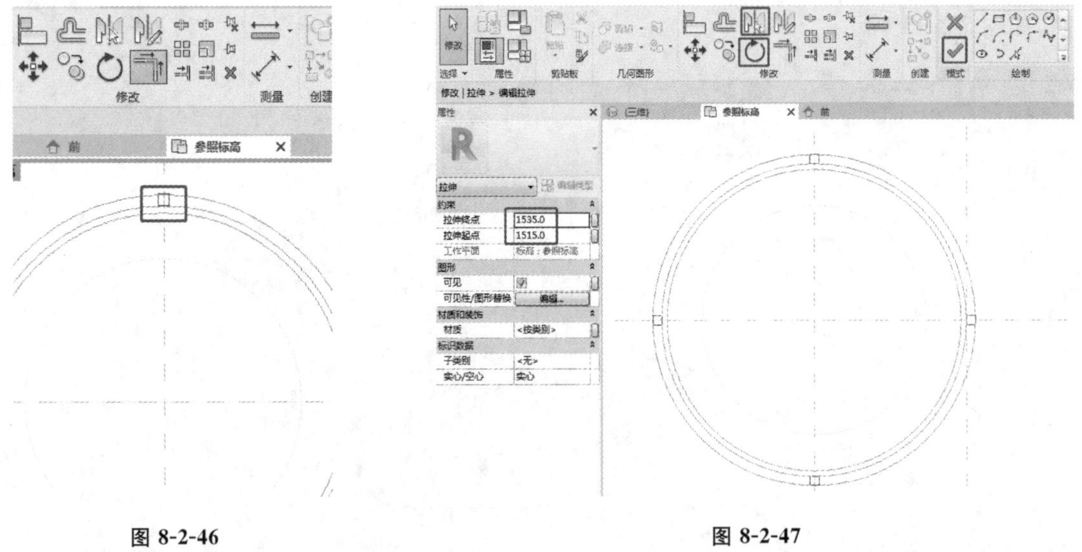

图 8-2-46　　图 8-2-47

(6)关联材质:切换至三维图,选择灯罩,点击“属性”面板“材质”中“按类别”后的“关联族参数 ”按钮,弹出“关联族参数”对话框,选择灯罩后,点击“确定”按钮,完成灯罩材质的关联,如图 8-2-48 所示。同样的操作完成灯外环材质的关联。

图 8-2-48

(7)添加电气连接件:切换至“创建”选项卡,点击“连接件”面板上的“电气连接件”命令,弹出“修改|放置 电气连接件”上下文选项卡,选择“面”命令,点击“灯外环”表面,完成电气连接件的放置,如图 8-2-49 所示。完成后的吸顶灯三维模型如图 8-2-50 所示。

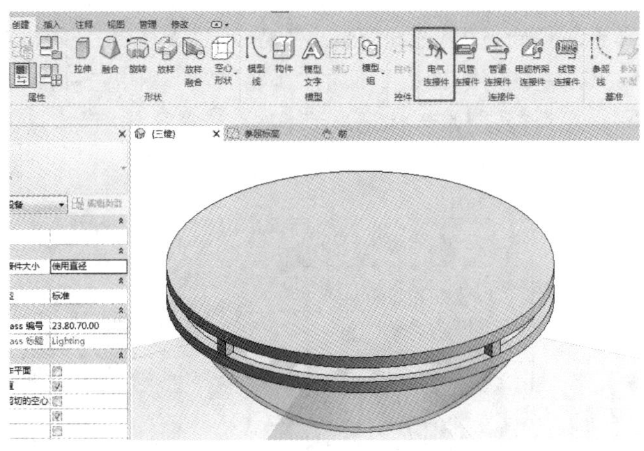

图 8-2-49

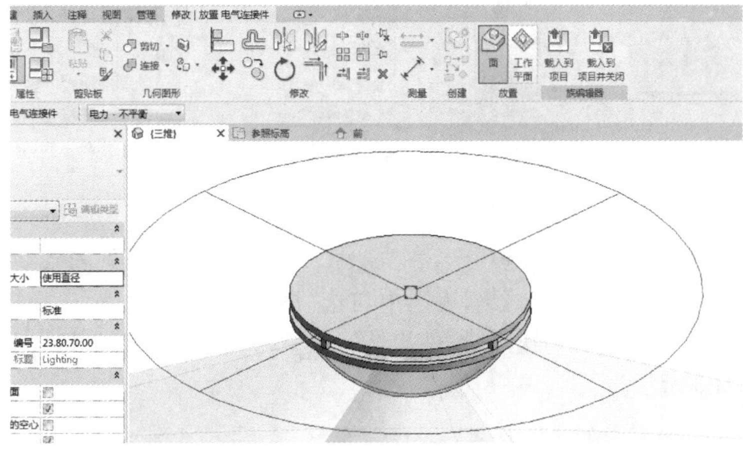

图 8-2-50

8.3 二维族创建

在 Revit 中,常见的二维族有注释族、轮廓族等。这些二维族可以单独使用,也可以作为嵌套族在三维的构件族中使用。不同的族有不同的样板。下面通过创建一个风管标记族来学习如何自定义创建一个二维族,如图 8-3-1 所示。

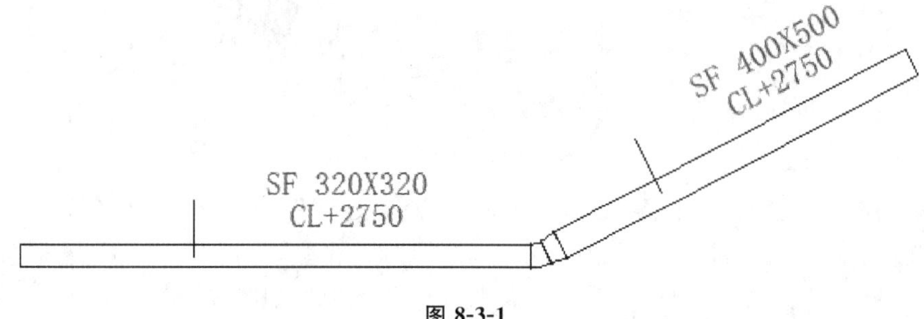

图 8-3-1

风管标记族是属于注释族,这里选择“公制常规标记”族样板。具体操作如下。

(1)样板的选择:点击左侧“族”面板下面的“新建”按钮,弹出“新族-选择样板文件”对话框,打开“注释”文件夹,找到“公制常规标记. rft”样板,选择该样板后,点击“打开”按钮,如图 8-3-2 所示。

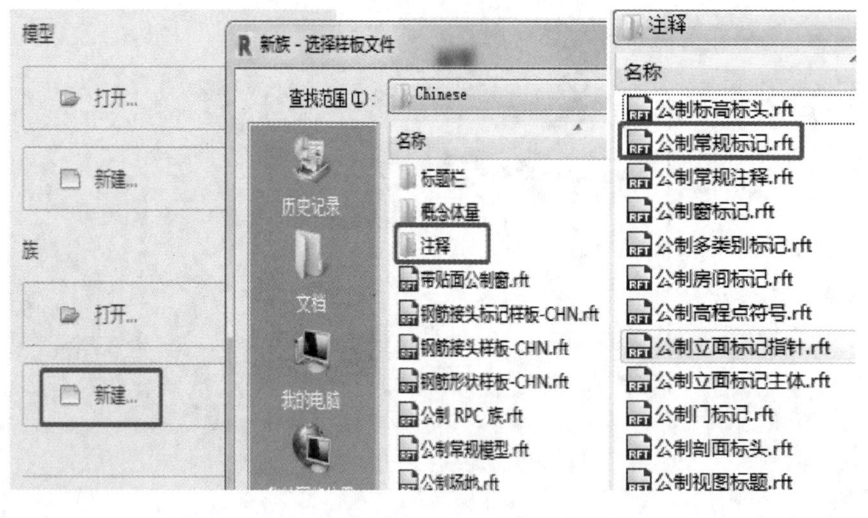

图 8-3-2

(2)修改族类别:打开“创建”选项卡,在“属性”面板,点击“族类别和族参数”命令,弹出“族类别和族参数”对话框,在过滤器列表选中勾选“机械”,在“族类别”选择框中选择“风管标记”;在“族参数”选项框中,勾选“随构件旋转”,设置后点击“确定”按钮,完成参数族类别的设置,如图 8-3-3 所示。

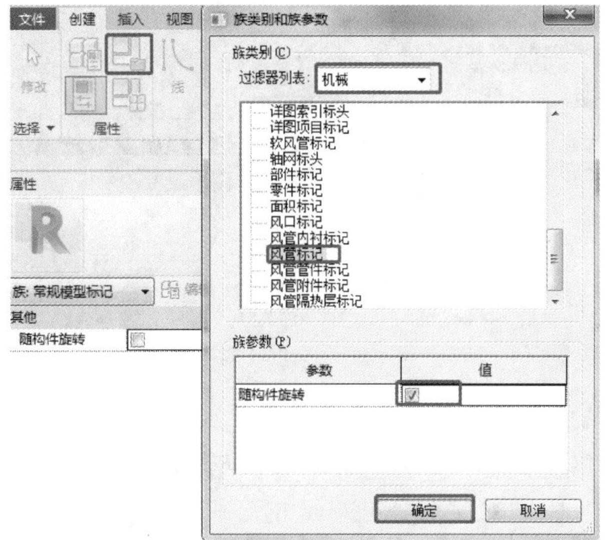

图 8-3-3

(3)添加族标签:打开“创建”选项卡,在“文字”面板,点击“标签”命令,点击绘图面板弹出“编辑标签”对话框,如图 8-3-4 所示。

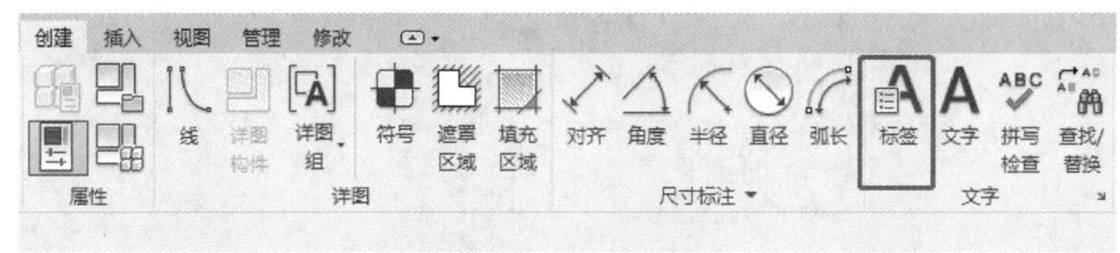

图 8-3-4

在“类别参数”选择框,选择“系统缩写”,点击“将参数添加到标签 ”,即可将“系统缩写”标签添加到“标签参数”选择框,如图 8-3-5 所示。同样的操作,把“宽度”参数和“高度”参数也添加到标签参数中,如图 8-3-6 所示。

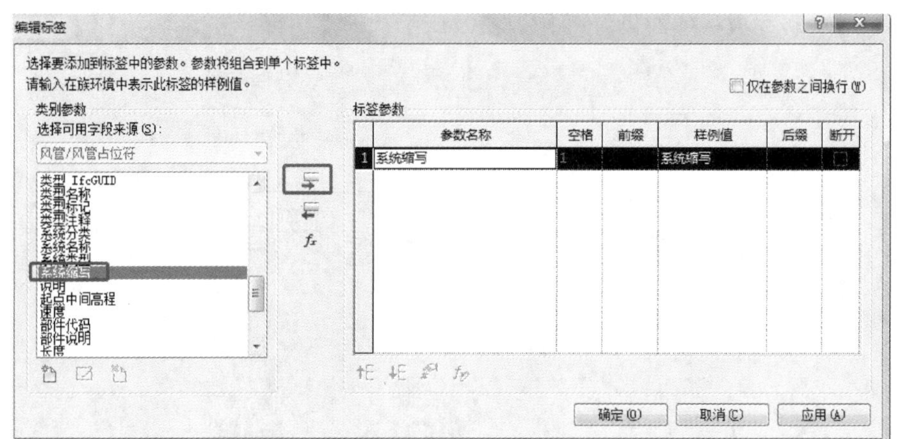

图 8-3-5

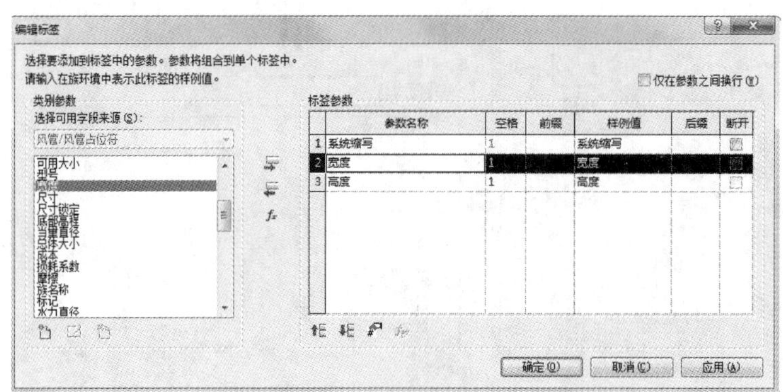

图 8-3-6

在“编辑标签”面板，点击“将计算的参数添加到标签 f_x ”弹出“计算值”对话框，添加“名称”为“管道中心高度”，修改“类型”为“长度”，点击“公式”后面的按钮 ...，进入“字段”的选择，选择“底部高程”后，点击“确定”按钮，输入“＋”(加号)，点击 ... . 选择“高度”，点击“确定”按钮，输入“/”(除号)和“2”，如图 8-3-7 所示。完成设置后点击“确定”按钮退出“计算值”面板。

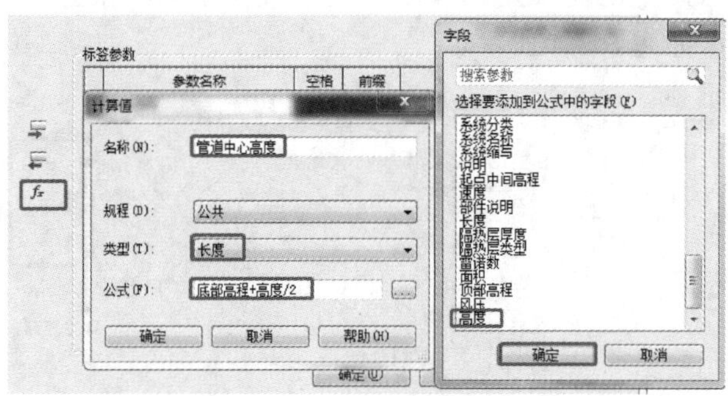

图 8-3-7

(4)修改标签表达：修改标签参数面板第二行“宽度”添加后缀“X”；修改第三行“高度”的空格为“0”，在“断开”的方框打 ☑；添加第四行“管道中心高度”前缀“CL＋”，修改完成后，点击“确定”按钮，完成标签的设置，如图 8-3-8 所示。

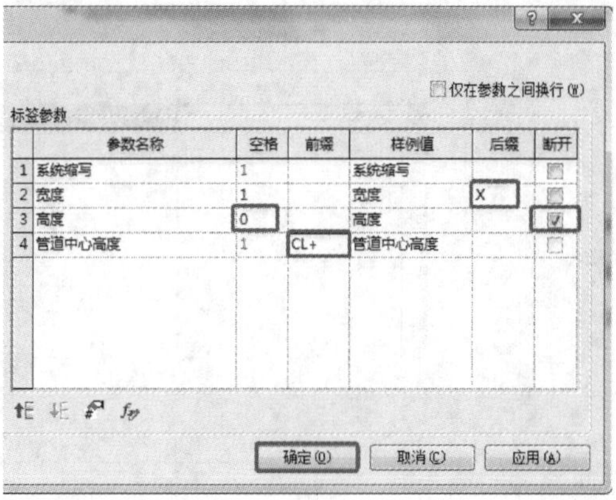

仅在参数之间换行(W)

标签参数

	参数名称	空格	前缀	样例值	后缀	断开
1	系统缩写	1		系统缩写		☐
2	宽度	1		宽度	X	☐
3	高度	0		高度		☑
4	管道中心高度	1	CL+	管道中心高度		☐

确定(O)　取消(C)　应用(A)

图 8-3-8

(5)修改标签位置:选择标签,修改标签的位置使标签左边边框与纵向参照平面对齐,并使标签边框上下中点与水平参照平面对齐,完成标签位置的修改;删除样板自带的“文字注释”,如图 8-3-9 所示。

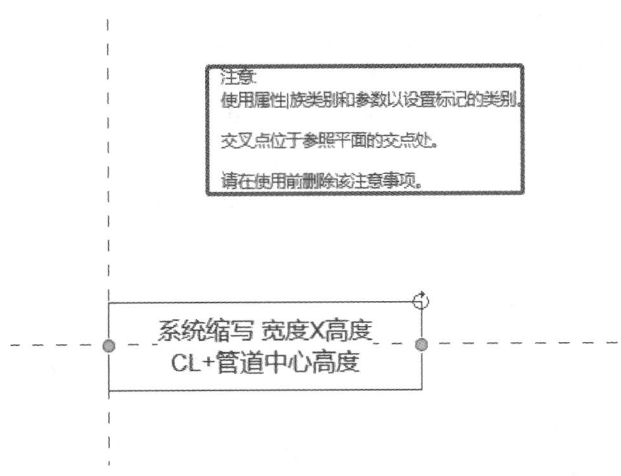

图 8-3-9

(6)修改显示样式:选择标签,点击“属性”面板上的“编辑类型”按钮,弹出“类型属性”对话框,修改颜色为“RGB 000-128-000”;修改“背景”为“透明”;修改“引线/边界偏移量”为“0”;修改“文字字体”为“仿宋”;修改“标签尺寸”为“1 mm”,完成类型参数的修改后,点击“确定”按钮完成风管标记族的创建,保存族文件并退出,如图 8-3-10 所示。

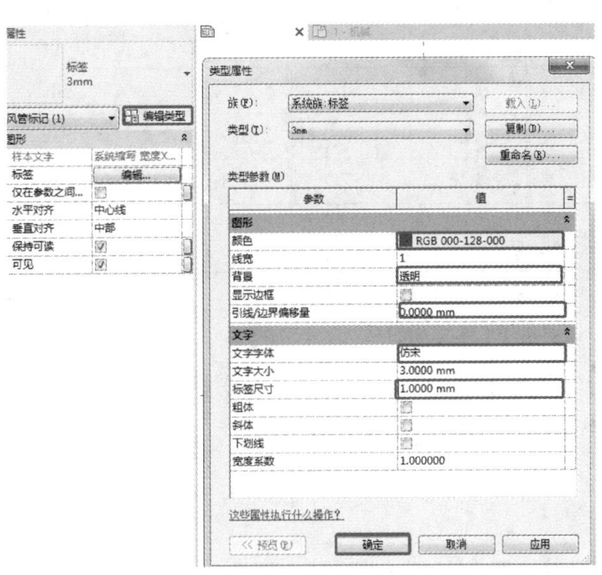

图 8-3-10

附录A　常用快捷键

1. 建模与绘图常用快捷键

命令	快捷键	命令	快捷键	命令	快捷键	命令	快捷键
标高	LL	轴网	GR	墙	WA	门	DR
窗	WN	放置构建	CM	按类别标记	TG	房间	RM
文字	TX	对齐标注	DI	工程点标注	EL		
模型线	LI	详图线	DL	房间标记	RT		

2. 标记修改工具常用快捷键

命令	快捷键	命令	快捷键	命令	快捷键	命令	快捷键
图元属性	PP	删除	DE	移动	MV	复制	CO
修剪	TR	旋转	RO	阵列	AR	偏移	OF
匹配对象	MA	创建组	GP	锁定位置	PP	解锁位置	UP
填色	PT	拆分区域	SF	对齐	AL	拆分图元	SL
定义旋转中心	R3	在整个项目中选择全部实例	SA	镜像-拾取轴	MM	重复上一个命令	RC

3. 捕捉替代常用工具快捷键

命令	快捷键	命令	快捷键	命令	快捷键	命令	快捷键
关闭替换	SS	象限点	SQ	垂足	SP	最近点	SN
中点	SM	交点	SI	端点	SE	中心	SC
捕捉到云点	PC	点	SX	工作平面网络	SW	切点	ST
捕捉远距离对象	SR	形状闭合	SZ	关闭捕捉	SO		

4. 控制视图常用快捷键

命令	快捷键	命令	快捷键	命令	快捷键	命令	快捷键
区域放大	ZR	缩放配置	ZF	上一次缩放	ZP	隐藏图元	EH
线框显示模式	WF	隐藏线显示模式	WF	带边框着色显示模式	SD	细线显示模式	TL
视图图元属性	VP	可见性图形	VV/VG	临时隐藏图元	HH	临时隔离图元	HI
临时隐藏类别	HC	临时隔离类别	IC	重设临时隐藏	HR	动态视图	F8 Shift＋W
隐藏类别	VH	取消隐藏图元	EU	取消隐藏类别	VU	切换显示隐藏图元模式	RH
渲染	RR	快捷键定义窗口	KS	视图窗口平铺	WT	视图窗口层叠	WC

附录 B　广州城建职业学院　教工之家-机电施工图

广州城建职业学院

教工之家-机电施工图

本图纸仅供学习使用

*******设计有限公司

设计资质等级：建筑工程设计甲级

工程设计证书号

二零一六年三月

********设计有限公司　　第 1 页　共 1 页

图纸目录		建设单位	广州城建职业学院				
		项目名称	教工之家				
工程编号		设计阶段	报建	专业	建筑	出图日期	2016.03

序号	图纸名称	图号 新制图号	图号 采用图号	图幅	备注
1	给排水设计说明	T-01		A3	
2	首层给排水平面图	T-02		A3	
3	二层给排水平面图	T-03		A3	
4	屋面给排水平面图	T-04		A3	
5	给排水系统图	T-05		A3	
6	暖通设计说明	NS-01		A3	
7	首层暖通平面图	NS-02		A3	
8	二层暖通平面图	NS-03		A3	
9	电气设计说明	DS-01		A3	
10	首层电气平面图	DS-02		A3	
11	二层电气平面图	DS-03		A3	
12	首层照明平面图	DS-04		A3	
13	二层照明平面图	DS-05		A3	
14					
15					
16					
17					
18					
19					
20					
21					

本工程选用标准图集：

序号	图集名称	图集号	序号	图集名称	图集号
1			8		
2			9		
3			10		
4			11		

给排水工程设计说明

《建筑给水排水设计规范》 GB50015-2003（2009年版）

一、设计依据

《室外给水设计规范》 GB50013-2006

1. 经批准的设计文件，建设单位对本专业的技术要求。

《室外排水设计规范》 GB50014-2006

2.《工程建设强制性标准条文》（房屋建筑部分，2013年版）

《建筑设计防火规范》 GB50016-2006

3. 规范及规程：

《建筑灭火器配置设计规范》 GB50140-2005

《建筑给水钢塑复合管管道工程技术规程》 CECS125:2001

《建筑排水硬聚氯乙烯管道工程技术规程》 CJJ/T 29-98

《埋地硬聚氯乙烯给水管道工程技术规程》 CJJ101-2004 J362-2004

《埋地硬聚氯乙烯排水管道工程技术规程》 CECS122:2001

二、工程概况

2.1 本工程为教工之家工程；

2.1.1 本工程建筑名称：教工之家工程；建设地点：广州城建职业学院；

2.1.2 建筑层数：地上2层；建筑高度为9.6米；总建筑面积：525.49平方米。

2.1.3 建筑结构形式为：砖混结构；

2.1.4 防火设计的建筑分类为：二类；其耐火等级为： 二级；建筑物屋面防水等级：二 级

2.2 设计标高

2.2.1 本工程绝对标高±0.000相当于建筑物首层完成面标高；

2.2.2 各层标注标高为完成面标高（建筑面标高），屋面标高为结构面标高；

2.2.3 本工程标高以m为单位，总平面尺寸以m为单位，其它尺寸以mm为单位。

2.3 生活给水系统：

2.3.1 卫生间给水：连接校内给水管网。

2.4 生活排水系统：

2.4.1 卫生间污、废水分流，单立管排水，设伸顶通气。

2.4.2 卫生间污水排至化粪池处理后，再排入校内污水管网，废水经检查井再排入校内污水管网。

2.5 消火栓系统：

2.5.1 室内消火栓采用单栓、明装安装方式，出水口距地1.1m

2.5.2 室内消火栓连接立管的出口管径为DN65mm

2.5.3 室内消火栓管：连接校内消火栓管网，入户管偏移量-1.0m

三、一般规定

3.1 本工程室内首层标高±0.000m。

3.2 除设计注明外，管道长度和标高以米计，其余尺寸以毫米计。

3.3 管道标高指管道中心；

四、施工说明

（一）．管材：

1、给水管道

给水管材选用表			
适用场所	管材	连接方式	公称压力（MPa）
给水立管 连接给水立管到给水干管	内筋嵌入式衬塑钢管	DN≤80 螺纹连接 DN≥100卡箍连接	1.25
连接立管到卫生间内给水支管	冷水PPR管	承插热熔连接	1.25

2、排水管道：

生活排水管管材选用表			
适用场所	管材	规格、特性	连接方式
室外绿化带、人行道下埋地管	DN≥200采用HDPE双壁波纹管 DN<200采用UPVC排水管	环刚度4KN/m2	承插橡胶圈密封连接
车道下埋地管	HDPE双壁波纹管	环刚度8KN/m2	承插橡胶圈密封连接
卫生间排水支管	UPVC排水管		粘接
生活排水立管	加厚型UPVC管		粘接
出户管	加厚型UPVC管		粘接

3、消火栓管

消火栓管材选用表			
适用场所	管材	连接方式	公称压力（MPa）
室外埋地管道	球墨铸铁管/钢管	沟槽连接件/卡箍/法兰	1.2
室内架空管道	热浸镀锌钢管	沟槽连接件/卡箍/和法兰	1.2

五、安装要求

5.1 卫生设备安装参见国标09S304图集，选用低水箱蹲式大便器，其余见卫生间大样。卫生间给水支管暗装。

5.2 除设计注明外，排水管道一律采用标准坡度。即：

注：安装时应尽量采用标准坡度；有困难时才采用最小坡度。

序号	管 径	标准坡度	最小坡度	序号	管 径	标准坡度	最小坡度
1	D50	0.035	0.025	5	D150	0.010	0.007
2	D75	0.025	0.015	6	D200	0.010	0.007
3	D100	0.020	0.012	7	D250	0.010	0.007
4	D125	0.015	0.010	8	D300	0.008	0.006

5.3 自带存水弯卫生洁具、带水封地漏的水封深度不得小于50mm。

5.4 管道穿过楼板和墙体时，孔洞周边应采取密封隔声措施。

6、其他

6.1 本工程所用给排水的性能参数及质量应符合相关国家及地方标准。

6.2 未说明部分按以下规范执行。

《建筑给水排水及采暖工程施工质量验收规范》GB50242-2002

XXX 市建筑设计研究院	工程名称	教工之家	图号	T-01	日 期	
	项目地址	广州城建职业学院	名称	给排水设计说明	比 例	1:100

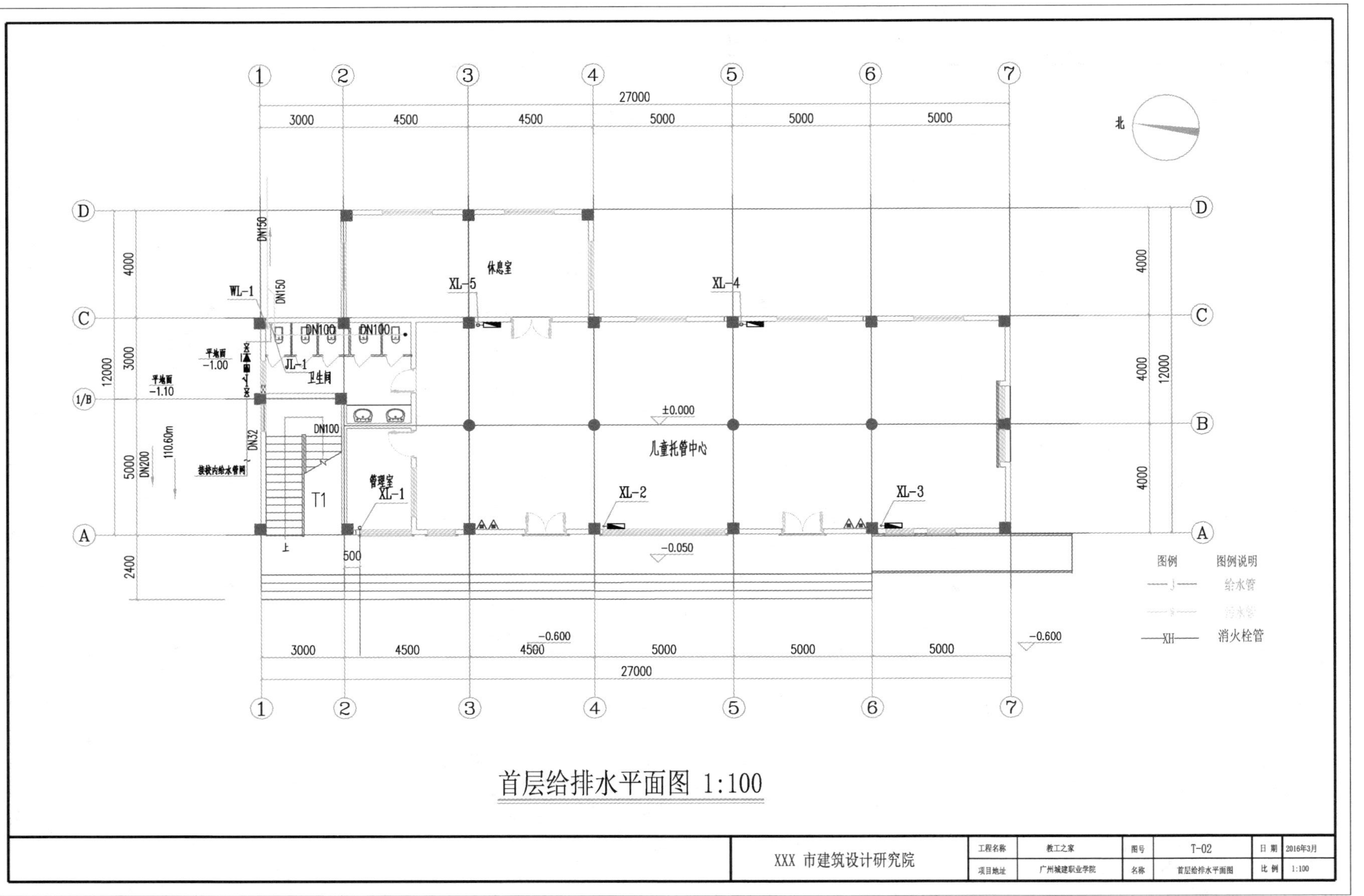
首层给排水平面图 1:100
XXX 市建筑设计研究院
工程名称
教工之家
项目地址
广州城建职业学院
图号
T-02
名称
首层给排水平面图
日 期
2016年3月
比 例
1:100
图例
图例说明
给水管
污水管
消火栓管
儿童托管中心
休息室
卫生间
管理室
XL-1
XL-2
XL-3
XL-4
XL-5
JL-1
WL-1
DN100
DN150
DN32
DN200
接校内给水管网
110.60m
T1
±0.000
-0.050
-0.600
-1.00
-1.10
27000
12000
北

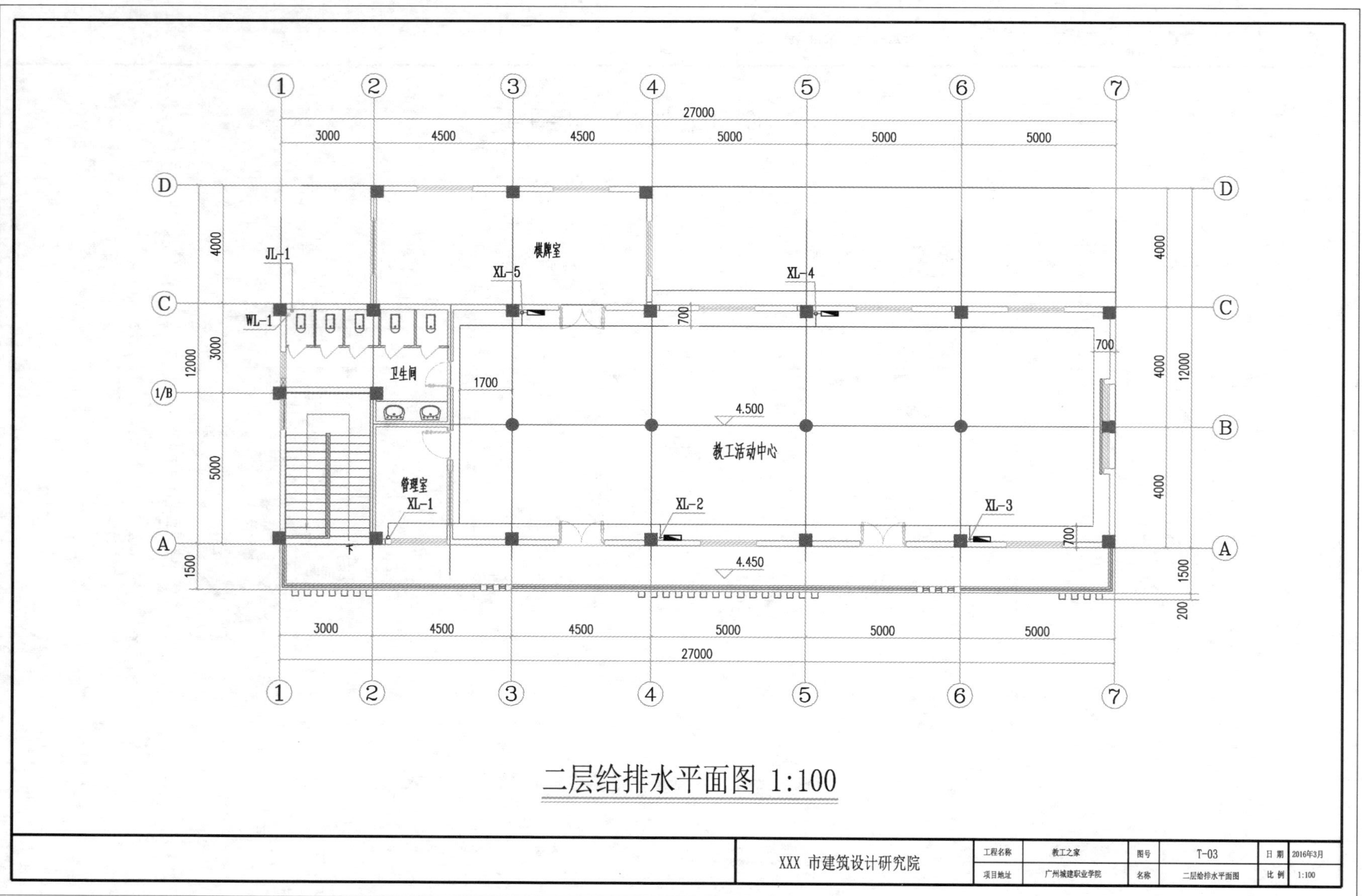
棋牌室
卫生间
管理室
教工活动中心
4.500
4.450
JL-1
WL-1
XL-1
XL-2
XL-3
XL-4
XL-5
二层给排水平面图 1:100
XXX 市建筑设计研究院
工程名称
教工之家
项目地址
广州城建职业学院
图号
T-03
名称
二层给排水平面图
日期
2016年3月
比例
1:100

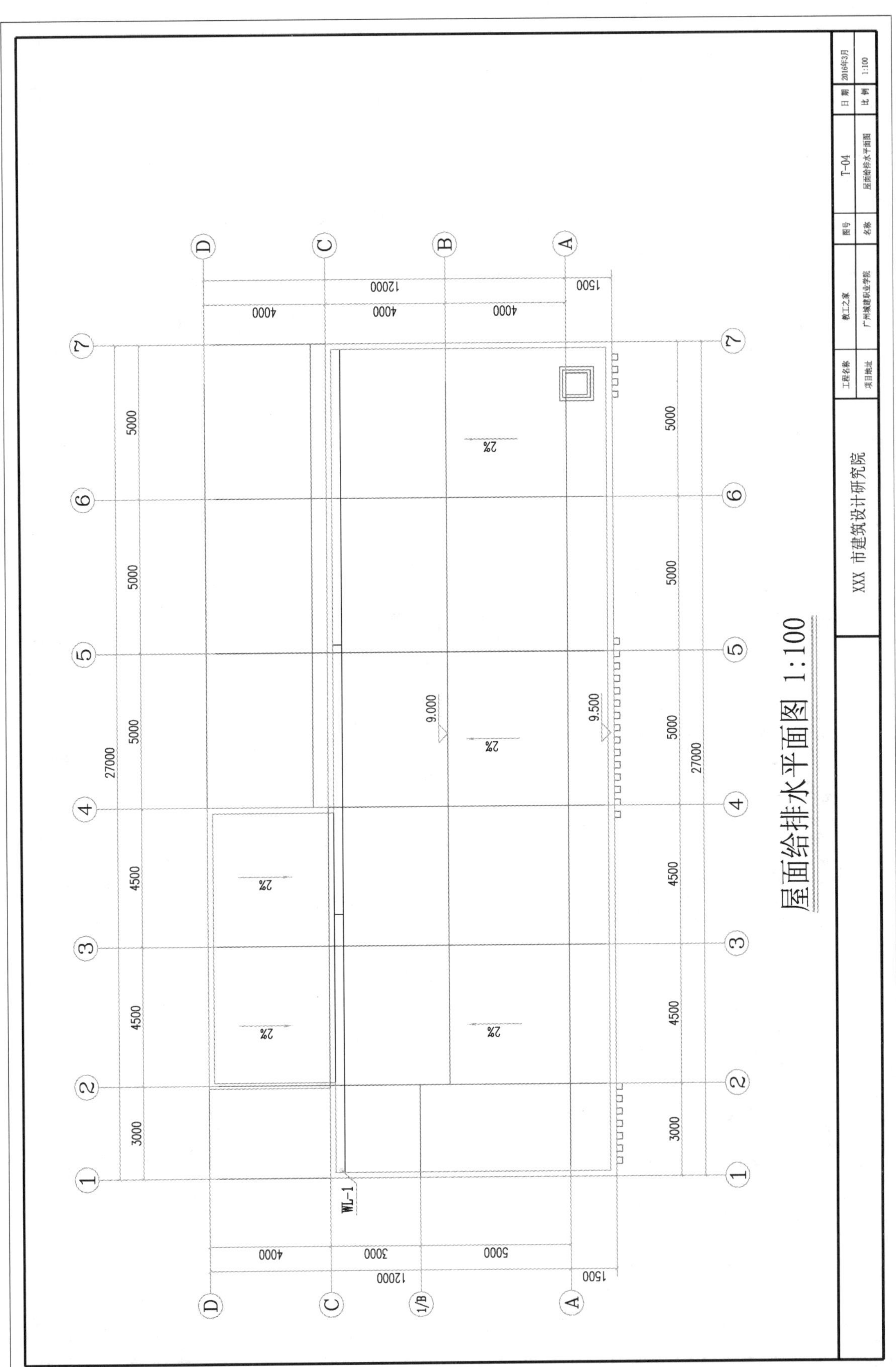
屋面给排水平面图 1:100
XXX 市建筑设计研究院
工程名称 教工之家
项目地址 广州城建职业学院
图号 T-04
名称 屋面给排水平面图
日期 2016年3月
比例 1:100
WL-1
9.000
9.500
2%
27000
12000
1500
4000
3000
5000
4500

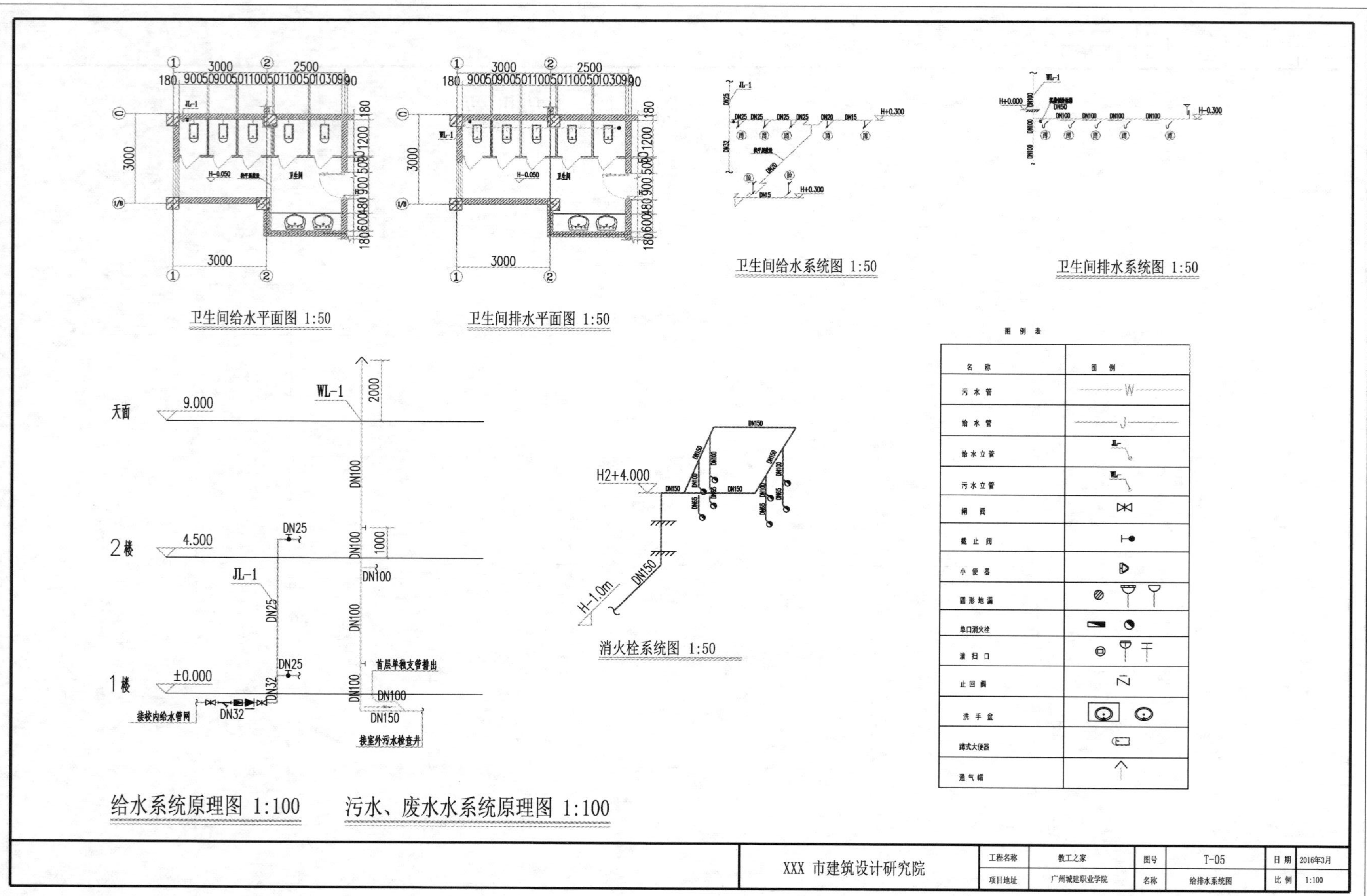
卫生间给水平面图 1:50
卫生间排水平面图 1:50
卫生间给水系统图 1:50
卫生间排水系统图 1:50
图例表
名称
图例
污水管
给水管
给水立管
污水立管
闸阀
截止阀
小便器
圆形地漏
单口消火栓
清扫口
止回阀
洗手盆
蹲式大便器
通气帽
天面
2楼
1楼
9.000
4.500
±0.000
WL-1
JL-1
首层单独支管排出
接校内给水管网
接室外污水检查井
H2+4.000
H-1.0m
消火栓系统图 1:50
给水系统原理图 1:100
污水、废水水系统原理图 1:100
XXX 市建筑设计研究院
工程名称
教工之家
项目地址
广州城建职业学院
图号
T-05
名称
给排水系统图
日期
2016年3月
比例
1:100

暖通设计说明

一、工程概况：

本工程为教工之家，总建筑面积：525.49m2；建筑高度：9.6m；建筑层数：共2层。

二、主要设计依据

1、设计基本规定、规范

（1）民用建筑供暖通风与空气调节设计规范》GB50736-2012

（2）《民用建筑设计通则》GB50352-2005

（3）《民用建筑隔声设计规范》GB50118-2010

（4）《建筑抗震设计规范》GB50011-2010

（5）《建筑机电工程抗震设计规范》GB50981-2014

（6）《民用建筑新风系统工程技术规程》CECS439

三.设计范围：

1. 本工程设计范围包括以下暖通系统：

（1）送风系统；

（2）排风系统；

四、通风系统设计

1.所有管理室、儿童托管中心、教工活动室等均设有机械通风系统。

2. 卫生间排风系统

（1）户内卫生间设置机械排风系统，排风换气次数不小于6次/h。

（2）有自然通风条件时，其排气优先采用外墙开窗并设置排气口，不设排气道。排气口避开人员活动区，不应开向公共空间、私家阳台。排气出口处加装不锈钢半球形防水罩，防水罩应进行喷涂，颜色同外墙。建筑专业预留相关穿墙(梁)套管。

3. 送风系统

（1）室内送风系统均采用机械加压

（2）机械加压送风系统的设计风量：按《建筑防排烟系统技术标准》的相关要求进行计算及规范规定的数据确定（取2者大值），系统的设计风量不小于计算风量的1.2倍。

4. 风管安装必须符合下列规定：

(1)风管内严禁其他管线穿越。

(2)输送含有易燃、易爆气体或安装在易燃、易爆环境的风管系统必须设置可靠的防静电接地装置。

(3)输送含有易燃、易爆气体的风管系统通过生活区或者其他辅助生产用房时不得设置接口。

(4)室外风管系统的拉锁等金属固定构件严禁与避雷针或避雷网连接。

5. 金属风管的制作、连接和安装

1）适用于风压在-1000Pa~1500Pa之间，且风管截面长边不大于2000mm的空调、通风及加压送风管道，采用采用薄钢板无法兰（即共板法兰）并采用弹簧夹或插接式连接的风管；

适用于风管截面长边大于2000mm的管道或高压系统的空调、通风、加压送风及所有消防排烟管道，采用角钢法兰连接并采用螺栓固定的风管。

（2）板材应采用咬口连接或铆接，除镀锌钢板及含有复合保护层的钢板外，板厚大于1.5mm的可采用焊接。

（3）风管板材拼接的接缝应错开，不得有十字心拼接缝。对高、中压系统的拼接缝合，接管连接处均需采用密封胶或密封胶带进行密封，以防止渗漏。

（4）风管应以板材连接的密封为主，可辅以密封胶嵌缝或其它方法密封，密封面宜设在风管的正压侧。

（5）风管接口的连接应严密、牢固，垫片厚度不应小于3mm，不应凸入管内和法兰外；排烟风管法兰垫片应为不燃材料，采用角钢法兰连接并采用螺栓固定的风管。

（6）风管与风机的连接宜采用法兰连接，或采用不燃材料的柔性短管连接。当风机仅用于防烟、排烟时，不应采用柔性连接。

（7）风管与风机连接若有转弯处宜加装导流叶片，保证气流顺畅。

（8）当风管穿越隔墙或楼板时，风管与隔墙之间的空隙应采用水泥砂浆等不燃材料严密填塞。

图　例　表

序号	图例	设备名称、型号
1		轴流风机风管安装，风量2000CMH
2		离心式风机风管安装，风量600CMH
3		消声器，ZP100片式
4	 400x250 (H+2.40)/DL　400x250 (H+2.40)/CL　400x250 (H+2.40)/BL	风管尺寸 DL、CL、BL 分别表示顶标高、中心标高、底标高
5	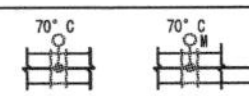 70° C　70° C M	70° C手动防火阀/自动防火阀
6		散流器、圆形-旋流，D315
7		百叶风口、400*200、风管底部安装

XXX 市建筑设计研究院	工程名称	教工之家	图号	NS-01	日 期	
	项目地址	广州城建职业学院	名称	暖通设计说明	比 例	1:100

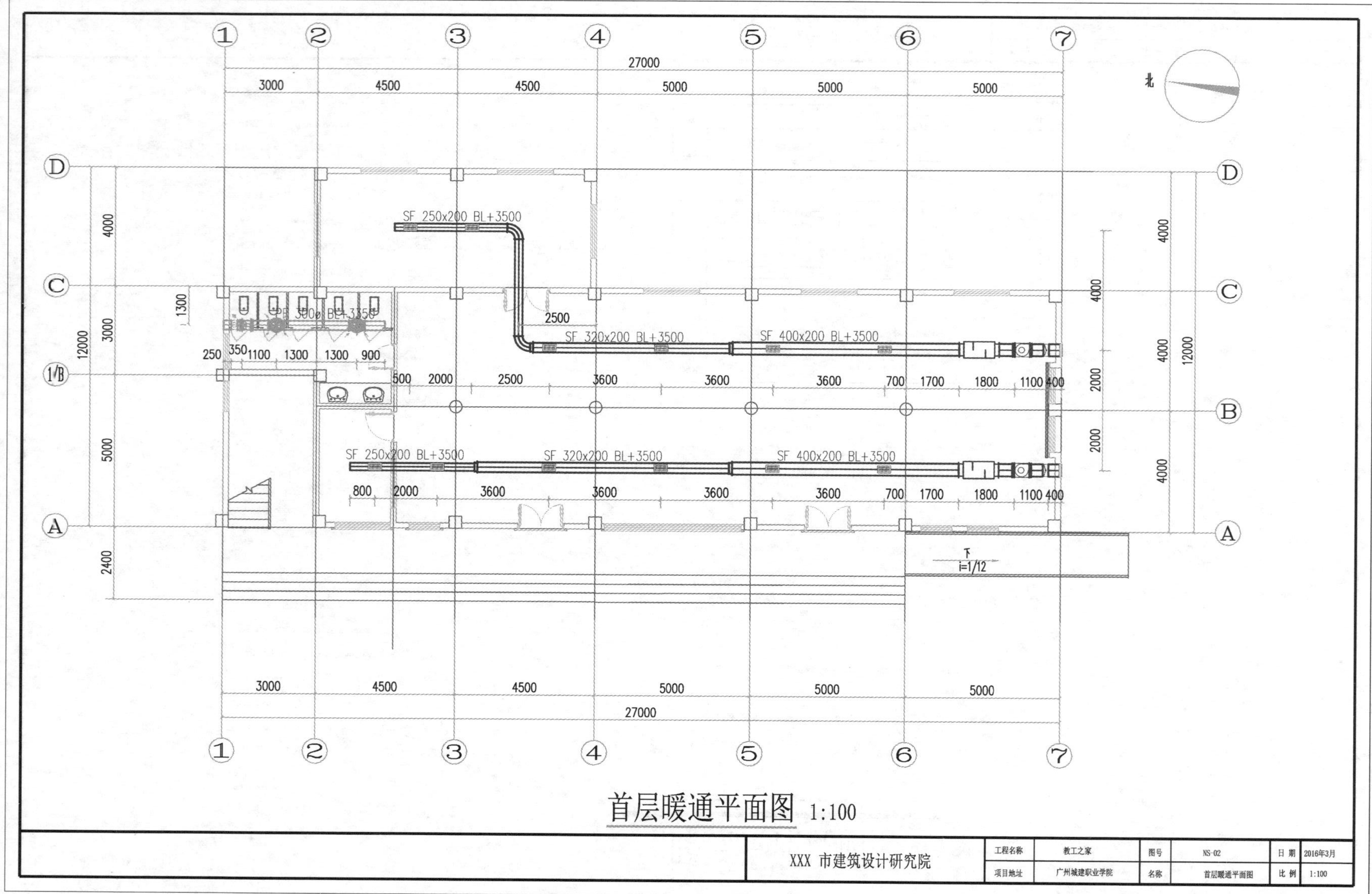
北
SF 250x200 BL+3500
SF 320x200 BL+3500
SF 400x200 BL+3500
SF 250x200 BL+3500
SF 320x200 BL+3500
SF 400x200 BL+3500
i=1/12
首层暖通平面图 1:100
XXX 市建筑设计研究院
工程名称 教工之家
项目地址 广州城建职业学院
图号 NS-02
名称 首层暖通平面图
日 期 2016年3月
比 例 1:100

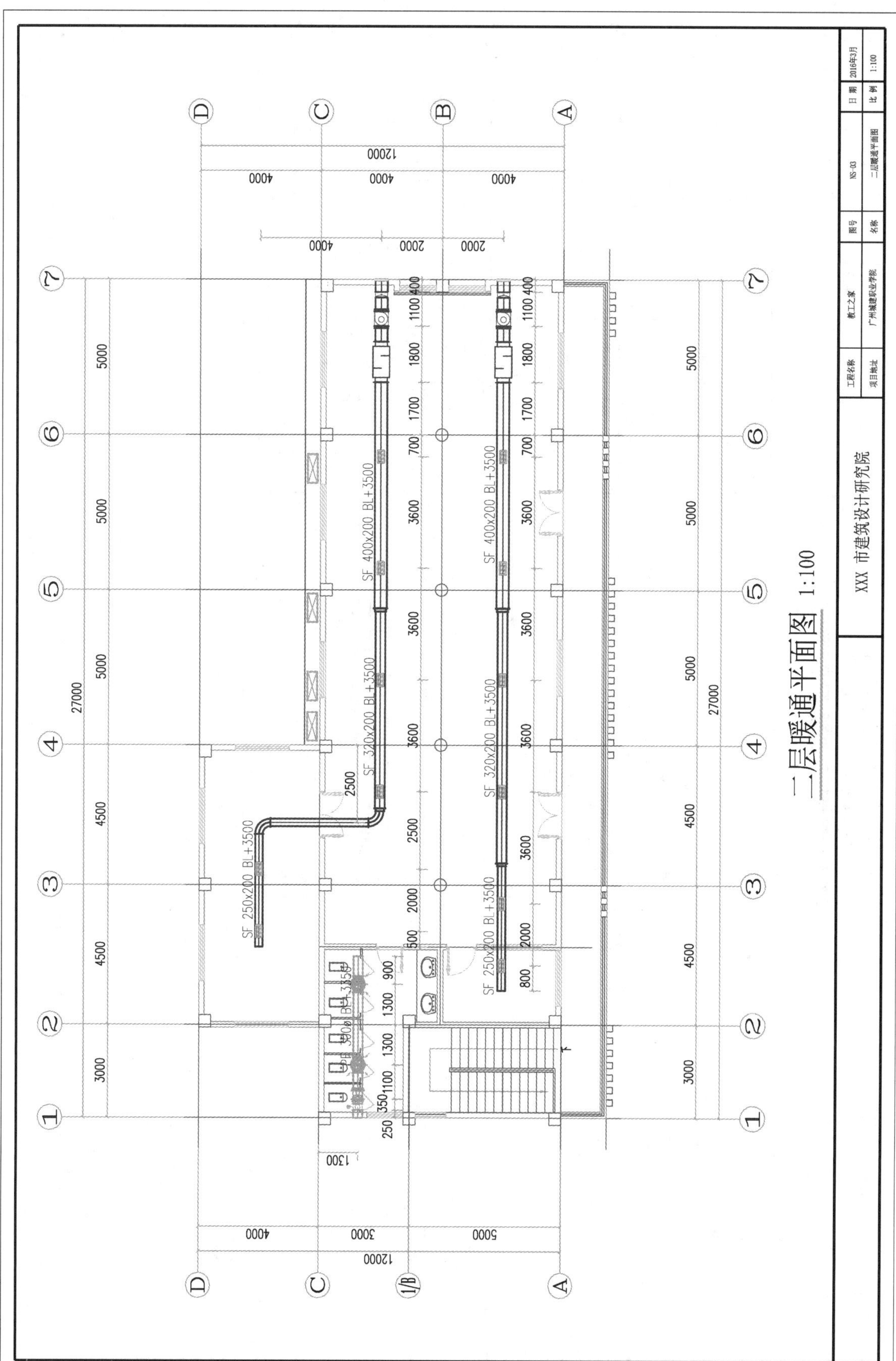
二层暖通平面图 1:100
XXX 市建筑设计研究院
SF 400x200 BL+3500
SF 320x200 BL+3500
SF 250x200 BL+3500
工程名称
教工之家
项目地址
广州城建职业学院
图号
NS-03
名称
二层暖通平面图
日期
2016年3月
比例
1:100

电气设计说明

一. 工程概况:

本工程为教工之家，总建筑面积：525.49m2；建筑高度：9.6m；建筑层数：共2层。

二. 设计依据:

1.本院其他各工种提供的相关技术资料。

2.现行国家和地方有关建筑电气设计规范,标准等.

(1)《低压配电设计规范》(GB50054--2011)

(2)《建筑照明设计标准》(GB50034-2013)

(2)《托儿所、幼儿园建筑设计规范》JGJ 39--87

(3)《供配电系统设计规范》(GB50052-2009)

(4)《建筑物防雷设计规范》(GB 50057-2010)

(5)《建筑照明设计标准》(GB50034-2013)

(6)《民用建筑电气设计规范》(JGJ/16-2008)

(7)《通用用电设备配电设计规范》(GB50055-2011)

三. 设计范围:

1. 本工程设计范围包括以下电气系统:

(1) 照明配电系统;

(2) 防雷接地;

四. 配电系统

1. 本工程所有负荷均为三级负荷；其中应急照明、疏散照明为保障用电。

2. 本工程户内进线引自临近低压配电房或室外电缆分线箱。

3. 低压配电电压采用220/380V。室外配电线路采用三相四线制的TN-C系统，在进线处PEN线重复接地后再分出PE线，即TN-C-S系统，且与防雷系统共用接地装置。

4. 计量

a. 计量用电表安装于楼梯间总电表箱处，便于用户及管理方维护管理。

五. 照明系统:

1. 光源、灯具选择，照明灯具的控制方式

(1) 灯具选择:本工程灯具采用节能荧光灯或LED灯.节能荧光光源，光效≥60Lm/w，LED光源，光效≥90Lm/w。

(2) 荧光灯均配电子镇流器。

2. 应急照明

(1) 疏散照明:

疏散楼梯间、疏散通道设疏散照明，疏散走道照度≥0.5Lx.楼梯间照度≥5Lx，切换时间≤5s.

持续供电时间30min。

(2) 所有消防应急照明灯具应设玻璃或其他不燃烧材料制作的保护罩，灯具应满足《消防应急照明和疏散指示系统》GB17945-2010的要求。

(3) 用于应急照明的光源采用能快速点燃的光源。

3. 灯具安装:

1) 本次设计所有场所灯具采用吸顶安装或挂壁安装。

2) 出口标志灯明装，在门上方安装时，底边距门框0.2m；若门上无法安装时，在楼板下吊装；

疏散标志灯明装，走道处底边距地0.3m；

消防双头应急灯挂墙明装，安装高度为底边距地2.0m。

六. 配电导线的选择及线路的敷设:

压应不低于1000V。

a.一般照明、动力回路采用阻燃聚氯乙烯绝缘铜芯导线、电缆，有较高要求的特殊场所采用阻燃型铜芯交联电缆或低烟低卤或低烟无卤电缆，具体详见设计图。

b.消防用电的确保供电干线回路采用防火型或耐火型电缆，具体详见设计图。

2.电缆桥架、大型线槽安装应采用足够承载力的支架、吊架、托架、支承点水平距离不宜大于 2m，转弯处需加密，垂直段支承距离不宜大于 3m，水平段距地高度不宜低于 2.5m。

3.凡穿管和在线槽内敷设导线，在管、槽板内导线不得有接头.金属线管的弯曲半径应不小于其外径的6倍.管路的弯曲段，不得使用水管弯头，分支段不得使用三通并按施工规范要求设穿（拉）线盒，管槽内导线间及对地的绝缘电阻应不小于0.5兆欧。

4.所有室内照明配电管敷线采用PVC难燃塑料线槽在吊顶、墙体内暗敷。

5. 架空线槽引下至开关箱或用电设备的该段线路应穿SC管暗敷或线槽沿墙、柱或支架明敷。当受条件影响线路需明敷时严禁采用PC管敷设.应采用SC镀锌钢管。

6. 下列不同电压、不同用途的电缆，不宜敷设在同一层桥架上：

a.1kV以上和1kV以下的电缆；

b.向同一负荷供电的两回路电源电缆；

c.应急照明和其他照明的电缆；

d.电力和电信电缆。；

当受条件限制需安装在同一层桥架上时，应用隔板隔开。

7. 线路穿越楼板处需预埋套管、套管与线、缆的空隙需用防火堵料添封。

七.敷设方式代号

代号	说明	代号	说明	代号	说明
一.线路标注代号		C-电缆线芯数及线芯截面		四.敷设部位代号	
N-照明回路		D-线缆敷设方式		SC-焊接钢管	
wl-照明支线		E-线缆敷设部位		WS-沿墙面敷设	
二.线路标注格式		三.敷设方式代号		WC-暗敷设在墙内	
A-B-C-D-E		MR-金属桥架/线槽敷设		CE-沿天棚或顶板面明敷	
A-线缆编号		PVC-聚氯乙烯硬塑管		CC-暗敷设在屋面及顶板内	
B-线缆型号		MT-薄壁金属电线管		FC-地板或地面下敷设	

设备表

序号	设备名称	图例	规格型号	安装方式
1	总配电箱	AL		距地1.5m明装
2	照明配电箱	AL		距地1.8m暗装
3	动力配电箱	AP		距地1.8m暗装
4	T8荧光灯（吸顶）		光源光通1250Lm 1x18w	吸顶安装
5	T8荧光灯（壁挂）		光源光通2975Lm 1x36w	距地2.5m挂壁安装
6	T8荧光灯（壁挂）	W	光源光通1250Lm 1x18w	距地2.5m挂壁安装
7	T8LED灯（双管吸顶）		光源光通2x1600Lm 2x16w	吸顶安装
8	吸顶摇头扇		1×60W	吸顶安装
9	排气扇		1×37W	
10	灯具控制面板开关		250V 10A	暗装.底边距地1.5m
11	吊扇调速开关			暗装.底边距地1.5m
12	安全型双联二三极插座		250V 10A	首层暗装，装高不低于1.8m 其余暗装，装高不低于0.3m
13	三极带开关密闭防潮插座	EN	250V 10A	首层暗装，装高不低于1.8m 二层暗装，装高1.5m
14	空调插座	K	空调插座 单相250V 15A	暗装，挂式H≥2.0m H≥1.8m
15	带接地插孔密闭三相插座		空调插座 三相440V 25A	首层暗装，装高不低于1.8m 二层暗装，装高不低于0.3m
16	挂式空调机		1匹 220V	挂壁安装
17	柜式空调机		5匹 380V \ 3匹 220V	落地放置
18	出口指示灯（带蓄电池）	E	出口指示灯（常亮型，3W，LED光源）	底边距门眉0.2m安装或楼板下吊装
19	疏散指示灯（带蓄电池）		疏散指示灯（常亮型，3W，LED光源）	底边距地0.5m安装或楼板下吊装
20	双头应急灯（带蓄电池）		双头应急灯（2x5W，LED光源）	挂墙安装.底边距地2.3m

XXX 市建筑设计研究院	工程名称	教工之家	图号	DS-01	日 期	2016年3月
	项目地址	广州城建职业学院	名称	电气设计说明	比 例	1:100

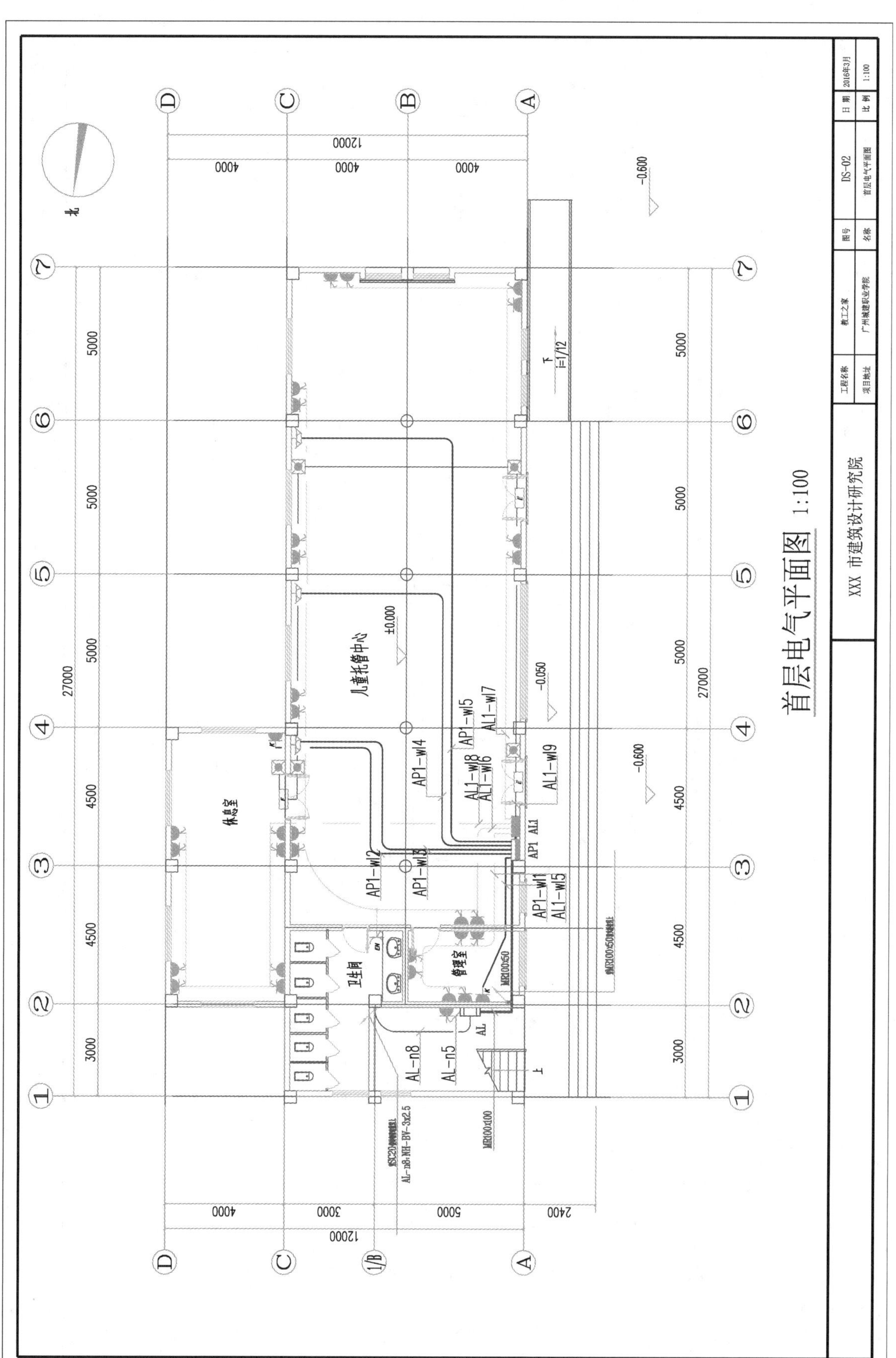
首层电气平面图 1:100
XXX 市建筑设计研究院
工程名称 教工之家
项目地址 广州城建职业学院
图号 DS-02
名称 首层电气平面图
日期 2016年3月
比例 1:100
儿童托管中心
休息室
卫生间
管理室
AP1-wl2
AP1-wl3
AP1-wl4
AP1-wl5
AL1-wl7
AL1-wl8
AL1-wl6
AL1-wl9
AP1-wl1
AL1-wl5
AL-n8
AL-n5
AP1
AL1
AL
MR100x50
MR100x100
AL-n8:NH-BV-3x2.5
12000
27000
±0.000
-0.050
-0.600
i=1/12
北

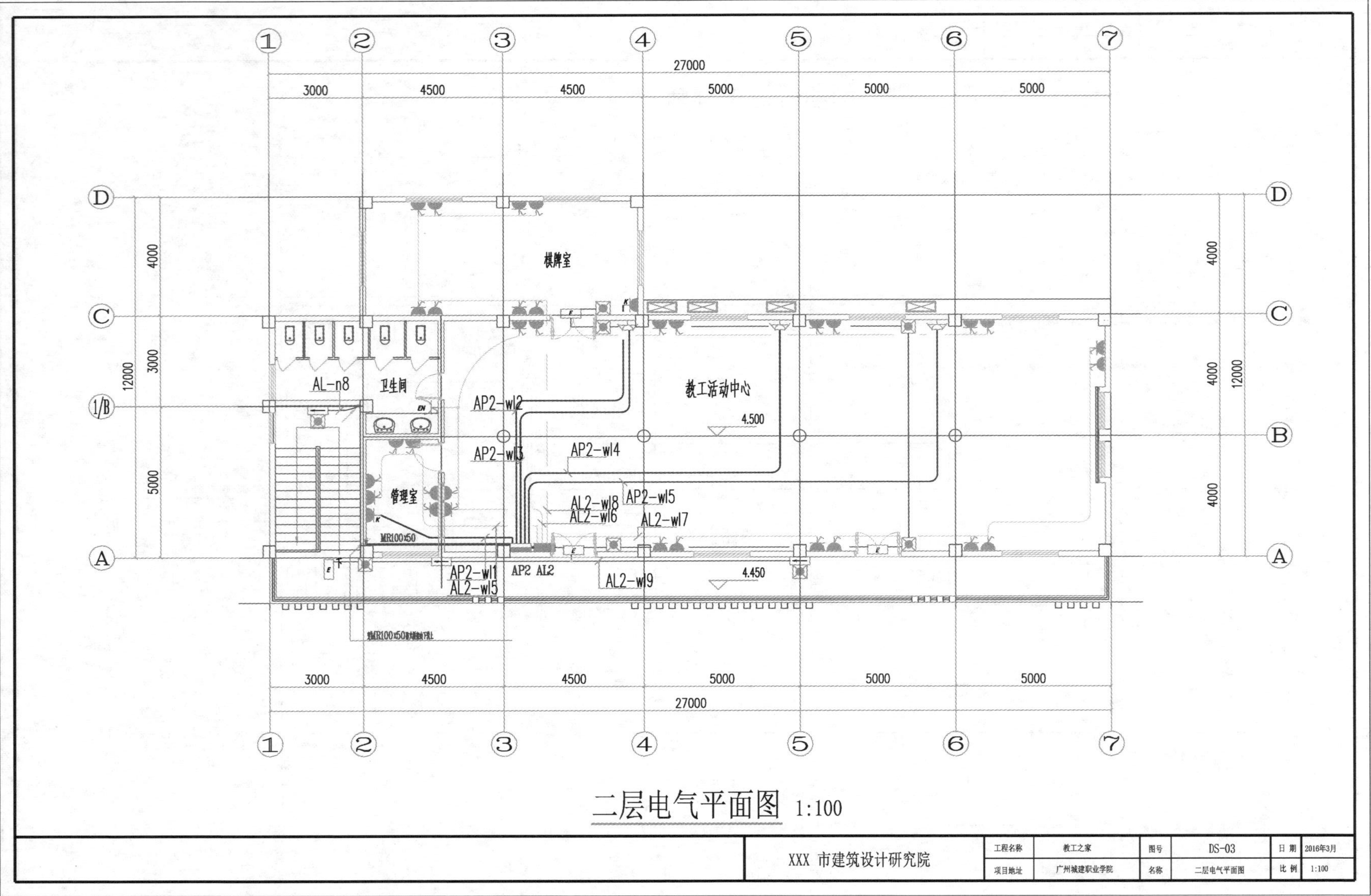
棋牌室
卫生间
管理室
教工活动中心
AL-n8
AP2-wl2
AP2-wl3
AP2-wl4
AP2-wl5
AL2-wl8
AL2-wl6
AL2-wl7
AP2-wl1
AL2-wl5
AP2 AL2
AL2-wl9
MR100x50
4.500
4.450
27000
3000
4500
5000
4000
12000
二层电气平面图 1:100
XXX 市建筑设计研究院
工程名称
教工之家
图号
DS-03
日 期
2016年3月
项目地址
广州城建职业学院
名称
二层电气平面图
比 例
1:100

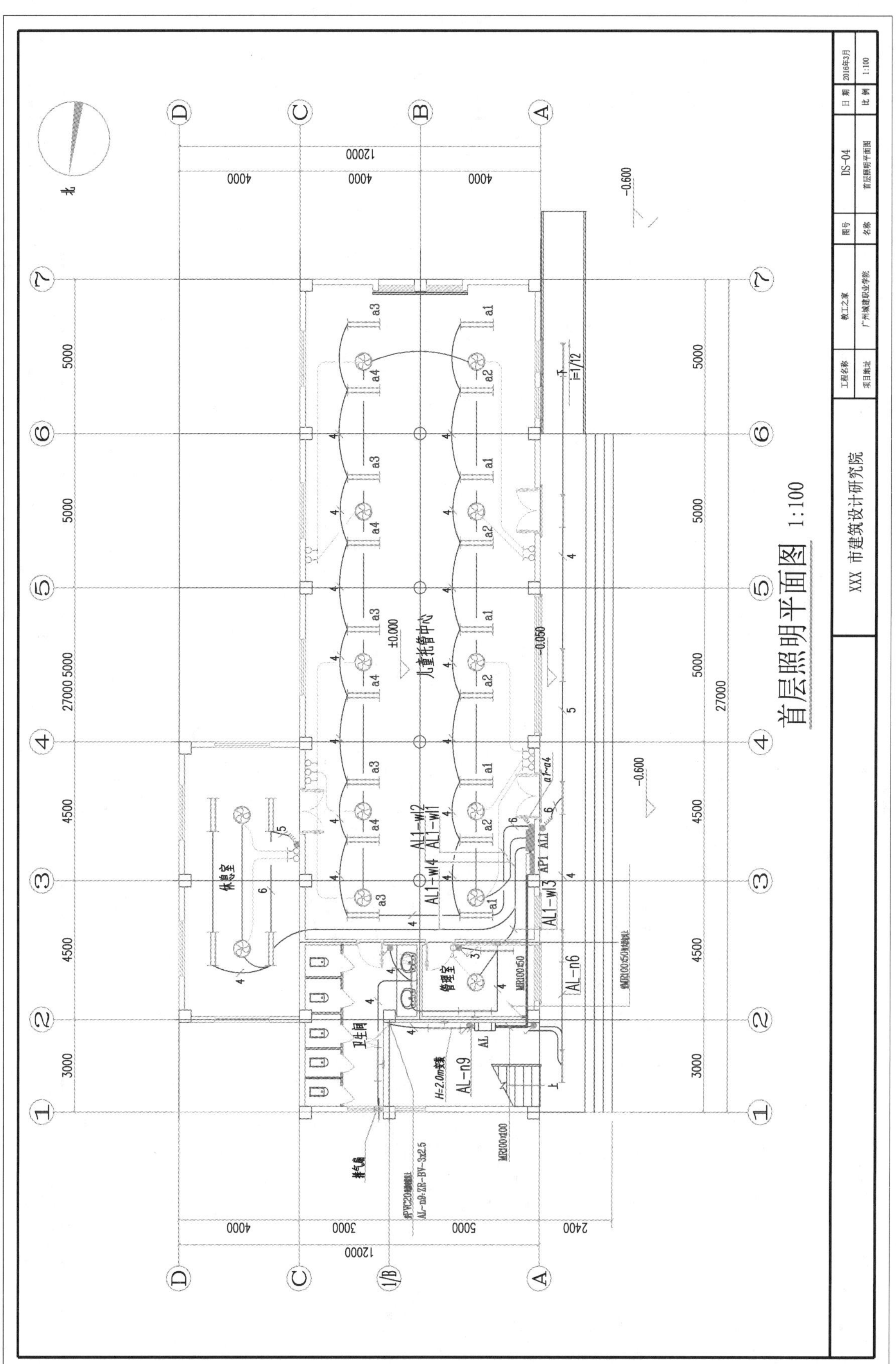
首层照明平面图 1:100
XXX 市建筑设计研究院
儿童书香中心
休息室
管理室
卫生间
排气扇
±0.000
-0.050
-0.600
i=1/12
AL1-wl1
AL1-wl2
AL1-wl3
AL1-wl4
AL-n6
AL-n9
AP1
AL1
AL
H=2.0m安装
12000
27000
DS-04
首层照明平面图
2016年3月
1:100
教工之家
广州城建职业学院

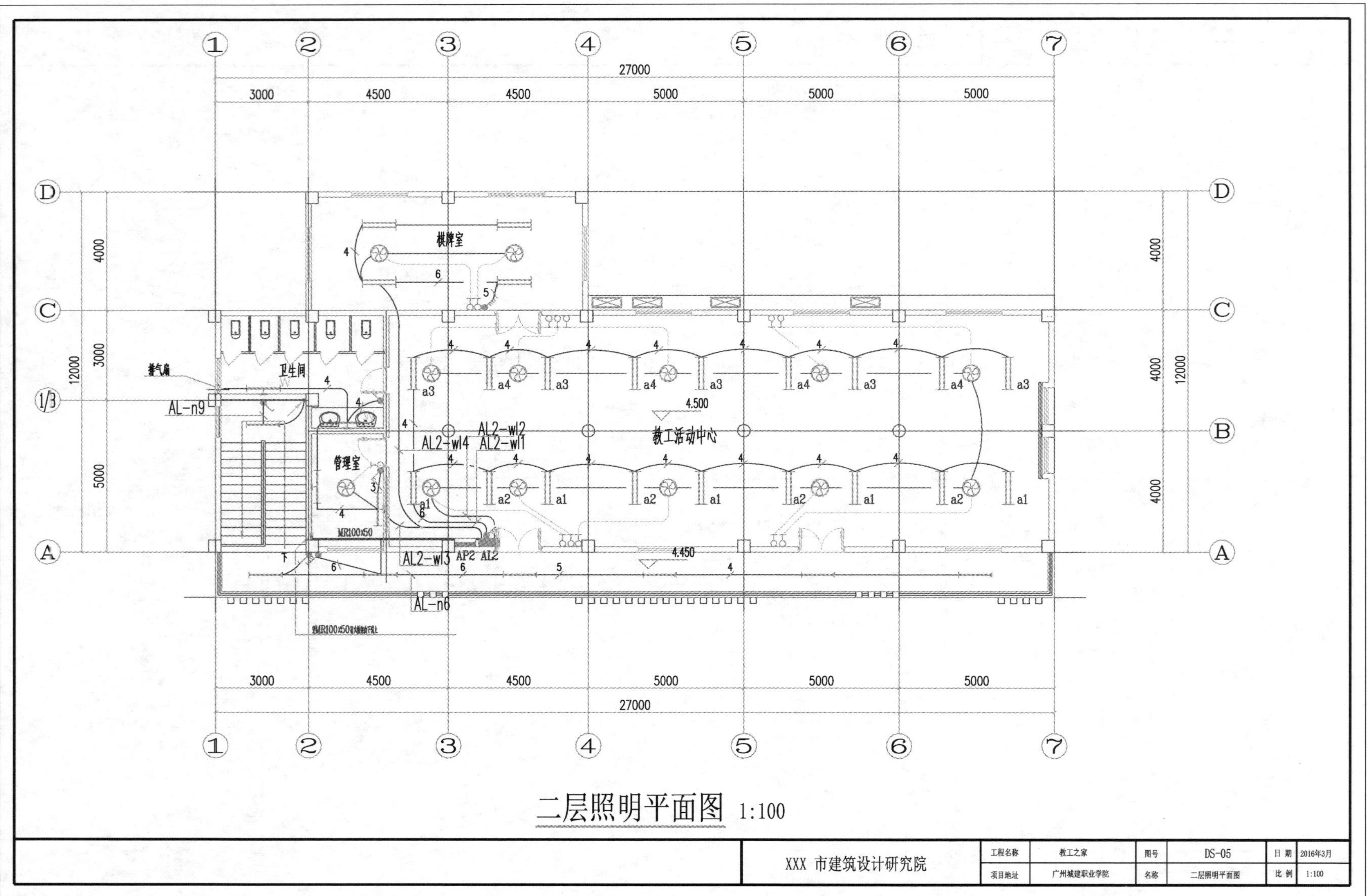

棋牌室
卫生间
排气扇
管理室
教工活动中心
4.500
4.450
AL2-wl1
AL2-wl2
AL2-wl3
AL2-wl4
AP2
AL2
AL-n6
AL-n9
MR100×50
27000
3000
4500
5000
4000
12000
二层照明平面图 1:100
XXX 市建筑设计研究院
工程名称
教工之家
项目地址
广州城建职业学院
图号
DS-05
名称
二层照明平面图
日 期
2016年3月
比 例
1:100

参考文献

[1] 高华,施秀凤. BIM 应用教程:Revit Architecture2016[M]. 武汉:华中科技大学出版社,2020.

[2] 卫涛,柳志龙,晏清峰. 基于 BIM 的 Revit 机电管线设计案例教程[M]. 北京:机械工业出版社,2021.

[3] 柴美娟,褚鑫良,叶书成. BIM 机电建模与优化设计[M]. 北京:清华大学出版社,2020.

[4] 朱溢镕,段宝强,焦明明. Revit 机电建模基础与应用[M]. 北京:化学工业出版社,2019.

[5] 李丽,张先勇. 基于 BIM 的建筑机电建模教程[M]. 北京:机械工业出版社,2021.

[6] 张立勋. 机电系统建模与仿真[M]. 黑龙江:哈尔滨工业大学出版社,2021.

[7] 王华康. Revit MEP 设备建模教程[M]. 北京:中国建筑工业出版社,2021.

[8] 唐兰,王欢,刘燕妮. 建筑设备工程[M]. 北京:机械工业出版社,2022.

[9] 汤万龙. 建筑设备安装识图与施工工艺[M]. 北京:中国建筑工业出版社,2020.

[10] 王长永. 见着设备概论(上)[M]. 武汉:武汉理工大学出版社,2008.

[11] 王柏柱,周欣伟,郑智伟,等. BIM 设计技术在住宅机电安装工程综合管线中的应用[J]. 智能建筑与智慧城市,2021(10):45-46.

[12] 吕小彪,肖本林,邹贻权,等. 基于 BIM 技术的 MEP 综合管线二次优化设计[J]. 智能建筑与城市信息,2014(04):102-104.

[13] 池守仲. 基于 BIM 的管线综合施工技术研究[J]. 中国建筑金属结构,2021(09):108-109.

[14] 尹步兵,熊纪朋,陈振明,等. BIM 技术在某地下车库设计施工阶段应用研究[J]. 中国建材科技,2021,30(05):141-142+103.

[15] 刘占省,赵明,徐瑞龙. BIM 技术在我国的研发及工程应用[J]. 建筑技术,2013,44(10):893-897.

[16] 汪军. 基于 BIM 的 MEP 方案可施工性论证与优化研究[D]. 重庆:重庆大学,2014.

[17] 唐铁. BIM 技术在机电安装工程中的应用分析[D]. 长沙:长沙理工大学,2017.